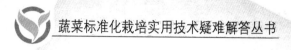

蔬菜标准化栽培实用技术疑难解答丛书

瓜类蔬菜标准化生产实用新技术疑难解答

肖日新　高芳华　云天海　等　编著

中国农业出版社

编著人员

肖日新　高芳华　云天海　冯学杰
王　敏　周　曼　伍壮生　廖道龙
李雪峤

审稿人

汪兴汉

前　言

　　瓜类蔬菜属葫芦科一年生或多年生草本植物，包括甜瓜属中的黄瓜，冬瓜属中的冬瓜和节瓜，南瓜属中的南瓜（中国南瓜）、笋瓜（印度南瓜）、西葫芦（美洲南瓜），丝瓜属中的普通丝瓜和有棱丝瓜，苦瓜属中的苦瓜，葫芦属中的瓠瓜，佛手瓜属中的佛手瓜，栝楼属中的蛇瓜等。瓜类蔬菜都是以果实作为食用器官，是我国主要蔬菜作物，在生产和消费上占有重要位置。据统计，各地瓜类蔬菜的种植面积与产量均占蔬菜种植面积与产量的30%～40%，无论在应季市场供应还是在淡季市场供应中，瓜类蔬菜均发挥着重要作用。

　　瓜类蔬菜含有较丰富的营养成分，其中南瓜的碳水化合物含量高，苦瓜、丝瓜和蛇瓜的蛋白质含量高，苦瓜的抗坏血酸含量最高，苦瓜和蛇瓜还含有较多的粗纤维。冬瓜、丝瓜、瓠瓜、苦瓜和南瓜等有许多药用功效，是人们喜食的保健蔬菜。

　　近年来，随着各地农村产业结构的不断优化与调整，各地蔬菜种植面积尤其是主导蔬菜品种的种植面积均呈现出增长的态势。其中黄瓜、南瓜、丝瓜、苦瓜、冬瓜等主要瓜类蔬菜作物都是各地增调的重点，更是各地规模化、产业化、标准化种植的主要作物，为促进蔬菜标准化生产和农民持续增收乃至整个"菜篮子"工程建设作出了积极贡献。

　　为促进瓜类蔬菜产业的不断升级，逐步实现规模化种植、标准化生产、商品化处理、品牌化销售和产业化经营的产业发展目标，为产业发展提供持续的必要的科技支撑，及时将瓜类蔬菜的新品种、新技术、新经验、新产品及新信息等传递到瓜农手中。

应中国农业出版社之约，我们组织长期从事瓜类蔬菜技术研发的有关专家共同编写此书，以供生产一线的农技人员及广大瓜农朋友参考。愿此书在发展瓜类蔬菜标准化生产和致富农村经济等方面能给广大瓜农朋友提供一些帮助。

本书的编写，得到了许多同行的支持和帮助。江苏省农业科学院蔬菜研究所、广东省农业科学院蔬菜研究所、广西壮族自治区农业科学院蔬菜研究所、湖南省农业科学院蔬菜研究所等在本书编写过程中提供了许多资料并给出一些有益的建议，江苏省农业科学院蔬菜研究所原所长、著名蔬菜专家汪兴汉研究员对书稿进行了认真审阅、修改和完善，在此一并表示深深的谢意。同时，本书在编写过程中还参阅了许多著作与资料，已逐一在参考文献中列出，在此谨向这些著作和资料的作者表示我们由衷的感谢！

由于编写人员水平有限，书中缺点、不足甚至谬误之处恐难避免，恳请各位专家和广大读者不吝赐教。

编著者

2012 年 2 月

目　录

前言

第一章　瓜类蔬菜标准化生产技术概述 ················· 1

　1. 什么是蔬菜标准化生产? ···················· 1

　2. 为什么要发展蔬菜标准化生产? ··············· 1

　3. 什么是安全蔬菜? 安全蔬菜分为几个等级? ······· 4

　4. 安全蔬菜的几个等级如何区分? ··············· 4

　5. 现阶段应重点发展哪种安全蔬菜? ············· 5

　6. 环境污染对蔬菜安全生产有什么影响? ·········· 6

　7. 怎样选择瓜类蔬菜标准化生产基地? ··········· 7

　8. 如何保护和改善蔬菜标准化产地环境? ·········· 8

　9. 瓜类蔬菜主要包括哪些种类? ················ 11

　10. 瓜类蔬菜有哪些共有特性? ················· 12

　11. 瓜类蔬菜有哪些营养价值? ················· 12

　12. 瓜类蔬菜有哪些药用与保健价值? ············ 13

　13. 瓜类蔬菜的栽培方式有哪些? ··············· 14

第二章　瓜类蔬菜标准化育苗关键技术 ··········· 16

　14. 瓜类蔬菜种子消毒处理有哪些方法? ·········· 16

　15. 如何进行瓜类蔬菜种子的常温或变温催芽? ······ 17

　16. 瓜类蔬菜育苗的营养基质有哪些? 如何配置

　　　与消毒? ····························· 19

　17. 瓜类蔬菜老化苗的形态特征及产生的原因是什么?

怎样防止？ ……………………………………… 23

18. 瓜类蔬菜壮苗的标准是什么？ ……………… 24

19. 瓜类蔬菜嫁接育苗有何好处？ ……………… 25

20. 瓜类蔬菜嫁接育苗方法有哪些？ …………… 28

21. 瓜类蔬菜嫁接苗苗床管理应重点注意哪些方面？ …… 31

第三章 瓜类蔬菜标准化栽培共性关键技术 ……… 32

22. 地膜覆盖在瓜类蔬菜标准化栽培中有哪些作用？ … 32

23. 瓜类蔬菜地膜覆盖栽培主要技术要点有哪些？ … 33

24. 覆膜微滴灌系统安装及维护应掌握哪些
技术要点？ ………………………………… 35

25. 瓜类蔬菜定植时应注意哪些事项？ ………… 37

26. 瓜类蔬菜标准化生产有哪些搭架方式？ …… 37

27. 瓜类蔬菜化瓜的原因是什么？如何防止化瓜？ …… 38

28. 瓜类蔬菜标准化生产中应采取哪些绿色食品生产
防控措施？ ………………………………… 40

29. 瓜类蔬菜安全生产技术规程主要有哪些？ …… 40

第四章 黄瓜标准化生产关键技术 …………… 43

30. 黄瓜的植物学性状有什么特点？ …………… 43

31. 黄瓜的生育周期怎样划分？ ………………… 45

32. 黄瓜标准化生产对环境条件有怎样的要求？ …… 46

33. 黄瓜的食用营养与食疗价值如何？ ………… 48

34. 黄瓜标准化生产有哪些优良品种？ ………… 49

35. 黄瓜标准化生产优良砧木品种有哪些？ …… 54

36. 如何做好黄瓜标准化生产的苗期管理？ …… 55

37. 如何做好露地黄瓜标准化生产土地准备工作？ …… 56

38. 黄瓜标准化生产对养分需求有何特点？如何进行
养分管理？ ………………………………… 57

39. 如何做好黄瓜标准化生产水分管理工作？ ·············· 60

40. 黄瓜标准化生产应如何进行植株调整？ ··············· 61

41. 黄瓜标准化生产为什么要重视中耕培土？如何进行
中耕培土？ ······························· 61

42. 如何预防苦味瓜？ ························· 63

43. 如何防止黄瓜"花打顶"？ ···················· 64

44. 如何防止畸形瓜？ ························· 65

45. 如何防止"化瓜"？ ······················· 67

46. 黄瓜产生药害的原因有哪些？如何防止？ ··········· 68

47. 保护地黄瓜标准化生产的技术要点有哪些？ ·········· 70

48. 水果型黄瓜标准化生产的技术要点有哪些？ ·········· 72

49. 如何科学采收黄瓜？ ······················ 74

第五章　南瓜、笋瓜、西葫芦标准化生产关键技术 ·············· 76

50. 南瓜、笋瓜、西葫芦的植物学性状有哪些特点？ ······ 76

51. 南瓜、笋瓜、西葫芦的生育阶段是怎么划分的？ ······ 79

52. 南瓜、笋瓜、西葫芦标准化生产对环境条件
有什么要求？ ··························· 80

53. 南瓜、笋瓜、西葫芦有哪些食用和药用价值？ ········ 82

54. 南瓜、笋瓜、西葫芦有哪些优良品种？ ··········· 84

55. 南瓜、笋瓜、西葫芦标准化生产的主要季节及
生产模式有哪些？ ························· 93

56. 如何做好南瓜、笋瓜、西葫芦标准化生产中
直播育苗和护根育苗的管理？ ·················· 94

57. 如何做好露地南瓜、笋瓜、西葫芦标准化生产的
土地准备工作？ ·························· 96

58. 露地南瓜、笋瓜、西葫芦标准化生产如何选择
合适的种植密度？ ························· 99

59. 南瓜、笋瓜、西葫芦标准化生产如何进行

追肥管理？ ·· 99

60. 南瓜、笋瓜、西葫芦标准化生产如何进行水分促控管理？ ··· 102

61. 怎样进行露地南瓜、笋瓜、西葫芦标准化生产的植株调整？ ······························· 103

62. 如何进行露地南瓜、笋瓜、西葫芦标准化生产的中耕除草？ ······························· 104

63. 怎样进行南瓜、笋瓜、西葫芦标准化生产的人工辅助授粉？ ······························· 105

64. 如何选留南瓜、笋瓜、西葫芦商品果？ ·········· 106

65. 大棚笋瓜、西葫芦生产应注意哪些技术要点？ ······· 107

66. 怎样科学采收南瓜、笋瓜、西葫芦？ ············ 111

第六章　丝瓜标准化生产关键技术 ················· 113

67. 丝瓜的植物学性状有哪些特点？ ··············· 113

68. 丝瓜的生育阶段怎么划分？ ··················· 114

69. 丝瓜标准化生产对环境条件有怎样的要求？ ········· 115

70. 丝瓜有哪些食用营养与药用价值？ ·············· 116

71. 丝瓜可分为几种类型？ ······················· 116

72. 丝瓜标准化生产有哪些优良品种？ ·············· 117

73. 丝瓜标准化生产的主要季节和生产方式有哪些？ ···· 121

74. 丝瓜标准化生产为什么要护根育苗？ ············· 121

75. 如何做好露地丝瓜标准化生产的土地准备工作？ ··· 122

76. 丝瓜标准化生产对养分需求有哪些特点？怎样进行追肥？ ······································· 122

77. 丝瓜标准化生产对水分需求有哪些特点？怎样进行水分促控管理？ ························· 123

78. 露地丝瓜标准化生产有哪几种搭架方式？ ········· 123

79. 如何进行露地丝瓜标准化生产的中耕除草？ ········ 125

80. 怎样进行露地丝瓜标准化生产的疏雄、除须、
　　整蔓摘心？ ……………………………………………… 125

81. 怎样进行丝瓜标准化生产的人工辅助授粉？ …… 126

82. 怎样减少丝瓜弯瓜？ …………………………………… 126

83. 丝瓜大棚标准化生产的技术要点有哪些？ ……… 127

84. 怎样科学采收丝瓜？ …………………………………… 128

第七章　苦瓜标准化生产关键技术 …………………………… 130

85. 苦瓜植物学性状有哪些特点？ …………………………… 130

86. 如何划分苦瓜的生长发育周期？ ……………………… 131

87. 苦瓜对环境条件的要求如何？ ………………………… 132

88. 苦瓜的食用营养与食疗作用如何？ …………………… 133

89. 苦瓜主要有哪几种类型？ ……………………………… 134

90. 苦瓜标准化生产有哪些优良品种？ …………………… 135

91. 苦瓜标准化生产的主要季节和茬口有哪些？ …… 140

92. 加强苦瓜苗期管理有哪些措施？ ……………………… 141

93. 如何做好露地苦瓜标准化生产的土地准备
　　工作？ ……………………………………………………… 142

94. 如何确定苦瓜标准化生产的适宜密度？ ………… 143

95. 如何进行露地苦瓜标准化生产的养分管理？ …… 143

96. 如何进行露地苦瓜标准化生产的水分管理？ …… 144

97. 露地苦瓜标准化生产有哪几种搭架方式？ ……… 144

98. 如何进行露地苦瓜标准化生产的中耕除草？ …… 145

99. 如何进行露地苦瓜标准化生产的植株调整？ …… 145

100. 苦瓜人工辅助授粉有何好处？怎样进行
　　　人工授粉？ ……………………………………………… 146

101. 大棚苦瓜标准化生产有哪些技术要点？ ……… 146

102. 苦瓜裂果是什么原因？如何防止？ …………… 148

103. 怎样科学采收苦瓜？ …………………………………… 150

第八章　冬瓜标准化生产关键技术 ················· 151

104. 冬瓜的植物学性状有哪些特点? ············· 151

105. 冬瓜的生育阶段怎样划分? ··············· 152

106. 冬瓜标准化生产对产地环境条件有何要求? ···· 153

107. 冬瓜有哪些食用和药用价值? ············· 153

108. 冬瓜可分为哪几种类型? ··············· 154

109. 冬瓜标准化生产有哪些优良品种? ········· 154

110. 冬瓜育苗应注意哪些事项? ············· 157

111. 如何做好露地冬瓜标准化生产的土地
准备工作? ······················· 157

112. 露地冬瓜标准化生产应如何确定适宜的
种植密度? ······················· 158

113. 冬瓜标准化生产如何进行养分管理? ······· 158

114. 冬瓜标准化生产如何进行水分促控管理? ···· 159

115. 露地冬瓜标准化生产有哪几种搭架方式? ···· 159

116. 怎样进行露地冬瓜标准化生产的植株调整? ·· 160

117. 怎样进行冬瓜标准化生产的人工辅助授粉? ·· 160

118. 如何选留冬瓜商品果? ··············· 161

119. 怎样进行冬瓜采收和贮藏? ············· 161

第九章　瓠瓜标准化生产关键技术 ················· 163

120. 瓠瓜的植物学性状有哪些特点? ··········· 163

121. 瓠瓜的生育周期怎样划分? ············· 164

122. 瓠瓜标准化生产对环境条件有何要求? ····· 165

123. 瓠瓜的食疗价值如何? ··············· 166

124. 瓠瓜主要有哪几种类型? ············· 166

125. 瓠瓜标准化生产有哪些优良品种? ········· 167

126. 瓠瓜标准化生产的主要季节和生产

方式有哪些? ……………………………………… 169
127. 瓠瓜标准化生产育苗方式有哪些? ……………… 170
128. 育苗时如何处理瓠瓜种子? ………………… 171
129. 瓠瓜标准化育苗如何进行播种? ……………… 172
130. 瓠瓜标准化生产的苗期管理有哪些措施? ……… 172
131. 如何做好露地瓠瓜标准化生产的土地
　　准备工作? ………………………………… 173
132. 瓠瓜露地标准化生产应何时定植? 如何确定
　　适宜的种植密度? ………………………… 173
133. 瓠瓜标准化生产对养分需求有何特点? 如何
　　进行养分管理? ………………………… 174
134. 如何进行露地瓠瓜标准化生产的水分管理? … 174
135. 如何进行露地瓠瓜标准化生产的植株调整? … 174
136. 瓠瓜标准化栽培应注意什么? 如何做? ……… 175
137. 怎样进行瓠瓜采收和贮藏? ………………… 176
138. 为什么有些瓠瓜果实有苦味? ……………… 176

第十章　佛手瓜标准化生产关键技术 ……………… 178

139. 佛手瓜的生育期如何划分? ………………… 178
140. 佛手瓜标准化栽培对环境条件有何要求? …… 179
141. 佛手瓜有哪些食疗作用? …………………… 180
142. 佛手瓜标准化栽培可选用的优良品种有哪些? … 180
143. 佛手瓜育苗繁殖方式有哪些? ……………… 181
144. 如何做好露地佛手瓜标准化生产的土地
　　准备工作? ………………………………… 183
145. 如何确定佛手瓜标准化栽培的适宜种植密度? … 183
146. 如何做好佛手瓜标准化栽培的肥水管理? …… 184
147. 佛手瓜标准化生产有哪些搭架方式? ………… 185
148. 如何进行露地佛手瓜标准化生产的植株调整? … 186

149. 如何进行佛手瓜的老株护理？ ……………………… 187

150. 佛手瓜坐瓜率低的原因有哪些？如何提高
坐瓜率？ …………………………………………… 188

151. 佛手瓜嫩蔓栽培有哪些技术要点？ …………… 189

152. 怎样进行佛手瓜的采收与贮藏？ ……………… 191

153. 如何进行佛手瓜的留种？ ……………………… 192

第十一章　瓜类蔬菜病虫害防治 …………………… 194

154. 瓜类蔬菜标准化栽培有哪些主要病害？
如何防治？ ………………………………………… 194

155. 瓜类蔬菜标准化栽培有哪些主要虫害？
如何防治？ ………………………………………… 209

参考文献 ……………………………………………… 216

附录 …………………………………………………… 218

附录1　农产品安全质量　无公害蔬菜安全要求
（GB 18406.1—2001） …………………… 218

附录2　农产品安全质量　无公害蔬菜产地环境要求
（GB/T 18407.1—2001） ………………… 224

附录3　无公害食品　黄瓜生产技术规程
（NY/T 5075—2002） …………………… 230

附录4　蜜本南瓜栽培技术规程
（DB46/T 101—2007） …………………… 237

附录5　丝瓜生产技术规程
（DB44/T 172—2003） …………………… 245

附录6　无公害食品　苦瓜生产技术规程
（NY/T 5077—2002） …………………… 250

附录7　无公害食品　黑皮冬瓜生产技术规程
（DB46/T 54—2006） …………………… 257

第一章 瓜类蔬菜标准化 生产技术概述

1. 什么是蔬菜标准化生产?

蔬菜标准化生产是以质量管理为核心,以蔬菜科学新技术和实践经验为基础,运用"统一、简化、协调、优化"的标准化原则,通过制定标准、实施标准,对蔬菜生产的产前、产中、产后全过程进行监督,促进先进、成熟、实用的蔬菜生产技术和经验迅速推广,确保蔬菜优质高产和产品的质量与安全,促进蔬菜产品流通,规范蔬菜产品市场秩序,指导生产,引导消费,从而取得良好的经济、社会和生态效益,达到提高蔬菜生产水平和竞争力的目的的一系列活动过程。

2. 为什么要发展蔬菜标准化生产?

蔬菜标准化生产,使蔬菜生产的全过程执行相关的标准,规范了蔬菜种子、农药、化肥、包装材料、机械设备等投入品的应用,规范了蔬菜种植、加工、流通等各环节的操作规程。按标准进行蔬菜种植管理、病虫防治、加工、储运、包装、销售等,易于蔬菜种植者操作,便于管理,可有效地提高蔬菜产品质量,保障食品安全,可提高蔬菜产业的整体素质,有利于提高蔬菜产品的国内外市场竞争力,有利于我国与其他国家在蔬菜产业上的交流与合作。同时国家通过对蔬菜产品标准的制定,可发挥进出口

1

贸易中的技术壁垒作用，保护国内生产者的利益。

随着经济的快速发展，推进蔬菜生产标准化已成为加快我国农业结构战略性调整、提升农业产业化经营水平的重要措施，是应对入世挑战、扩大农产品出口的必然选择，是提高农产品质量水平、确保农产品消费安全的客观需要，是规范农产品流通、提高农产品市场准入条件的有效手段。长期以来，瓜类蔬菜是人们生活中重要蔬菜之一，也是盛夏降温消暑的主要蔬菜和健康食品，深受众多消费者欢迎。瓜类蔬菜除可鲜食外，还可泡制、腌渍、酱渍，已成为人们饮食结构中的重要组成部分，其经济效益已日益引起人们的重视。因此，发展瓜类蔬菜标准化生产具有以下重要意义：

（1）发展瓜类蔬菜标准化生产是瓜类蔬菜生产由传统农业模式向现代农业模式转变的重要标志　传统农业是现代农业的基础，现代农业是在传统农业基础之上的不断发展、完善与提高。这个由量变到质变的过程，得益于市场发育的快速催生和科学技术的飞跃发展。农业标准化代表了现代农业发展的基本要求，是传统农业向现代农业转变的重要桥梁和纽带。

（2）发展瓜类蔬菜标准化生产是瓜类蔬菜产业经济走向国际化的必然选择　农业和农村经济在国民经济中占有举足轻重的地位，要想率先突破和跨越，最终走向国际化是客观发展的必然。一方面要求我们生产的农产品必须完全适应国际消费需求，另一方面要求我们的农业生产方式、经营方式、管理方式必须与国际接轨。只有这样，才能获得比较优势和竞争优势，打通农产品流向国际市场的通道。特别是加入WTO（世界贸易组织）后，我国承诺将全面履行世界贸易组织规定的农业协议各项条款，这就要求农业产业必须积极采用国际标准和国外先进标准来组织生产和发展对外贸易。目前从国际发展趋势看，一些发达国家为了保护本国农业，限制他国农产品进口，单边采取提高技术标准和设置农业技术性贸易壁垒的做法，这对于农业走向国际化制造了新的更大的障碍。破除这些技术性贸易壁垒的根本措施，就是充分利用农业标准化这一有效手段，尽快建立起与国际接轨的农业标准体系，以不变应万变，用壁垒消除壁垒。

（3）发展瓜类蔬菜标准化生产是提高瓜类蔬菜农产品竞争力的迫切需要　当今世界，追求农产品质量安全已成为有效开拓市场、提高竞争力的重要措施。目前，国际市场不仅强调农产品的内在品质营养、卫生安全，还追求外在包装、适口性好，甚至连产品的知名度、产地名称也能激发人们的购买欲望。比如在国外市场，番茄论个、黄瓜按条销售，对不同等级的黄瓜，其长度、弯度、匀称程度、重量范围等指标都有明确的要求。所以，现代的产品质量概念是一个综合的统一体，内涵增加，外延不断扩大。现阶段，农产品消费市场出现了两个极端：一是大路货农产品大量积压；二是优质、绿色、安全的农产品供不应求。二者的本质区别就在于内在质量不同。要实现产品的高质量和高效益，其生产、加工、销售的每一个环节都离不开标准化的实施和运用，农业标准化水平决定着农产品的质量和市场竞争力。

（4）发展瓜类蔬菜标准化生产是加强瓜类蔬菜产品安全监管、保障消费安全的重要抓手　随着人们生活水平的不断提高，农产品质量安全问题越来越被广大消费者所关注和重视，对农产品消费安全的呼声越来越高。但由于长期以来片面追求数量和分散、粗放的农产品生产经营方式，有些生产者使用禁用农药、不合理使用化肥，导致农产品有害物质残留问题比较突出，不仅威胁消费安全，而且破坏生态环境。解决这些问题的根本措施就是推行标准化，不断提高农民科学合理用药、用肥的能力和自觉性，用标准规范农业生产、加工行为。同时，标准化生产和加工技术的推广，也为农产品质量监管提供了科技支撑，使农产品质量安全监管主体明确、环节清晰、依据充分，提高了监管效能。

（5）发展瓜类蔬菜标准化生产是促进农业结构调整、增加农民收入的需要　农业标准化涉及农业的产前、产中、产后多个环节，以信用安全和市场需求为目标制定标准，通过实施农业标准，综合运用新技术、新成果，普及推广新品种，在促进传统优势产业升级的同时，促进农业生产结构向优质高效品种调整，实现农业资源的合理利用和农业生产要素的优化组合，为提高农业效益奠定基础。瓜类蔬菜农业标准化的实施，将全面改善瓜类蔬菜产品品质，提高产品内在和外观质量，成为品牌、名牌产品的质量保证，是实现优质优价、增加农民收入的基本保障。

3. 什么是安全蔬菜？安全蔬菜分为几个等级？

安全蔬菜又称放心蔬菜，是指在蔬菜生产过程中，通过严密的监测和控制，减少或避免有毒、有害物质在各个环节的污染，确保产品质量及主要残留物质含量符合相关标准规定，对人体健康不构成危害的蔬菜。

根据蔬菜生产是否使用农药、化肥及有害物质含量，可将安全蔬菜分为无公害蔬菜、绿色蔬菜和有机蔬菜3个等级。

4. 安全蔬菜的几个等级如何区分？

无公害蔬菜是指生产的蔬菜中未含有某种规定不准含有的有毒或有害物质，主要残留污染物质含量则控制在允许范围内，以保证人们食用蔬菜的安全，即达到优质和安全、卫生标准。

绿色蔬菜是指遵循可持续发展原则，按照特定生产方式生产，经专门机构认证，许可使用绿色食品标志的无污染的安全、优质、营养类蔬菜。它分为A级绿色蔬菜和AA级绿色蔬菜。A级绿色蔬菜是指在生态环境质量符合规定标准的产地，生产过程中允许限量使用限定的化学合成物质，按特定的生产操作规程生产、加工，产品质量及包装经检测、检查符合特定标准，并经专门机构认定，许可使用A级绿色食品标志的蔬菜。AA级绿色蔬菜系指在生态环境质量符合规定标准的产地，生产过程中不使用任何化学合成的物质，按特定的生产操作规程生产、加工，产品质量及包装经检测、检查符合特定标准，并经专门机构认定，许可使用AA级绿色食品标志的蔬菜。

有机蔬菜是指来自于有机农业生产体系，根据国际有机农业的生产技术标准生产出来的，经独立的有机食品认证机构认证，允许使用有机食品标志的蔬菜。有机蔬菜是有机农业中的一部分，必须经过国家专门机构认证，根据有机农业的原则，结合蔬菜作物自身的特点，强调因地因时因物制宜的耕作原则，在整个生产过程中禁止使用人工合成的化肥、农药、除草剂、生长调节剂以及转基因产物，采用天然材料和与环境友好的农作方式，恢复园艺生产系统物质能量的自然循环与平衡，通过作物种类品种的选择、轮作、间作套种、休闲养地、水资源管理与栽培方式的配套应用，创造人类万物共享的生态环境。

无公害蔬菜、绿色蔬菜和有机蔬菜三者的区别见表1。

表1　无公害蔬菜、绿色蔬菜和有机蔬菜的区别

类　别	化学农药	化　肥	生长调节剂
无公害蔬菜	限制使用	限制使用	不限制使用
绿色蔬菜	限制使用	限制使用	限制使用
有机蔬菜	禁止使用	禁止使用	禁止使用

5. 现阶段应重点发展哪种安全蔬菜？

蔬菜是人们日常生活中不可缺少的副食品。随着人们生活水平的提高，蔬菜生产的重点已由以往只注重产品数量、保障供给的生产方式，向更加注重产品质量、保证蔬菜卫生和安全的方面转变。随着蔬菜产业的发展和栽培技术的提高，可在生态环境质量好的产地，生产出优质、无污染的安全蔬菜。然

而，自 2002 年我国开始全面实施"无公害食品行动计划"以来，经过 10 年的共同努力，已基本实现了蔬菜产品的无公害。但根据现有技术基础及我国大多数产区的生产、生态条件，要全面实现蔬菜的有机生产还存在较大难度。因此，现阶段我国蔬菜产业应重点发展绿色蔬菜，按照绿色蔬菜标准进行规范化生产，限量使用化学农药、化肥以及其他生长调节剂，确保蔬菜产品的质量和安全卫生，让广大城乡居民真正吃上"放心菜"、"健康菜"。

6. 环境污染对蔬菜安全生产有什么影响？

蔬菜生产与生态环境有着密不可分的关系，环境是一切生物赖以生存的条件。环境的好坏，直接影响着蔬菜安全生产的成败。因为在正常情况下，生态环境与蔬菜之间相互依存、相互影响、相互协调，构成一个良好的农业生态系统，并保持一定的动态平衡，当其中的某个环节（或因子）发生改变时，就会引起其他各环节（或因子）也相应发生改变。比如，当生态环境出现污染时，就会破坏这种平衡，影响蔬菜产品的数量和质量。早期的生态环境污染破坏和主要是由工业、城镇的发展所造成的。但随着现代农业的发展，大量的农药、化肥、生物制剂等农用化学品的投入以及大量畜禽粪便的产生等，也带来严重的农业环境污染和破坏。这种污染和破坏，毫无疑问也直接制约着蔬菜的生产，甚至形成恶性循环。

随着现代工业的发展，生态环境污染逐渐加重，一些有毒、有害物质通过各种食品进入人体。蔬菜是人们每日不可或缺的主要副食品，生态环境的污染以及在生产和流通过程中缺乏科学有效的措施和手段，大量不同程度受污染的蔬菜被人们食用，对人体健康及生命安全造成威胁。

一般来说，蔬菜的污染主要来自于工业的"三废"（废水、废气、废渣）、城市的垃圾、未经处理的医疗废弃物、未经无害化处理的有机肥、偏施的化肥及农药，以及在运销过程中污染蔬菜的其他有害或有毒物质。这些有毒、有害物质对蔬菜的污染主要有直接污染（如农药污染、大气中有毒物质有害气体及粉尘的污染等）与间接污染。间接污染的途径有的是通过污染水体后经灌溉污染蔬菜，有的是污染菜田土壤后再污染蔬菜。

因此，对蔬菜栽培生态环境的净化与监控是防止蔬菜污染的重要途径。

7. 怎样选择瓜类蔬菜标准化生产基地？

瓜类蔬菜标准化生产基地要求选择在生态条件良好、远离污染源、并具有可持续生产能力的农业生产区域。所谓生态条件良好，主要指土壤条件、自然生态条件不错，生态环境和破坏污染较少。由于环境污染主要是工矿企业和城镇等大量排放污染物质而造成的，一般而言，离污染源越近的地方受到的影响或威胁越大。所以，在绿色蔬菜产地的选择上，必须首先考虑远离污染源。除此之外，产地还应具有可持续生产的能力。

瓜类蔬菜赖以生长发育的环境条件很多，但影响其安全品质的环境因素主要是空气、水分和土壤。

同时，对灌溉水、土壤也规定了主要控制指标及其限值。就大气而言，生产基地一般应远离工厂、城镇及污染区，大气质量较好且相对稳定；基地的上风口应无工业废气污染源；基地区域内气流相对稳定，即使在风季，其风速也不会太大；基地内空气尘埃较少，空气清新洁净，空气中的总悬浮颗粒物日平均浓度不得超过 0.30 毫克/米^3（标准状态）。就水分而言，要求雨水中泥沙少，pH 适中，清澈；基地内灌溉用水质量稳定，如用江、河、湖水作为灌溉水源，则要求在基地上方水源的各个支流处无工业污染源影响。就土壤而言，要求各元素含量均在正常范围内，土壤耕层内无重金属、农药、化肥、石油类残留物、有害生物等污染。

在瓜类蔬菜标准化生产基地选择的实际操作中，可参考以下几个条件要求：①基地周边 2 000 米以内无污染源，基地距主干公路 100 米以上；②基地应尽可能选择在瓜类蔬菜的主产区、高产区和独特的生态区；③基地土壤肥沃，旱涝保收。总体来说，标准化蔬菜基地应选建在没有环境污染、交通方便、地势平坦、土壤肥沃、排灌良好的蔬菜主产区、高产区或独特的生态区，基地的土壤、灌溉水和大气等环境条件均未受到工业"三废"及城市污水、废弃物、垃圾、污泥及农药、化肥的污染或威胁。

注：本书中涉及瓜类标准化生产的产地环境均应符合《无公害食品　蔬菜产地环境条件》（NY 5010—2002）的要求。

8. 如何保护和改善蔬菜标准化产地环境？

蔬菜标准化产地环境的保护不能忽视两个方面的现实状况：①蔬菜污染是农业环境污染造成的，不改善农业环境污染的大环境，蔬菜污染难以从根本上消除；②目前我国的环境状况令人担忧，农业环境的形势更为严峻，虽然局部有所好转，但总体上仍在恶化。如果不采取正确的方针和重大政策措施，今后若干年内工业及城市污染还会发展，化肥、农药所造成的污染还会加重，有机废弃物特别是规模养殖造成的粪便污染也将成为突出的问题。依据这两方面的现实状况，为防止蔬菜污染所造成的危害，一方面要进行农业环境的综合治理，特别要从污染源头上治理"三废"的排放和城市排污，防止对大气、水体及土壤的污染；另一方面要利用和创造可能的条件进行清洁生产，防止生产过程中的自身污染，开发绿色蔬菜，造福社会，并以此激发人们的环保意识，改变人们在环境问题上的传统观念，吸引更多的部门及市民参与保护和改善环境的活动。从产地建设角度讲，应着重做好以下工作：

（1）外源污染的预防与控制　外源污染主要包括工业"三废"、城市废弃物等带来的污染。农业环境污染与整个社会大环境的污染有关，如果工业"三废"污染得不到解决，农业环境是很难得到根本的、全局的改善。要避免环境污染，首先工业有关部门要积极有效地治理工业的"三废"和城市污染，实现达标排放；对已经或正在严重污染环境的工厂企业应依法监督，限期进行整改或采取其他有效措施，确保污染问题得到妥善解决；对新建设工厂，必须在环境保护方面严格要求，在建厂的同时必须建设废气、废水等处理净化设施，保证不再产生新的污染源。同时，农业部门或农业生产者要提高法律意识、生态环境意识，提高警惕，关注隐患，及时发现问题，监督执法，严防工业"三废"、城市生活垃圾和生活废水等殃及基地。只有做到这些，基地环境才能得到有效保护并逐渐改善，为生产绿色蔬菜创造基本的条件。

（2）农业自身污染的预防与控制　农业自身污染，主要是指农业生产过程中使用农药、化肥、生长调节剂等农业投入品不合理，以及农业废弃物（如畜禽粪便等）处置、利用不当而造成的污染。主要应通过贯彻实施绿色蔬菜生产技术规程加以预防和控制。一是科学种田，合理使用农用化学品；二是利用生态模式合理处置和利用农业废弃物；三是慎用其他对产地环境有害的农业投入品，如超标污水、农用固体废弃物以及医院废弃物等。

（3）绿色食品蔬菜栽培中的土壤与水源治理　绿色食品蔬菜栽培对土壤和水源的要求很严格，当这些条件不适宜栽培要求时，尤其是生产时间较长的菜地，常常需要对土壤和水源进行治理。

1）土壤次生盐渍化与土壤酸化治理　在一些老的蔬菜生产基地，如不重视土壤与耕作方式的改良，常常会出现土壤酸化与次生盐渍化。生产上，常常通过以下方法进行解决。

一是以水除盐。主要靠漫水洗盐和开沟埋设暗管的方法进行，洗出的盐水通过管道或排水系统排出后集中处理。二是生物除盐。采用休闲或轮作方式。栽培速生吸盐量大的作物，如苏丹草、玉米等；合理进行水旱轮作，一季水稻、一季瓜菜，改善菜田的质地。三是多施有机肥。多用一些稻壳、木屑等含碳量高的有机肥。四是改土。可进行深耕，使表土和深层土壤适当混合，适当降低耕作层中的盐离子浓度。五是撒施石灰氮。既可改良土壤的酸化问题，还可以杀灭土壤中的部分病虫草害。

2）土壤病菌和虫卵治理　土壤作为病虫寄生的主要场所之一，在连续连作之后常常使病虫密度过高。而大量使用杀虫剂和杀菌剂，会使部分病菌和害虫产生抗药性，出现越打药病菌和害虫密度越高的现象。治理方法主要有：一是耕作。通过土壤休闲，与其他大田作物进行有效轮作。二是覆膜高温消毒。夏季高温期间，在土壤施入一定量的石灰氮和未腐熟的有机肥。灌水后，上面覆膜，密闭30天左右，可杀死大部分的病菌和虫卵。三是利用蒸汽或药物进行土壤消毒。将耕层土壤堆起，高度不宜太高，一般在30厘米左右，外面覆膜，通入蒸汽消毒。也可用硫黄、福尔马林、氯化苦等熏蒸。为了确保消毒效果，处理时间可适当长些，而且应保证覆盖时的气密性。

3）水源治理和水质保持

①水质改良。对现有水源，区分情况进行不同的水质改良。尽可能地利用地下深井水，在没有条件的地区可对地表水、江河与湖泊水做必要的处理。对深井水的处理，一方面以杀菌为主，另一方面则主要是针对水中的离子，用漂白粉等氧化剂使水中的生物致死；而对水中的金属离子和酸根离子，可采用离子吸附剂吸附的方式或进行离子交换树脂的层析过滤来进行。对地表水所进行的处理也如此。无论哪种水体，一经处理后，在进入灌溉系统之前，都应采取必要措施防止水体的二次污染，否则就会前功尽弃。

②先进灌溉方法与节水栽培技术的应用。无论采用什么水源进行蔬菜生产的灌溉，在水源输送过程中，如果水体裸露，即使非常优质的水源，也难免不受污染。而且田间大水漫灌，会使土壤板结，同时也有利于病虫害的传播蔓延。因此，在绿色蔬菜生产中应该避免利用传统的漫灌、泼浇等灌溉方式，有些地区在蔬菜生产中，常常随水加入一定量的人畜粪便进行施肥就更不可取了。这些未经处理的粪便，往往含有大量的病菌甚至寄生虫，使用后会给蔬菜产品卫生状况带来严重问题。利用塑料管道输水系统，可有效避免了灌溉用水的二次污染。根据地形和设施、作物的种类，将塑料管理入土中，也可平铺于地表或设置在空中，在进入灌溉系统之前，可设立过滤装置和肥料注入装置，并以较低的压力将水均匀地送入灌溉系统末端。在出流处，根据作物的需水特点，可进行连续灌溉和间歇灌溉。

③生产用污水的排放和处理。对于生产用污水，不能随意排放，可区分其受污情况和程度进行处理。如洗涤产品时受泥土污染的水体，经静置后即可重新利用；受到各种化学物质污染的水体，则需要通过层析处理后方可使用。同时，处理后的水源，必须注意防止二次污染的产生。

9. 瓜类蔬菜主要包括哪些种类？

瓜类蔬菜是葫芦科中以果实供食用的栽培植物总称。大多为一年生的草本植物，其主要种类包括黄瓜、冬瓜、南瓜、苦瓜、丝瓜、瓠瓜、佛手瓜和蛇瓜等。瓜类蔬菜种类繁多，品味各异，风味独特。其中，黄瓜为果菜兼用的大众蔬菜，南瓜、苦瓜是药食兼用的保健蔬菜，冬瓜为夏秋淡季的主要蔬菜，其他瓜类蔬菜风味各异，都是膳食佳品，富含糖类、维生素、蛋白质、脂肪及矿物质等多种营养物质，既可生食、熟食，又可加工成各类制品后销售。

10. 瓜类蔬菜有哪些共有特性?

瓜类蔬菜大多为一年生的草本植物,它们在特征特性和栽培上有很多的共性,主要包括以下几点:

(1) 瓜类蔬菜除黄瓜外,都具有发达的根系,但根系的再生能力弱,因此适于直播。若为了延长生育期,提高产量,也可采用穴盘育苗,保护好根系,培育壮苗。

(2) 瓜类蔬菜均为蔓性作物。茎长可达数米,中空,其上具有粗刚毛或有棱角,节上生有卷须,供攀缘之用。叶片大,单叶互生,叶柄较长,多呈心脏形或掌状分裂。抽蔓能力强,且瓜蔓和土壤接触时,易发生不定根。因此,生产中一般采用整枝、压蔓或通过设立支架等技术来提高产品的产量与品质。

(3) 瓜类蔬菜均为雌雄同株异花作物,属虫媒花,是天然的异花授粉植物。花冠为钟状,多数为黄色,在上午开放。但有棱丝瓜在傍晚开放,瓠瓜也在夜里开放,需要进行人工授粉,才能保证结果。瓜类蔬菜的性型具有可塑性,可人为调控其性型分化,还有不少瓜类蔬菜可单性结实。瓜类蔬菜的雌花为子房下位,多为三室,为花托包被,和子房壁一起发育成果实。果实形状与子房相同。

(4) 瓜类蔬菜均为喜温耐热性作物,生长适宜的温度在20～30℃,15℃以下生长不良,10℃以下生长停止,5℃以下开始受冷害。多数瓜类蔬菜对温周期反应敏感,生长期间需要充足的光照。

(5) 大部分瓜类蔬菜的采收要及时,防止产品生理成熟后降低品质。

11. 瓜类蔬菜有哪些营养价值?

瓜类蔬菜的营养价值,不仅体现在这类蔬菜的果实中含有丰富的维生素 C，较多的碳水化合物与钙、磷、镁、钾、铁等矿物元素以及其他营养元素（表2），还含有胨化酶，能帮助分解食物中的蛋白质，而且这类蔬菜种类多，品种丰富，供应期长，产量高，在蔬菜生产中占有极为重要的位置。同时，瓜类蔬菜含有一定的药用成分和具有一定的消暑作用，因此，常作为盛夏清凉解暑和食疗保健的原料。

表2　主要瓜类蔬菜果实中营养成分（以100克鲜果汁）

种类	蛋白质（克）	脂肪（克）	碳水化合物（克）	钙（毫克）	磷（毫克）	镁（毫克）	钾（毫克）	铁（毫克）	膳食纤维（克）	胡萝卜素（毫克）	维生素C（毫克）
黄瓜	1.0	0.09	1.9	31	24	14	121	0.9	0.6	0.09	11
冬瓜	0.5	0.2	2.1	37	14	7	83	2.5	0.8	—	10
南瓜	0.4	0.1	4.0	31	8	4	201	2.7	0.5	—	2
苦瓜	0.9	0.1	3.1	15	36	24	316	1.1	1.7	—	8.4
丝瓜	1.1	0.09	3.8	13	27	15	190				5

12. 瓜类蔬菜有哪些药用与保健价值？

黄瓜有清热利湿、解渴利尿和降低血脂的作用，黄瓜苦味成分之一的葫芦素具有抗肿瘤功效。黄瓜果实是食用碘的良好来源，对食物补碘代替药物补碘具有重要的意义。除果实外，黄瓜汁还可使神经系统镇静和强健，能增强记忆力。黄瓜汁含脂肪和糖较少，是比较理想的减肥饮料。黄瓜藤利水、解毒，叶和根可治腹泻、痢疾。

冬瓜的茎、叶、果皮、果瓤和种子都可入药。冬瓜皮煎水，有消暑和解毒的作用；冬瓜皮加蜂蜜、水煎服，可治咳嗽；冬瓜皮加西瓜皮、白茅根、玉米黍蕊、赤豆和水煎服，可治疗肾炎和小便不利症；冬瓜肉加工成冬瓜糖浆，可治疗百日咳、气管炎和阵痛性咳嗽等症；冬瓜种子含有尿素分解酶、皂苷、亚油酸等，具有润肺、化痰、消痛、清火、排脓等功效。

南瓜性温、味甘，有补中益气、消炎止痛、解毒杀虫等功效。可治气虚乏力、肋间神经痛、疟疾、痢疾等症，还可驱蛔虫、治烫伤。所含的甘露醇有通便作用，可减少肠内粪便的毒素对人体的危害，常食南瓜可预防结肠癌，可有效预防糖尿病、高血压以及肝脏的一些病变，如肝炎、肝硬化、肾炎等，对冠心病和肥胖症也有一定的疗效。

苦瓜可增进食欲，帮助消化，清凉解暑。果实中含有的生理活性蛋白可有效提高人体的免疫力，同时还含有一些抗癌物质，具有抗癌防癌的功效。而苦瓜中最具药用价值的是它含有一种与胰岛素结构相类似的物质，具有与胰岛素相似的功效，可降低人体血糖含量。

丝瓜性味甘平、略偏凉性，无毒，具有清暑凉血、解毒通便、调节月经、祛湿治痢、祛风化痰、止咳、通经络、行血脉、下乳汁等功效，其络、籽、藤、根、叶、花均可入药。另外，丝瓜汁有活血美容、祛痘去毒、消斑嫩肤等功能。

13. 瓜类蔬菜的栽培方式有哪些？

瓜类蔬菜的栽培方式主要有以下几种：

（1）根据架式的有无，可分为爬地式栽培和搭架式栽培　南瓜和冬瓜粗放式栽培时，可采用爬地式栽培，其他瓜类蔬菜则多用架式栽培。根据搭架方式的不同，又可分为棚式栽培和架式栽培。棚式栽培，即用竹木搭棚，有高棚和矮棚之分。架式栽培，即用竹木搭起的支架，它的形式有多种，如长沙郊区的"一条龙"、上海郊区的"人"字架、单行篱笆架、双行篱笆架、改良"人"字架等栽培方式。

（2）根据设施的有无，可分为露地栽培和保护地栽培　一般而言，瓜类蔬菜正季栽培时，往往多进行露地栽培；反季节栽培或生产精品瓜时，往往采用保护地栽培。根据各地的气候条件，如北方地区进行反季节栽培多使用日光温室保护设施，长江流域多使用塑料大棚或大棚加小拱棚进行反季节栽培，华南地区采用塑料大棚或防虫网进行栽培。

（3）间作、套种　利用瓜类蔬菜蔓生搭架栽培类似高秆作物的特点，与其他矮秆作物如辣椒、茄子、番茄等蔬菜进行套种。另外，利用瓜类蔬菜是深根性作物的特点，可与其他浅根性作物进行间作套种。全国各地根据当地的生产经验，均摸索出一套自己的栽培方式，如广东主要瓜类产区实行瓜类蔬菜与姜、葛和芋头的间种模式；长沙地区实行韭菜套种瓜类蔬菜；南京、杭州、上海等地采用番茄套种冬瓜的栽培模式；四川成都地区在瓜类蔬菜的平架下套种球茎甘蓝、莴笋等蔬菜。

各地应根据当地的实际情况和瓜类蔬菜的生长习性，选用适合的栽培方式。

第二章 瓜类蔬菜标准化 育苗关键技术

14. 瓜类蔬菜种子消毒处理有哪些方法？

种子是传播蔬菜病原菌最重要的途径之一。随着带病种子的播种，一方面会使新的疫区不断扩大，特别是检疫性病害一旦传入，则后患无穷；另一方面，会加重原有病害的危害，造成更大的损失。种子带有的病菌可以直接侵染种芽和幼苗，造成毁种死苗，并且为后期发病提供菌源，是引起蔬菜田间发病的祸根。

根据蔬菜种子带菌种类的不同，可以采取不同的种子消毒处理方法，大致可分为物理消毒方法和化学消毒方法两大类。

（1）预防真菌性病害的种子消毒处理方法 常见瓜类种传真菌性病害有：瓜类蔬菜疫病、瓜类蔬菜炭疽病、西瓜炭疽病、甜瓜炭疽病、瓜类蔬菜枯萎病、瓜类蔬菜蔓枯病、瓜类蔬菜黑星病、南瓜白绢病和冬瓜白绢病。这些病害多数都以菌丝体潜伏于种子内，也有以分生孢子或菌核附着在种子外表。以上病害的种子消毒方法是：

1）温汤浸种 将种子置于55℃温水中，浸泡15分钟，然后换清水洗净，催芽后播种。

2）药剂浸种 ①福尔马林浸种：用40％福尔马林100倍液浸种30分钟，用清水洗净，然后播种或晾干备用。②多菌灵或普力克浸种：用50％多菌灵500倍液浸种1小时，或用72.2％普力克水剂800倍液浸种0.5小时。③漂白粉浸种：防治瓜类蔬菜枯萎病，可将种子在 2%～3% 漂白粉溶液中浸 30～60 分钟，浸过的种子用清水洗净。

3）药剂拌种 ①福美双拌种：防治瓜类蔬菜疫病可用 50% 福美双可湿性粉剂，按种子重量的 0.4% 的药量拌种。②绿亨 2 号可湿性粉剂拌种：每千克瓜类种子用药 4～5 克拌种，可有效防治潜伏于种子上的真菌性病害。

（2）预防细菌性病害的种子消毒处理方法 常见的为瓜类细菌性角斑病，针对该病，种子消毒的方法有：

1）温汤浸种 具体方法同瓜类蔬菜炭疽病等真菌性病害，此法对防治瓜类蔬菜细菌性角斑病也有较好效果。

2）药剂浸种 ①福尔马林浸种：用 40% 福尔马林 150 倍液浸种 1.5 小时，浸种后用清水充分洗净，然后晾干播种。②硫酸链霉素浸种。用 100 万单位的硫酸链霉素 500 倍液浸种 2 小时，冲洗干净后催芽播种。

（3）预防病毒病的种子消毒处理方法 常见瓜类病毒病有：瓜类蔬菜花叶病，西瓜、西葫芦和冬瓜等病毒病。预防瓜类病毒病的种子消毒方法是：

1）温汤浸种 对瓜类蔬菜花叶病，置于 55℃热水中浸分钟，换清水洗净，有较好的防治效果。

2）药剂浸种 西瓜、西葫芦等瓜类种子的绿斑花叶病毒病，可用 10% 的磷酸三钠浸种 20 分钟，清水洗净后播种。

注：本书中种子消毒方法，凡是涉及的消毒剂必须符合国家标准《农产品安全质量 无公害蔬菜安全要求》（GB18406.1—2001）、《农产品安全质量 无公害蔬菜产地环境要求》（GB/T 18407.1—2001）之规定。

15. 如何进行瓜类蔬菜种子的常温或变温催芽？

种子催芽是指通过人工控制创造适宜的温湿度条件，促使种子快速萌发的过程。浸种催芽有利于瓜类蔬菜种子迅速整齐地出芽，提高苗床的利用率，防止因早春低温造成的烂种等，同时，温汤浸种也可杀死种子表面所带的病菌，防止种子传染病虫害。

种子催芽之前先进行浸种，浸种时间长的蔬菜种子应定时换水，同时搓洗种子，去掉种皮上的黏液，换上清水后继续浸泡。

（1）常规催芽 浸种后，种子要用清水清洗干净，捞出种子沥干水分，约1小时后包在干净的湿毛巾、麻袋片或纱布中，然后放入调好的催芽箱。周围气温较高时，可放在纸箱、木箱、泥瓦盆中置于温暖处，容器中可以接一只白炽灯。也可以放在热炕或电热毯上进行催芽。催芽过程中，应在种子包中插一支温度计，随时观察温度变化，并每隔4～5小时翻动一次种子包。催芽时间长的种子，在催芽过程中应用清水冲洗，以脱去表面黏稠物并补充水分和氧气。一般种子每天应冲洗一次，当60%以上的种子露白时即可结束催芽。不同蔬菜的浸种时间、催芽温度和催芽天数见表3。

表3 主要瓜类蔬菜催芽所需条件

作物	浸种时间（小时）	催芽温度（℃）	催芽天数（天）
黄瓜	4～6	25～28	1～2
苦瓜	8～10	28～32	2～3
节瓜	8～10	28～30	2～3
丝瓜	4～6	28～30	4～5
冬瓜	5～8	28～30	2～3
南瓜	4～6	25～30	2～3
瓠瓜	8～10	28～32	2～3

对于种皮厚的种子如西瓜、苦瓜种子，在种子浸种消毒后可以进行破壳处理以加速其催芽速度。具体方法为：使用稍大一些的指甲刀或钳子，剪掉种子的尖端，注意深度不要过大，否则会损伤种胚。

（2）变温催芽　变温催芽处理是利用大种芽对低温反应敏感、小种芽对低温反应不甚敏感的原理，用低温来减缓大种芽的生长速度，通过大种芽等小种芽来达到种子出芽整齐一致的目的。

瓜类蔬菜低温处理的时间要比高温处理时间长，一般每天低温处理 16 小时，高温处理 8 小时，常用的变温范围为 15～30℃或 20～30℃。浸种时间与种子的陈旧程度、水温等有关，新种子和水温较高时浸种时间可偏短。催芽过程中要经常翻动种子，并用温水淋洗掉种子上的黏液，使种子受温均匀，保持透气。有条件的地方可在恒温箱中进行催芽，没有恒温箱者可在带有灯泡的纸箱或是家用米缸等容器催芽，容器内应该放置一个酒精温度计（常温温度计）以便随时观察其内部温度，容器底部可放高粱秆、稻壳、锯末等调节物，种子不能与热源直接接触，以免蒸芽，再将用湿毛巾包好的种子放入容器内。种子催芽时间不能过长，以免种芽过长导致播种时折断。如遇天气等特殊原因要推迟播种时，可将催芽温度降到 5～10℃，使发芽推迟。

16. 瓜类蔬菜育苗的营养基质有哪些？如何配置与消毒？

（1）常用基质及性能　瓜类蔬菜穴盘育苗常用的基质有培养土、草炭、蛭石、珍珠岩、炉渣灰、农用有机肥、炭化稻壳、锯末、种过蘑菇的棉子壳、椰壳纤维等。

1）培养土　是为培育幼苗而用土壤、有机肥（或掺有化肥、农药等）按一定的比例专门配制的人工基质。培养土土质松软、肥沃、养分充足，能够促进根系发育，保证秧苗生长所需营养，并能减少移栽时伤根现象的发生。

农家肥在腐熟过程中，产生的含氮物质极易转变成碳酸铵而挥发损失掉，这就降低了肥效。如果在积造农家肥时加入一定量的过磷酸钙，就可以和碳酸铵反应生成磷酸铵而被固定在肥料中。积肥时按每 600 千克农家肥加入 15～25 千克过磷酸钙为准，除去石块等杂质。遇雨天，物料上面需覆盖稻草、秸秆等透气物，腐熟 15～20 天即成。

一般以肥沃的壤土和腐熟好的优质农家肥按 6∶4 比例混合，有草炭土的地区，草炭土、壤土和农家肥按 4∶3∶3 的比例混合。混合均匀后过筛，即为优质培养土。

2）草炭 到目前为止，普遍认为草炭是园艺作物最好的基质。尤其是现代大规模机械化育苗，大多数都是以草炭为主，并配以蛭石、珍珠岩等基质（草炭土干燥后再次吸水鼓胀困难）。无论是用育苗盘，还是直接压制成各种大小的营养土块，效果都很好。不同地区在不同生态环境条件下形成的草炭，物理性质有很大差别（表4）。

表 4　不同来源草炭的物理性质

草炭种类	容重（克/升）	总孔隙度（%）	空气含量（%）	含水量（%）	每 100 克吸水量（克）
藓类草炭	42	97.1	22.6	7.5	992
	58	95.9	37.2	26.8	1 159
	62	95.6	25.5	34.6	1 383
	73	94.9	22.2	35.1	1 001
白草炭	71	95.1	57.3	18.3	869
	92	93.6	44.7	22.2	722
	93	93.6	31.5	27.3	754
	96	93.4	44.2	21	694
黑草炭	165	88.2	9.9	37.7	519
	199	86.5	7.1	40.1	582
	214	84.7	4.5	35.9	487
	265	79.9	7.2	41.2	467

3）蛭石　属中性偏碱，容重较低，具有良好的透气性，持水量较大，毛管孔隙度较大，富含速效钾、钙、镁、铁等。由于蛭石不易碎，作育苗基质最好选用粒径3～5毫米的蛭石。

4）珍珠岩　主要成分为二氧化硅（SiO_2），占总质量的70%～75%，中性微偏碱。珍珠岩作为育苗基质使用以粒径0.5～6.0毫米为宜。珍珠岩作育苗基质使用时，用量不宜过大：一是因其含有氧化钠；二是因其浇水时易浮起。

5）炉渣灰　pH为7～8，微碱性，容重相对较大，持水量较低，总孔隙度较小，含有镉、铅、镍、铜、锌、铁等重金属元素。用炉渣灰作育苗基质使用，最好是粉碎过筛，必要时可经过水洗后再用。

6）秸秆有机肥　是由农作物秸秆、玉米芯、豆腐渣等混合，腐熟加工而成。含有丰富的有机质，营养全面，理化性质适宜，是一种理想的育苗基质。但在使用时必须和其他基质混合，以避免烧苗。

7）炭化稻壳　具有体轻、导热性低的特性。炭化稻壳的特点是容重小，质量轻，孔隙度高，通气性好，保水力较强。炭化稻壳含有多种营养成分，一般含氮0.5%，含磷95%等。炭化稻壳为碱性。使用前应进行预处理，即和其他酸性基质混合，具体方法可参考下文。即使经过预处理，使用后有时也会使pH升高。因此在使用过程中应随时注意基质酸度的变化，防止因酸度过高而影响蔬菜幼苗的生长。

8）锯末　做育苗基质，以黄杉、铁杉锯末最好。有些树种有毒，其锯末不宜做育苗基质。锯末质轻，具有较强的吸水和保水能力。但应注意，用锯末做育苗基质时，要充分腐熟后再与其他基质配合使用。

9）种过蘑菇的棉子壳　种过蘑菇的棉子壳掺有少量石灰，使用之前必须先将石灰块拣出，破碎过筛，然后腐熟和杀灭病菌。棉子壳pH在7～8，容重较小，持水量较大，通气孔隙度较高，富含有机质和速效养分，是一种理想的育苗基质。

10）椰壳纤维　具有优良的力学性能，耐湿性、耐热性也比较优异。天然的椰壳纤维呈酸性，与珍珠岩、沙子混合后，腐熟2个月，酸度值由 3～4 上升到 6 左右，而电导率下降。腐熟后的椰壳纤维理化特性稳定，育苗效果可同草炭相媲美。

（2）基质的处理与消毒　上述基质，有的可以不加处理直接使用，如新烧制的蛭石、珍珠岩、炉渣灰等或新生产的草炭等。有些基质，特别是混合基质或使用过的基质，在使用前必须进行处理，以免未发酵或未完全发酵的物质在育苗过程中继续发酵"烧根烧苗"或引发病虫危害。

基质处理的方法因基质种类不同而不同，完全腐熟过的基质或已经使用过的基质可采用高温蒸汽（用热蒸汽或大锅蒸）消毒，以杀灭基质中的病原菌和虫卵。未完全腐熟过的基质或发酵的物质继续发酵，可杀灭基质中的病原菌和虫卵，防治苗期猝倒病和立枯病。常见的基质消毒方法有化学药剂消毒、蒸汽消毒和太阳能消毒三类。

1）化学药剂消毒

①甲醛。甲醛是良好的消毒剂，杀菌比较彻底，成本低，但会污染环境，通常将 40% 的原液稀释成 50 倍液，均匀喷洒在基质中，用量约为 30 升/米^2，覆盖塑料薄膜，经 48 小时后，揭膜风干，2 周后可以使用。

②高锰酸钾。高锰酸钾是一种良好而安全的消毒剂，杀菌彻底，成本低，对环境无污染，通常将高锰酸钾配制成 1 000 倍液加 300 倍液敌百虫，在定植前 3～5 天喷洒基质消毒。

2）蒸汽消毒　蒸汽消毒成本高，但杀菌杀虫卵效果明显，通常在设施外安装一蒸汽锅炉，然后将蒸汽管道通入基质中，盖上帆布通入蒸汽半小时以上，可有效杀死病菌、虫卵。

3）太阳能消毒　太阳能消毒一般用于大批量基质消毒。利用夏季高温，在温室或大棚中将基质平铺 30～40 厘米厚，基质堆长、宽视具体情况而定。然后喷水浇透，用塑料薄膜覆盖，再密闭温室或大棚，暴晒 15 天以上，消毒效果良好，成本低、安全、简单实用。

（3）基质配方　我国穴盘育苗基质的主要成分是草炭、蛭石、珍珠岩、椰壳纤维等，大多为草炭、蛭石、珍珠岩按 2∶1∶1 的比例混配，也可采用草炭与蛭石按 2∶1 或 3∶1 的比例配制。另外，也可以使用椰壳纤维、河沙按 5∶2 的比例配置育苗基质。草炭和蛭石虽然含有一定量的营养元素，但是对于大多数蔬菜而言，其所含的矿质营养仍不能满足苗期需求。因此，在配制育苗基质时，应加入适量的大量元素。由于穴盘育苗每株苗的营养面积小，基质量少，如果营养不足会影响幼苗生长。如果在育苗基质中既加入无机肥，又加入有机肥如牛粪等，对幼苗生长更有利，如果用生物有机肥则效果更好。据测定，化肥和有机肥结合使用，穴盘苗的各项生理指标都优于基质中单一添加化肥或有机肥。但是，基质中加入肥料也不宜过多，否则会使基质中矿质营养的浓度加大，容易产生盐害烧苗。配制好的基质除应含有一定的肥料外，还应有一定的含水量。以草炭和蛭石混配的复合基质为例，播种时基质的含水量以 40%～45% 为宜。

注：本书所述基质配方方法，凡是涉及的基质配方及其消毒药剂等必须符合国家标准《农产品安全质量　无公害蔬菜安全要求》（GB18406.1—2001）、《农产品安全质量　无公害蔬菜产地环境要求》（GB/T18407.1—2001）的规定。

17. 瓜类蔬菜老化苗的形态特征及产生的原因是什么？怎样防止？

老化苗的形态特征是苗体小，根系老化，茎矮且不粗壮，节间短，叶片小且叶色发暗、硬脆而无韧性，有的秧苗还容易出现"花打顶"现象。这类秧苗直观上的特征是"小老苗"、"僵巴苗"，缺乏活力与生气。定植后发棵慢，产量低，也易早衰。造成老化苗的主要原因是育苗期过长、蹲苗过头或蹲苗方法不当，如多次移植、干旱蹲苗以及长期过度的低温和水分管理不当等。

避免老化苗的方法主要有：①育苗期不要过长，要创造条件使秧苗正常生长去达到预定的苗龄，虽然这两种途径都可满足达到一定苗龄所需的积温数，但秧苗质量却有明显差别；②在育苗期间应按不同种类秧苗的特性保证其正常生长所要求的适宜温度，长期处于低温下育苗，秧苗活力差，容易形成老化苗；③育苗时应保证秧苗生长的适宜水分，这也是培育壮苗的必要条件，否则很容易形成老化苗而降低秧苗质量。

发现秧苗老化，除注意温度、水分等正常管理外，可喷"九二〇"（有效成分赤霉素）10～30毫克/千克，1周后秧苗就会逐渐恢复正常。

18. 瓜类蔬菜壮苗的标准是什么？

蔬菜秧苗的生长和发育是各种环境条件综合作用的结果。幼苗的强壮与否对植株的生长发育及产量的影响很大，适龄壮苗是蔬菜高产优质的基础，培育耐低温、耐寡日照的壮苗对于保护地栽培尤为重要。为了培育壮苗，必须创造适宜的综合环境条件，促进秧苗正常生长和发育。

瓜类蔬菜育苗，特别是保护地育苗，在一定程度上能控制或人为创造适宜秧苗生长发育的环境条件，但苗期环境条件又受育苗设备及栽培因素（如播种期、苗龄、分苗、移植或假植等）的影响，使苗期环境条件更加复杂化，也会影响秧苗的生长和秧苗的质量。因此，在育苗时，必须全面、综合地考虑育苗的环境条件及所需的设施、设备，结合当地实际情况，因地制宜地制订切实可行的瓜类蔬菜育苗技术措施，才能培育出壮苗。

壮苗的植株生理指标：生理活性较强，植株新陈代谢正常，吸收能力和再生力强，细胞内糖分含量高，原生质的黏性较大，幼苗抗逆性，特别是耐寒、耐热性较强。

壮苗的植株形态特征：茎粗壮，节间较短，叶片较大而肥厚，叶色正常，根系发育良好，须根发达，植株生长整齐，无病苗等。这种秧苗定植后，抗逆性较强，缓苗快，生长旺盛，为早熟、丰产打下良好的生理基础。

壮苗和劣苗是相对的，观察时应该从总体上衡量。另外，生产中还会遇到老化苗与病苗。老化苗也称僵苗或小老苗。其特征是：茎细发硬，叶小发黄，根少色暗。老化苗生长很慢，开花结果迟，结果期短，容易衰老。病苗是在叶片和茎上发生各种病斑，有的地上部虽不见病斑，但叶片萎蔫或生长点停止生长，拔出苗后，可以看到地下根变褐色或腐烂，这种幼苗定植后病害较重，产量低，稳产性极差。徒长苗的主要特征是茎细，节间长，叶片薄、叶色淡，子叶甚至基部的叶片黄化或脱落，根系发育差，须根少，病苗多，抗逆性差等，定植后缓苗慢，易引起落花落果，甚至影响瓜类蔬菜产品商品性和产量。

19. 瓜类蔬菜嫁接育苗有何好处？

瓜类蔬菜嫁接育苗的主要目的是避免或减轻蔬菜土传病害，克服蔬菜栽培连作障碍。比如以葫芦为砧木嫁接西瓜对防止枯萎病有明显效果。嫁接育苗还具有提高抗逆性和肥水吸收能力的作用，可以促进蔬菜生长发育，提高产量和改进品质。蔬菜嫁接育苗的主要优点如下：

（1）提高抗病能力　瓜类蔬菜一旦发病，轻者大幅度减产，重者有绝收的可能。但目前还缺乏理想的抗病品种应用于生产。例如瓜类蔬菜枯萎病的病原菌尖孢镰刀菌在土壤中存活的时间很长，短则 3 年，长可达 7～8 年，药物防治成本高，难度大，而且容易造成污染，利用嫁接育苗则能较好地防止这一病害的发生。尤其在设施密集栽培、轮作换茬困难的情况下，嫁接育苗栽培是避免连作病害发生的最简易有效的方法。

（2）增强抗逆性　蔬菜嫁接后，接穗原有根系得到更换，砧木发达的根系得以发挥作用。根部生长状态的改善，使植株生长更加健壮，提高接穗对逆境条件的适应能力，表现出抗寒、抗盐、耐湿（涝）、耐旱、耐瘠薄等特点。砧木的耐低温特性在冬季和早春设施栽培中具有重要的利用价值。当瓜类蔬菜的环境温度低于 $10 \sim 12 \text{℃}$（西瓜低于 15℃），进行嫁接育苗，因砧木的野生性，使植株抗御低温的能力增强，提高了蔬菜品种嫁接后的耐寒性。蔬菜嫁接所选用的砧木一般都具有比较强大的根系，根的分布范围广，对水分吸收能力强，可明显提高蔬菜的耐旱能力。

（3）增强根系的吸收和运转能力　蔬菜嫁接后，砧木发达的根系可增强其吸收和运输水分与矿质营养的能力。以黑籽南瓜为砧木嫁接瓜类蔬菜，不仅伤流液数量显著增加，而且伤流液中氮、磷、钙、镁的浓度明显提高，这说明嫁接瓜类蔬菜的根系增强了对这些物质的吸收和向上运输的能力，为植株生长发育提供了充足的营养。此外，根系还是氨基酸和多种植物内源激素（主要是细胞分裂素）的合成场所。采用砧木嫁接后，嫁接苗伤流液中细胞分裂素含量和生长素的含量均有不同程度增加，进而促进植株旺盛生长。嫁接苗内源生长促进物质的增加，是其比自根苗生长旺盛的重要原因之一。

（4）提高产量并能提早收获　蔬菜嫁接后，其根系生长得到促进，生理活性增强，吸收与合成功能得到改善，抗病性和抗逆性提高，生长势旺盛，为产量的形成奠定了生理基础。尤其是利用砧木的耐低温特性，使嫁接植株生育前期在较低温度下也能正常生长，可以提早定植，延长生育期，达到早熟增产的目的。据报道，采用嫁接栽培的西瓜，其生育期可提前 $10 \sim 20$ 天，提早果实成熟和上市时间。砧木对接穗生长的促进作用和增产效果因砧木种类和品种不同而存在差异，砧木的作用也因接穗不同而不同。例如，以新土佐为砧木嫁接瓜类蔬菜，可显著提高夏季栽培的产量；在越冬栽培瓜类蔬菜地温较低的条件下，以黑籽南瓜为砧木的嫁接优势更加明显。据报道，瓜类蔬菜嫁接栽培可增产 $30\%\sim50\%$，其中西瓜嫁接栽培比自根栽培可增产 1 倍以上。

（5）其他方面的作用

1）有利于培育壮苗　瓜类蔬菜的子叶对于幼苗的生长发育至关重要，西瓜双子叶面积之和仅为 8 厘米^2 左右，而常用的嫁接砧木有较大的子叶面积，如南瓜的 2 片子叶面积之和约为 45 厘米^2，不同品种的葫芦为 $28\sim41$ 厘米^2。因此，嫁接苗光合能力强，比自根苗生长旺盛，这对于生长初期真叶还没有充分形成的秧苗意义重大。此外，砧木还有较强大的根系，吸收能力强。因此，嫁接有利于培育壮苗。

2）节约肥料的施用量　因砧木的根系分布广，吸收能力强，能够在较大范围的土壤中吸收养分。所以，从苗期到生长中后期利用肥料比较经济，可显著节省肥料用量。

3）增加作物的收获茬数　由于嫁接苗长势强、生育进程快，促进了蔬菜作物的收获茬数。如西瓜栽培，由于推广了嫁接技术，种植一季西瓜能收获 $2\sim3$ 茬。若采用早熟品种，还可收获更多茬。

4）提高土地利用率　由于嫁接育苗栽培有效地克服了连作障碍，可以在同一地块连茬种植同类蔬菜。这对于集约化程度比较高的温室大棚等设施栽培，可使同一块土地上种植同种蔬菜的年份延长，从而有效提高了土地的利用率。也有利于推广蔬菜生产的"一村一品"、"一乡一品"。

蔬菜嫁接栽培对品质的影响一直是生产者和消费者广泛关注的问题。有研究发现，西瓜嫁接后果实变大，但对果形、皮色、皮厚、肉质、肉色、可溶性固形物含量等品质指标可能有负面影响。例如，使用生长势强的南瓜做砧木嫁接西瓜，就容易导致西瓜果形与品质下降。因此，在嫁接育苗栽培中，应注意从砧木的选择和栽培管理等方面，尽可能减少这种负面效应。实践证明，只要砧木选用合适，嫁接育苗栽培对大多数蔬菜的品质不会产生不良影响。有时，由于植株抗逆性和生长状态得到改善，甚至可以提高蔬菜的品质。例如，多数瓜类蔬菜以葫芦、瓠瓜和南瓜为砧木，嫁接后对改善果实品质有一定的促进作用。

蔬菜嫁接栽培在荷兰等欧洲国家及韩国、日本等亚洲国家应用普遍。在欧洲，50%以上的瓜类蔬菜采用嫁接栽培。在日本和韩国，不论是露地栽培还是温室栽培，应用嫁接苗已成为瓜类蔬菜高产稳产的重要技术措施，成为克服蔬菜连作障碍的主要手段，西瓜嫁接栽培的比例超过95%，温室瓜类蔬菜嫁接育苗占70%~85%。许多国家蔬菜嫁接苗生产已实现产业化，如荷兰的种苗公司大规模生产瓜类等蔬菜嫁接苗用于销售或出口，日本、韩国也有一些专门生产和销售蔬菜嫁接苗的育苗中心。

20. 瓜类蔬菜嫁接育苗方法有哪些?

瓜类蔬菜常用的嫁接方法主要有靠接法、劈接法、插接法。嫁接使用的工具主要有刀片、牙签、嫁接夹、胶带等。

接穗一般比砧木早播5天左右，嫁接适期为砧木子叶展开至第一片真叶展开，接穗苗以一叶吐心至展开为好。将砧木苗和接穗苗播种在一个营养钵内（二者相距1~2厘米）或分别播种（图1）嫁接前除预备好嫁接工具外，还要配置消毒液，一般可采用托布津2 000倍液、农用链霉素4 000倍液对嫁接工具消毒。

常见的嫁接方法有靠接法、劈接法和插接法三种。

（1）靠接法　把接穗瓜苗从播种床取出，将砧木去掉真叶，用刀片在其子叶下0.5~1厘米处按30°~40°角向下斜切，深约

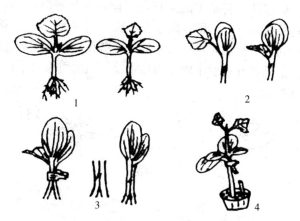

图1　瓜类蔬菜幼苗与接穗示意
1. 砧木苗（左）与接穗苗（右）　2. 砧木苗和接穗苗处理
3. 嫁接　4. 接穗苗断根

茎粗的 1/2，切面长 0.5～0.7 厘米，然后将接穗苗子叶以下 1.2～1.5 厘米处按 30°角向上斜切，深约茎粗的 3/5，切面长度与砧木相同。将砧木与接穗切口相互嵌入，使接穗子叶压在南瓜子叶上面，4 片子叶呈十字形。接口用嫁接夹固定（图2）。

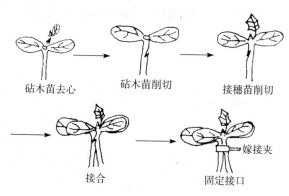

砧木苗去心　　砧木苗削切　　　接穗苗削切

接合　　　　固定接口　　嫁接夹

图2　靠接法

（2）劈接法 将砧木的生长点去掉，劈开茎部 1～1.5 厘米深，另将接穗取下（茎留 3 厘米左右长）削成楔形，然后将它插在砧木的切缝，最后用嫁接夹固定。半劈接法和全劈接法的差别是砧木茎部的劈开程度不同，当砧木茎较粗时可采用半劈接法进行嫁接（图 3）。

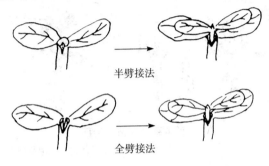

半劈接法

全劈接法

图 3　劈接法

（3）插接法 此法操作简便，成活率高，但嫁接后对温、湿度要求严格。嫁接时，先将砧木生长点去掉，用竹签从右侧子叶的主脉向另一侧子叶方向向下斜插 0.5 厘米，拿起接穗在子叶下 0.8～1 厘米处向下斜切，深达胚轴粗度的 2/3，切口长 0.7 厘米，再从另一面下刀，把下胚轴切成楔形，然后拔出竹签将接穗插入（图 4）。

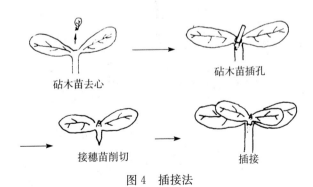

砧木苗去心

砧木苗插孔

接穗苗削切

插接

图 4　插接法

21. 瓜类蔬菜嫁接苗苗床管理应重点注意哪些方面?

瓜类蔬菜嫁接成活率的高低与砧木的种类、嫁接方法和嫁接技术有关,且与嫁接后的管理技术有直接关系。嫁接后管理的重点,是为嫁接苗创造适宜的光照、温度、湿度及通风条件,加速接口的愈合和幼苗的生长。

(1) 遮光 瓜类蔬菜嫁接后必须用遮阴网进行遮光,防止强光照射。前3天必须全部遮严,避免有扫地风吹进。从第4天起可以进行早晚见光,以后陆续多见光直到嫁接苗不萎蔫,便可以全部撤去覆盖物。

(2) 温度 苗床内温度要求白天达到24～27℃,夜间20～22℃,不要低于15℃。在嫁接成活后,要适当降低温度,白天23～24℃、夜间16～18℃。为了防止低温夜间可以在苗床上适当覆盖稻草或秸秆。

(3) 湿度 要求嫁接苗床拱棚内空气相对湿度保持在95%,即白昼棚膜上有小水珠即可。如湿度较小,可以通过喷雾补充水分,但是要避免水分滴入嫁接口,以免嫁接口感染病菌影响成活率。

(4) 其他 在嫁接后要经常察看,及时去掉砧木萌发的侧芽,避免其争夺养分影响成活率。待嫁接苗有4～5片真叶时,要及时移栽,移栽后要马上浇一次定根水,以保障成活率。

第三章　瓜类蔬菜标准化栽培共性关键技术

22. 地膜覆盖在瓜类蔬菜标准化栽培中有哪些作用？

瓜类蔬菜地膜覆盖栽培就是采用聚乙烯塑料薄膜，在作物播种或定植前覆盖在畦面上，配合其他栽培措施，以改善农田生态环境，促进作物生长发育，提高产量和品质的一种简易保护地栽培技术。

瓜类蔬菜采用地膜覆盖栽培主要有以下作用：

（1）提高土壤温度　春季低温期间采用地膜覆盖，白天受阳光照射后，0～10厘米深的土层可提高温度1～6℃，最高可达8℃以上。进入高温期，若无遮阴，地膜下土壤表层的温度可达50～60℃，土壤干旱时，地表温度会更高。但在有作物遮阴或地膜表面有土或淤泥覆盖时，土温只比露地高1～5℃，土壤潮湿时土温还会比露地低0.5～1.0℃，甚至可低3℃。夜间由于外界冷空气的影响，地膜下的土壤温度只比露地高1～2℃。地膜覆盖的增温效果因覆盖时期、覆盖方式、天气条件及地膜种类不同而异。

（2）显著减少土壤水分蒸发，保持土壤湿度　由于薄膜的气密性强，土壤湿度稳定，并能长期保持湿润，有利于根系生长。在较干旱的情况下，0～25厘米深的土层中土壤含水量一般比露地高50%以上。随着土层的加深，水分差异逐渐减小。但地膜覆盖后的作物生长旺盛，蒸腾耗水较多，在相同的管理情况下容易出现缺水现象，应注意灌水，防止干旱减产。

（3）提高土壤肥料利用率　据测定，地膜覆盖后可减少养分的淋溶、流失、挥发，速效性氮利用率可增加 30～50%，钾增加 10～20%，磷增加 20～30%。由于地膜覆盖有增温保湿的作用，因此有利于土壤微生物的繁殖，加速腐殖质转化成无机盐，有利作物吸收。但是，地膜覆盖下的养分，在作物生长前期较高，而后期有减少的趋势。生产蔬菜时，后期应注意追肥，否则影响产量。

（4）避免土壤板结　地膜覆盖可以避免因灌溉或雨水冲刷而造成的土壤板结现象，减少中耕的劳力，并能使土壤疏松，通透性好，增加土壤的总孔隙度，降低容重和增加土壤的稳性团粒，使土壤中的肥、水、气、热条件得到协调。

（5）增加采光量　地膜覆盖后，中午可使植株中、下部叶片多得到 12%～14% 的反射光，比露地增加 3～4 倍的光量，使中、下部叶片的衰老期推迟，促进干物质积累，故可提高产量。

（6）防止杂草丛生及减少发病率　地膜与地表之间在晴天高温时，经常出现 50℃ 左右的高温，致使草芽及杂草枯死。在盖膜前后配合使用除草剂，更可防止杂草丛生，减少除草所用的劳力。覆盖地膜后由于植株生长健壮，可增强抗病性，减少发病率。覆盖银灰色反光膜更有避蚜作用，可减少病毒病的传播危害。

23. 瓜类蔬菜地膜覆盖栽培主要技术要点有哪些？

（1）地膜选择　可根据不同瓜菜种类和经济情况选取。农用地膜的种类较多，对光谱的吸收和反射规律也不同，根据不同季节、不同瓜类生长情况选用适当颜色的地膜，可达到增产增收的目的。

1）无色透明膜　这是在生产上应用最普遍的聚乙烯透明薄膜。覆盖这种膜，土壤增温效果最好，一般可使土壤耕层温度提高 2～4℃。

2）黑色膜　这种膜太阳光的透光率较少，热量不容易传给土壤，因而防止土壤水分蒸发的性能比无色透明膜强，能显著抑制杂草生长。

3）黑白双面膜　一面是乳白色，另一面是黑色。盖膜时乳白色的一面向上，可以反射阳光降低膜温，黑色的一面向下，用来抑制杂草生长。

4）银灰色膜　此种膜具有反射紫外线、驱避蚜虫的作用。对由蚜虫迁飞传染的病毒有积极的防控作用，还能保持水土和抑制杂草生长。

（2）整地作畦（起垄）　结合整地彻底清除田间根茬、秸秆、废旧地膜及各种废弃物，施足有机肥后耕翻碎土，使土壤疏松肥沃，土壤内无大颗粒，土面平整。地膜覆盖一般要求作高畦或高垄，畦（垄）高度因地区、土质、降水量、栽培作物种类及耕作习惯而异。干旱半干旱地 10～15 厘米为好，地下水位高或多雨地区，畦（垄）高度可达 15～25 厘米，以防雨涝。畦或垄的宽度，根据作物和搭架要求而定，一般 90～110 厘米宽地膜，覆盖畦面宽 60～75 厘米。

（3）施足基肥　采用地膜覆盖地温高，土壤微生物活动旺盛，有机质分解快，作物生长前期耗肥多，为防止中后期脱肥早衰，在整地过程中应充分施入迟效性有机肥，基肥施入量比一般露地田多 30%～50%。注意氮、磷、钾肥的合理配比，在中等以上肥力地块，为防止氮肥过多引起作物前期徒长，可减少10%～20%氮肥用量。

（4）育苗与覆膜　为防止雨水影响，瓜类蔬菜一般采取覆膜后育苗、覆膜后打孔移植。优点是：不需要破膜引苗出土，不易高温烧苗，不因天气影响作畦覆膜导致种老苗现象。

（5）田间管理　地膜覆盖栽培必须抓好如下田间管理环节：

1）检查覆膜质量　覆膜后为防地膜被风吹破损，可在畦上每隔 2~3 米压一小土堆，并经常检查，发现破损及时封堵。

2）灌水追肥 地膜覆盖栽培，作物生育期中灌水要较常规栽培减少，一般前期要适当控水、保湿、蹲苗、促根下扎，防徒长，中后期蒸腾量大，耗水多，应适当增加灌水，结合追施速效性化肥，防早衰。

（6）地膜回收 聚乙烯地膜在土壤中不易降解，土壤中残留的地膜碎片，对土壤翻耕、整地质量和后茬作物的根系生长及养分吸收都会产生不良影响，容易造成土壤污染。所以，作物收获时和收获后必须尽快清除地膜碎片。

24. 覆膜微滴灌系统安装及维护应掌握哪些技术要点？

覆膜微滴灌技术在黄瓜、冬瓜、丝瓜、瓠瓜、西瓜和南瓜等瓜类蔬菜标准化栽培中都可应用。覆膜微滴灌系统安装及维护技术要点：

（1）选取水源 水源包括引水池或水井，引水池起过滤、沉淀泥沙及杂物的作用。通常选用水质较好的沟渠水作水源，根据具体地形、水量建好拦水坝，截流沟渠水，拦阻泥沙，使水能尽量流入引水池。引水池的大小要根据水源的大小而定，水源大引水池可小些，水源小引水池要大些，一般容量为 5~15 米^3。在没有地上水源的地方则需打井。

（2）蓄水池 在水源不足的地方须根据种植面积建蓄水池，一般按 1 米^3/亩建造，如 50 亩地需建造 50 米^3 蓄水池，也可挖临时蓄水池，上覆薄膜或编织布。

（3）过滤器（或过滤网）和供肥池 输水主管与蓄水池之间宜安装过滤器或过滤网（纱网 60~120 目），过滤器或过滤网是微喷灌系统长期安全使用的重要保障，不使用过滤器或过滤网会造成微喷灌管堵塞。可根据灌溉面积确定使用供肥池或供肥罐，根据肥料的不同，至少应使用两个供肥池或供肥罐。

（4）输水管路　瓜菜生产中输水干、支管常用管材内径为ϕ110、ϕ90、ϕ75、ϕ63、ϕ50 等。常用 PVC 输水管最佳输水量：ϕ110 内径最佳输水量 50～60 米³/小时；ϕ90 内径最佳输水量35～40 米³/小时；ϕ75 内径最佳输水量 25～30 米³/小时；ϕ63内径最佳输水量 12～18 米³/小时；ϕ50 内径最佳输水量 8～10米³/小时；ϕ32 内径最佳输水量 6～7 米³/小时；ϕ25 内径最佳输水量 3～5 米³/小时。在实际安装时要依据需水量确定管材。输水主管与供水主阀门连接，直接将水源或蓄水池中的水输送到需灌溉田块，根据输水需求安装各级分管和分阀门，输水管与每一田块的连接处均应安装子阀门，以调节水压或分区灌溉。

（5）田间毛管（微灌带）布置　考虑到管理和经济因素等，一般毛管常用的是穿孔管带，类型主要有单孔管、双孔管和三孔管，管径有 20、25、32 毫米，以 25 毫米口径较常见，孔口一般为 0.7、0.8、0.9 毫米三种规格，蔬菜以 0.8 毫米较合适。毛管布置一般采用单畦单管铺设法或单行单管铺设法，即将微灌带置于每畦两行植株中间，管长与畦长相同或每行安装一条微灌带，沙土地必要时还可采用单行双管铺设法。微灌带上的滴孔应尽量朝上，避免堵塞滴孔。用竹签等将微灌带固定在畦面上或在微灌带尾部打一小木桩系住，以免微灌带在栽培管理过程中移动，影响灌溉效果。安装完成后要检查出水情况，要保证穿孔管口喷出水柱高度为 0.5 米左右，每个出水口均无堵塞现象，方可覆盖地膜，覆膜时尽量使地膜紧贴畦面，薄膜上的定植孔，距离微灌带0.08 米左右。田间应尽量使同一灌溉小区在同一水平面，如地面落差太大，则应分区灌溉。

（6）使用与维护　正确使用和保养微灌系统，可最大限度地延长微灌系统的使用寿命，一要定期检查和清洗过滤器或过滤网。及时清除过滤器或过滤网中积聚的杂质，防止过滤器或过滤网堵塞；检查过滤器或过滤网是否完好无损，发现滤网损坏要及时更换。二要定期冲洗微灌带。新安装的微灌带在第一次使用时，要充分放水冲洗，把安装过程中积聚的杂质冲洗干净，封堵微灌带末端，再开始使用微喷灌系统。要经常检查微喷灌系统，如发生堵塞，要拆开微灌带末端，把使用过程中积聚在管内的杂质清洗出来。三要防止微灌带破损，在进行锄地等农事操作时，要避免损坏微灌带，灌水时出水压力要根据各个不同产品的要求使用，防止压力过高而损坏微灌带。

25.　瓜类蔬菜定植时应注意哪些事项？

定植是指将育好的秧苗移栽于生产田中的过程。瓜类蔬菜定植时应注意：

（1）炼苗　瓜类定植时正处于秧苗生长旺盛期，为缩短定植后的缓苗期，定植前应进行炼苗，即在移植前3～5天视天气情况减少浇水或不浇。

（2）移植　宜选晴天进行，以利于定植后缓苗。起苗时先浇水并尽量减少伤根，移植苗根系要与基质充分接触，带土坨定植时防止架空，定植深度以刚埋住苗坨表面为准，不宜栽得过深或过浅，植后立即浇灌定根水。

（3）分级　定植时要淘汰病弱苗、杂苗和伤苗，并按大小苗分别定植。

（4）药剂处理　苗期主要病害有猝倒病、立枯病、灰霉病、病毒病等。发现病苗要及时拔除。为防止病虫害的发生与蔓延，在移植前2～3天可用25%甲霜灵可湿性粉剂800倍液或72.2%霜霉威水剂700倍液加2%氨基寡糖素800倍液浇洒。

26.　瓜类蔬菜标准化生产有哪些搭架方式？

瓜类蔬菜标准化生产的搭架方式主要有人字架、平棚架，根据不同的瓜类作物又有所侧重。如黄瓜、节瓜等主要以人字架为主，苦瓜、丝瓜等以平棚架为主。平棚架又分连栋平棚架和分栋平棚架。连栋平棚架是在瓜行中每隔 3～4 米竖一桩，上面用竹子、木棍和尼龙网等将整块田的木桩连成一片，棚顶离地面约 2.0 米左右；分栋平棚架一般以两行瓜为一个棚，棚高 1.7～2.0 米。分栋平棚架植株受光面积大，通风透气性好，方便管理。冬瓜多采用"一条龙"支架，即每株一桩，每隔 4 桩搭个"人"字桩，"人"字方向与桩行方向垂直，在 130～150 厘米高处绑一横竹连接固定。不管是连栋平棚架、分栋平棚架或是人字架，搭架都要力求牢固，以避免风吹倒塌损伤瓜苗。

27. 瓜类蔬菜化瓜的原因是什么？如何防止化瓜？

瓜类蔬菜幼瓜有时会自行萎蔫，这种现象称为化瓜。引起化瓜的原因很多，有营养不足或过量、气候条件不适、机械损伤和病虫害影响，有些还与品种特性有关，不合理采收亦影响化瓜。导致瓜类蔬菜化瓜的主要原因有：

（1）氮肥施用过量 氮肥施用过量会造成植株徒长而引起化瓜。

（2）栽植密度过大 不合理密植，地上植株茎叶间互相争夺空间和光照，造成植株个体养分不足，通风透光性能差，光合效能低而化瓜。

（3）温度过低或过高 大棚内温度，如黄瓜白天高于 32℃，夜间高于 18℃，光合作用受阻，呼吸消耗增加，从而导致营养不良而化瓜。此外，温度降至植株生长发育的临界温度以下，会导致光合作用和根系吸收养分能力降低，养分供应不足而化瓜。

（4）采收不当 如果底瓜成熟后不及时采收，就会吸收大量的同化物质，截留上部的养分，使上部瓜得不到充足养分而化瓜。

（5）病虫及农药危害　病虫害可使瓜类茎叶遭到破坏，使光合产物和养分输送受阻，导致化瓜或全株死亡。此外，使用农药不当，会使瓜类蔬菜生理机能遭到破坏，对雌花产生刺激作用而化瓜。

（6）营养不良　瓜类蔬菜一般需肥量较大，特别是在结瓜盛期，施肥量不够或不合理追肥，容易导致营养不良而化瓜。如缺硼容易造成花芽分化不良引起化瓜。

防止化瓜可从以下几个方面着手：

（1）培育壮苗，增强抗逆能力。定植前加强炼苗；栽培的密度要根据季节、品种、形式而定，夏季与露地栽培可比冬季与保护地栽培密度大些；架型的选择直接影响光照，应根据栽培的需要选择合适的架型。加强对连续阴雨天气和气温骤降天气的温度管理，发现低温冷害要及时喷施叶面肥。

（2）加强前期土肥水管理，促进发根，增强根系吸收能力，中后期追肥要根据植株长势进行，促控结合。施用充分腐熟的厩肥、鸡粪、人粪尿、豆饼等有机肥，氮素化肥最好和过磷酸钙混合使用或深施到土壤里，少用尿素。

（3）阴雨天和昆虫少时，进行人工授粉或采用坐果灵刺激子房膨大，提高坐果率。

（4）绑蔓、整枝、吊瓜等田间操作时应仔细，避免损伤幼瓜。

（5）加强病虫害防治，密切注意病虫害发展动态，采取综合防治措施，优先选用生物防治与物理防治措施，科学合理选择农药，尽量减少使用农药带来的毒副作用。

（6）补充营养。幼果生长旺盛期用磷酸二氢钾或高效复合肥进行根外追肥。每亩用农用稀土 30 克，用温水稀释成一定浓度进行叶面喷洒，对减少化瓜促进果实生长具明显作用。瓜类作物在结瓜盛期养分需求量大，因此应及时追肥补充营养。但在追肥时，不宜施用氮素含量过高的肥料，以防止营养生长过旺而化瓜，可用高钾复合肥进行冲施，并喷硼砂600倍液两次。

（7）合理密植，及时采收。根据不同瓜类品种确定适宜的栽培密度。成熟的底瓜要及时采收，特别是连续采收的瓜类如黄瓜、节瓜等，减轻底部瓜对上部瓜的影响。

28. 瓜类蔬菜标准化生产中应采取哪些绿色食品生产防控措施？

瓜类蔬菜标准化生产中应用的绿色食品生产防控措施主要有：土壤综合改良技术、测土配方施肥技术、缓释肥技术、穴盘育苗技术、地膜覆盖技术、节水微滴灌栽培技术、标准化管理技术、物理防治新技术、病毒病生物防治技术、昆虫性信息素生物防治技术、寡糖抗病防病技术、综合引进消化真菌生物农药防治技术等国内外先进的新技术和新药剂。

29. 瓜类蔬菜安全生产技术规程主要有哪些？

（1）《农产品安全质量　无公害蔬菜安全要求》（GB 18406.1—2001）规定了无公害蔬菜的定义、要求、试验方法、检验规则及标签标志、包装、贮存等方面的内容。适用于无公害蔬菜的生产、加工和销售。

（2）《农产品安全质量　无公害蔬菜产地环境要求》（GB/T 18407.1—2001）规定了无公害蔬菜产地环境质量要求、试验方法及监测规则等内容。适用于无公害蔬菜产地的选择和建立。

（3）《蔬菜产地环境技术条件》（NY/T 848—2004）规定了蔬菜产地选择要求、环境空气质量、灌溉水质量、土壤环境质量、采样及分析方法。适用于陆生蔬菜露地栽培的产地环境要求。

（4）《冬瓜》（NY/T 777—2004）规定了冬瓜的术语和定

义、要求、试验方法、检验规则、标志、包装、运输和贮存等内容。适用于冬瓜产品。

(5)《无公害食品　黑皮冬瓜生产技术规程》(DB 46/T 54—2006)　规定了无公害食品黑皮冬瓜的术语定义、产地环境要求及生产管理措施。适用于海南省无公害食品黑皮冬瓜的生产。

(6)《黄瓜等级规格》(NT/T 1587—2008)　规定了黄瓜的等级和规格的要求、包装、标识和图片。适用于鲜食黄瓜，不适用于加工型黄瓜。

(7)《无公害食品　黄瓜》(NY 5074—2002)　规定了无公害食品黄瓜的要求、试验方法、检验规则、标识、包装、运输和贮存等内容。适用于无公害食品黄瓜。

(8)《无公害食品　黄瓜生产技术规程》(NY/T 5075—2002)　规定了无公害食品黄瓜的产地环境要求和生产管理措施。适用于无公害食品黄瓜生产。

(9)《苦瓜》(NY/T 963—2006)　规定了苦瓜的要求、试验方法、检验规则、标识、包装、运输和贮存等内容。适用于鲜食苦瓜。

(10)《无公害食品　苦瓜生产技术规程》(NY/T 5077—2002)　规定了无公害食品苦瓜的产地环境要求和生产管理措施。适用于无公害食品苦瓜生产。

(11)《苦瓜等级规格》(NY/T 1588—2008)　规定了苦瓜的等级和规格要求、包装、标识和图片等内容。适用于鲜食白皮苦瓜和青皮苦瓜。

(12)《小南瓜(笋瓜)栽培技术规程》(DB 46/T 86—2007)　规定了无公害食品小南瓜(笋瓜)的术语定义、产地环境要求及生产管理措施。适用于海南省无公害食品小南瓜(笋瓜)的生产。

(13)《丝瓜》(NY/T 776—2004)　规定了丝瓜的要求、试

验方法、检验规则、标识、包装、运输和贮存等内容。适用于丝瓜的生产、销售和流通。

　　(14)《丝瓜生产技术规程》(DB 44/T 172—2003)　规定了丝瓜生产的术语和定义、产地环境要求、生产管理技术。适用于广东省丝瓜生产。

第四章 黄瓜标准化生产关键技术

30. 黄瓜的植物学性状有什么特点?

黄瓜系葫芦科甜瓜属中幼果具刺的栽培种,一年生攀缘性草本植物。

(1) 根系 黄瓜的根由主根、侧根、须根、不定根组成。黄瓜属浅根系,主要集中分布在地表 30 厘米以内的土层中。主根上分生的侧根横向伸展的宽度可达 2 米左右,但主要集中在植物周围半径 30~40 厘米的范围内,深度为 6~10 厘米。黄瓜除了固有的根系外,在温暖、潮湿的环境内,在植株的根颈部或茎部还可以长出不定根。

黄瓜根系木栓化早,易老化,再生能力较弱,根系受损后不易再发生新根。

(2) 茎蔓 黄瓜的茎大多为蔓生性,中空,五棱,生有刚毛。一般第 1~4 节茎的节间较短,能直立,无卷须,开花也较少。从第 5 节后节间开始伸长,直立性较差。在每节叶片的叶腋处并生着卷须、分权、雄花和雌花。黄瓜具有不同程度的顶端优势。

一般早熟春黄瓜类型茎蔓较短且侧枝少;中、晚熟夏黄瓜和秋黄瓜类型茎蔓较长且侧枝多。茎蔓的粗细、颜色深浅和刚毛强度是植株长势强弱和产量高低的标志之一。一般以茎粗 0.6~1.2 厘米、节间长 5~9 厘米为宜。

（3）叶片　黄瓜的叶分为子叶和真叶两种。幼苗出土后，先展开两片对生的长椭圆形的子叶，长4～5厘米，宽2～3厘米。子叶贮藏和制造的养分是秧苗早期主要营养来源。子叶展开后，再长出的叶片为真叶。真叶为单叶互生，呈掌状五角形，叶表面被有刺毛和气孔，叶缘有缺刻。叶片的大小因品种、叶位而异。

（4）花　黄瓜的花大多数为雌雄同株异花，偶尔也出现两性花。黄瓜为虫媒花，依靠昆虫传粉受精，品种间自然杂交率高达53%～76%。黄瓜花着生于叶腋，一般雄花比雌花出现得早。但雄花和雌花在植株上的比例有一定差异，有的品种雌花多，有的品种少一些。植株上仅有雌花而无雄花的，称为雌性系，广泛应用在生产上。雌花着生节位的高低，即出现早晚，是鉴别熟性的一个重要标志。不同品种有一定差异，与外界条件也有密切关系。

（5）果实　黄瓜的果实为假果，是子房下陷于花托之中，由子房与花托一起发育而成的，果皮实际上是花托的外表，可食用部分则为果皮和胎座。果实的性状因品种而异，果形为筒形至长棒状，有长短、粗细之分，颜色有深有浅，果面平滑或有棱、瘤、刺。黄瓜的食用器官是嫩瓜，通常开花后8～18天达到商品成熟。小果品种成熟较早，大果品种较晚。黄瓜的发育状况与授粉有一定关系。有些品种经虫媒授粉后才能结瓜；有些品种可以不经过授粉受精而结果，称为单性结实。具有单性结实的品种，在保护地栽培中有着十分重要的意义。

（6）种子　黄瓜种子是胚珠受粉后发育成的无胚乳种子。近果顶的种子发育早、成熟快。长果形品种的瓜，在近果顶1/3部分才能有饱满的种子；而短果形的品种，大部分种子都能在果实内成熟。种子千粒重16～42克。种子寿命4～5年。生产上采用1～2年的种子。

种子成熟度对发芽率有很大的影响。由雌花授粉至种瓜采收需要35～40天，采收后的种瓜不宜立即掏种，需在阴凉场所存

44

放几天后熟。种瓜成熟度越差，后熟的时间越长。新采收的种子都有一段休眠期，所以新籽立即用来播种，往往出苗慢、不整齐。

31. 黄瓜的生育周期怎样划分?

黄瓜从种子萌发到植株死亡的生长发育过程，可分为发芽期、幼苗期、抽蔓期和结瓜期4个时期。

（1）发芽期　从种子萌动至第一片真叶出现，称为发芽期，需5～10天。发芽期主要进行胚性器官的生长和叶原基的分化。主根下扎，下胚轴伸长，幼苗伸出地面，子叶展平。此时期主要靠子叶贮存营养使幼苗出土，因而生产上要选用充分成熟、饱满的种子，以保证发芽期旺盛生长。另外，在子叶出土前，管理上应给以较高的温度和充足的水分，以促进早出苗、快出苗、出全苗。子叶出土后要适当降低温度以防止幼苗徒长，形成"高脚苗"。此期末是分苗的最佳时期，为了保护根系和提高成活率，应抓紧时间进行分苗。

（2）幼苗期　从真叶出现到4～5片真叶展开为幼苗期，需20～30天，冷床育苗约需40天。幼苗期的特点是以营养生长为主，生殖生长并进，即主要是幼苗叶的形成、主根的伸长和侧根的发生，同时进行苗端各器官的分化形成。由于本期以扩大叶面积和促进花芽分化为重点，所以首先要促进幼苗根系的发育，在生产上创造适宜的条件，培育适龄壮苗。在温度和水肥管理方面应本着"促"、"控"相结合的原则进行。从生育诊断的角度看，叶重与茎重比要大，地上部重与地下部重比要小。本阶段中后期是定植的适宜期。

（3）抽蔓期　由5～6片真叶到根瓜坐住为抽蔓期，经历第1雌花出现、开放，到第1瓜即根瓜坐住，10～25天。这个时期是黄瓜植株由营养生长为主向生殖生长为主过渡的转折期，管理上要适当控制营养生长，刺激根系发育，确保花芽的数量和质量，并使之坐住，适当扩大叶面积但防止过分繁茂。转折期是植株由茎叶生长向果实生长转变的关键时期，黄瓜形成的早晚和产量高低与转折期的管理关系极为密切。

（4）结瓜期　从根瓜坐住到拉秧（即植株死亡）为结瓜期。结瓜期长短因栽培形式和环境条件不同而有差异。露地夏秋黄瓜只有 40 天左右，春夏黄瓜为 50～60 天，而日光温室越冬栽培则长达 150～180 天。结瓜期的特点是连续不断地结瓜，根系与主、侧蔓继续生长。结瓜期的长短是产量高低的关键，因而应千方百计地延长结瓜期。结瓜期长短受诸多因素影响，品种熟性是一个因素，但主要取决于环境条件和栽培技术措施。一般早熟品种易早衰，因而结瓜期短，总产量低；而中晚熟品种结瓜期长，总产量高。结瓜期植株的茎叶和果实生长量都很大，特别是采收期，需肥量高，及时供给氮、磷、钾等矿质营养是十分必要的。同时，还需及时补充植株所需水分，注意防病治虫，防止叶面积损失，从而维持高产。

32. 黄瓜标准化生产对环境条件有怎样的要求？

在生产上，应根据黄瓜的生活习性采取相应的栽培管理措施，以达到高产、优质、高效的栽培目的。

（1）温度　黄瓜是典型的喜温植物，不耐低温。种子发芽的温度范围为 15～35℃，最适温度为 25～30℃，11℃以下不发芽。植株生长的适宜温度为 18～32℃，在 10℃以下生长不良，在 5℃以下，生理机能失调，在 0℃以下植株将被冻死。花粉萌发的适温为 30～35℃，低于 0℃或高于 40℃花粉都不发芽。果实发育的适温为白天 25～28℃，夜间 13～15℃。黄瓜根系对地温比较敏感，适宜的地温为 20～25℃。地温低于 12℃根系生理活动受阻，低于 5℃易发生沤根。根伸长的最低温度为 8℃，最高温度为 38℃，黄瓜虽然喜温，但是对高温的忍耐能力较差。温度达到 32℃以上黄瓜呼吸量增加，而净同化率下降，超过 40℃就引起落花、化瓜，光合作用急剧衰退，代谢机能受阻。

（2）水分　黄瓜为浅根作物，大量侧根分布在表土层，而且黄瓜叶大而多，蒸腾作用强，水分消耗大，因此，对水分要求较高。黄瓜喜湿、怕涝又不耐旱。土壤相对湿度为 85%～95%、空气相对湿度为 70%～90%时，生长良好。如果土壤水分充足，降低空气湿度能减少病害发生，延长生育期，获得高产。空气湿度超过 90%影响光合作用，并为病菌侵入和病害的蔓延创造了条件。因此，生产上除了要适时适量浇水外，还要防止空气相对湿度过高，棚室栽培要求经常通风排湿。

（3）光照　黄瓜喜光，但较耐弱光。华南系品种对日照较为敏感，而华北系品种对日照长短要求不严格，已成为日照中性植物，按照黄瓜对日照感应性已经分化为短日照类型、长日照类型和日照不敏感类型。黄瓜幼苗期，在短日照和较低温度条件下，可降低雌花的着生节位，增加雌花的数目，并可促使提前开花结果。黄瓜的果实膨大需要较强的光照。光饱和点为 5.5 万勒克斯，光补偿点为 2 000 勒克斯，在一定的温度和光照强度范围内，光合作用随着温度的升高和光照的加强而相应增加，但超过一定的限度，光合作用会下降，这是出现"午休现象"的原因。在弱光下，同化量大幅度降低，植株生育缓慢甚至生育不良。如苗期遇长时间阴雨天气，很难育成壮苗，结瓜期遇连续阴雨天气会出现大量化瓜现象。此外，光质对黄瓜生育也有密切关系。

（4）土壤　黄瓜根系浅，根群弱，以选择富含有机质、透气性良好、排水和保水能力较好的腐殖质壤土进行栽培为宜。在黏土中生长缓慢，但生育期长，总产量高；在沙性土中发育早，但易老化，总产量低。黄瓜喜微酸性到弱碱性的土壤，pH 在 5.5～7.2 均能适应。pH 在 4.3 以下会枯死，最适 pH 为 6.5。pH 过高易烧根死苗，发生盐害；pH 过低易发生多种生理障碍，黄化枯萎。连作易发生枯萎病,应进行 3 年轮作。

(5) 养分 黄瓜幼苗期,对氮、磷、钾、钙、镁的吸收情况不同。苗期无机营养的比例对黄瓜的性别分化有显著影响,氮素用量多时,雌花分化也多。

从定植到收获完毕,养分的吸收量因品种及栽培条件而不同。一般来说,平均单株的养分吸收量是:氮 5～7 克,磷 1～1.5 克,钾 6～8 克,钙 3～4 克,镁 1～1.2 克。各部位养分的含量,氮、磷、钾在收获初期偏高,随着生育期的延长,其含量下降,而钙和镁的含量则是随着生育期的延长而增加。氮、磷、钾三要素吸收,以钾最多,氮次之,磷最少。黄瓜在不同的发育阶段对肥料要求有所不同。幼苗期耐肥力弱,而且对肥料的浓度十分敏感,必须采取轻施勤施的方法,并以氮肥为主。到了结果期,需要氮、磷、钾三种肥料混合使用。

33. 黄瓜的食用营养与食疗价值如何?

吃黄瓜可以利尿,有助于清除血液中像尿酸那样的潜在有害物质。黄瓜味甘性凉,具有清热利水、解毒的功效,对除湿、滑肠、镇痛也有明显效果,还可治疗烫伤、痱疮等。此外,黄瓜藤有良好的降压和降胆固醇的作用。

100 克黄瓜中含有水分约 96.5 克,蛋白质 0.6 克,脂肪 0.2 克,碳水化合物 2.5 克,纤维素 0.7 克,钙 14 毫克,镁 12 毫克,钾 148 毫克,维生素 C 2.8 毫克,叶酸 14.0 毫克,维生素 A74 毫克。此外,黄瓜中所含的铬等微量元素可以起到降血糖的作用,对糖尿病人来说,黄瓜是最好的亦蔬亦果的食物。黄瓜还能够美容,让人的皮肤滋润、细腻。

黄瓜含多种维生素和蛋白质等,有补血开胃、增进食欲的作用。它可以腌渍、酱制、鲜食,是常年供应的蔬菜。

据现代科学研究,鲜黄瓜内还含有丙醇二酸,可以抑制糖类物质转化为脂肪,食用可以充饥而不使人肥胖。故有人称黄瓜为减肥食品。肥胖者、高血脂、高血压患者,多吃黄瓜都有好处。

34. 黄瓜标准化生产有哪些优良品种?

(1)露地栽培品种

1)津春4号 天津市黄瓜研究所育成的一代杂交种。早熟,植株生长势强,株高2～2.4米,分枝多,叶大且厚,深绿色。主蔓结瓜为主,侧蔓亦可正常结瓜,回头瓜多。瓜条棒状,白刺,棱瘤明显,瓜条长30～40厘米,单瓜重200克左右。瓜条深绿,商品性好。丰产性好,抗病能力强,亩产5 000千克以上。

2)津绿5号 天津市绿丰公司育成。高抗霜霉病、白粉病、枯萎病等。植株生长势较强,以主蔓结瓜为主。瓜条顺直,瓜长35～40厘米,瓜皮深绿色,有光泽,刺瘤明显。单瓜重200克左右,瓜把短,种腔小,果肉淡绿色,质脆、味甜,品质优。其侧蔓也有结瓜能力,丰产潜力大,亩产5 000千克以上。

3)津优4号 天津市黄瓜研究所育成。耐热性好,抗霜霉病、枯萎病和白粉病。植株紧凑,生长势强,叶色深绿,以主蔓结瓜为主,第1雌花着生于第6～7节,雌花率40%左右,回头瓜多,侧蔓结瓜自封顶。瓜条直,瓜长约35厘米,瓜色深绿色,有光泽,瘤显著,密生白刺,单瓜重约200克,果肉浅黄绿色,质脆、味甜,品质优。亩产3 000～6 000千克。

4)津农4号 广东梅州市三农种业发展有限公司产品。特别适合南方露地栽培。植株生长势强,分枝多,叶片较大而厚,叶色深绿,主蔓结瓜为主,且回头瓜产量高。瓜条棍棒形,绿色偏深,棱瘤明显,心室小,瓜把短、有光泽、肉厚、质密、清香,商品性好。耐热性好,抗逆能力强,亩产5 000千克以上。

5)津优1号 天津市黄瓜研究所育成的一代杂交品种。植株生长势强，株型紧凑。叶片深绿色。第 1 雌花着生于主蔓 4~5 节，雌花率 30% 左右，以主蔓结瓜为主，回头瓜多。瓜条棍棒形、顺直，瓜色深绿、有光泽，瘤显著密生白刺，瓜把短，小于瓜长的 1/7，心腔较细，小于瓜横径的 1/2，果肉浅绿色，质脆、无苦味，品质优，商品性好。早熟，生育期约 80 天，从播种至始收 50 天左右。果实长 36 厘米左右，单瓜重 250 克左右，丰产性能好，亩产 4 000~5 000 千克。耐贮运，耐低温、弱光能力强，适应性广。抗霜霉病、白粉病、枯萎病能力强。

6）中农 8 号　中国农业科学院蔬菜花卉研究所育成。植株生长势强，株高 2 米以上，分枝较多。第 1 雌花着生于主蔓 4~7 节，以后每隔 3~5 片叶出现一雌花，主侧蔓均结瓜。瓜条棒形，瓜把短，瓜皮色深绿、有光泽，无黄色花条斑，瘤小，刺密、白色，无棱，肉质脆、味甜，品质佳，商品性极好。中熟，生育期 100 天左右，从播种至始收约 70 天。瓜长 35~40 厘米，横径 3.0~3.5 厘米，单瓜重 150~200 克，亩产 5 000 千克以上。耐贮运，耐低温、弱光能力强，适应性广。高抗霜霉病、白粉病、枯萎病、炭疽病、黄瓜花叶病毒病、西葫芦黄化花叶病毒病等多种病害。

7）万吉　从我国台湾引进。植株生长势旺盛，分枝多，第一雌花着生于主蔓 10~12 节，以后每隔 4~5 片叶着生一雌花，间有雌花双生，主侧蔓均结瓜。瓜条棍棒形，瓜皮墨绿色、有光泽，刺疏、白色，果肉白色，肉质脆、无苦味，品质佳，商品性好。中熟，生育期 100 天左右，从播种至始收 60~70 天。瓜长 30~35 厘米，横径 7 厘米左右，果肉厚 1.8~2.3 厘米，单瓜重 300~600 克，亩产 4 000~5 000 千克。耐贮运，较耐寒，不耐热。易感病毒病、霜霉病。

（2）保护地栽培品种

1）津春 2 号　天津市黄瓜研究所育成，春、秋大棚专用品种。早熟，第一雌花着生于第 3~4 节，以后每隔 1~2 节结瓜，单性结实能力强。植株生长势中等，株型紧凑，主蔓结瓜，分枝少，叶色深绿，叶片大而厚实，回头瓜多。瓜条棍棒状，深绿色，白刺密，棱瘤较明显。瓜条长 32 厘米左右，单瓜重 200 克左右，瓜把短，肉厚、商品性好。抗白粉病、霜霉病和枯萎病能力强，亩产 5 000 千克以上。

2）中农 5 号　中国农业科学院蔬菜花卉研究所育成。耐低温弱光，长势强，不易早衰，连续结瓜能力强，雌性节率高，回头瓜多，第 1 雌花节位为 4～5 节，以主蔓结瓜为主，分枝力中等，坐瓜好。瓜长 25～35 厘米，有明显瘤刺，较稀，质脆，品质好，瓜条顺直，生长速度快，当瓜条长至 150 克左右时及时采收，产量高，亩产约 7 500 千克。

3）翠龙　青岛国际种苗公司选育。植株长势中等，分枝少，主蔓结瓜为主。第 1 雌花始于 5～8 节，雌性强，瓜圆筒形、浅绿色、表面光滑，刺瘤浅褐色、小而少。瓜长 20 厘米左右，横径 3.3 厘米，单瓜重约 128 克。较耐低温弱光。生食脆甜，品质良好。抗枯萎病、霜霉病，较抗白粉病和细菌性角斑病。

4）北京 302　北京市农林科学院蔬菜研究中心育成。植株生长势强，叶色深绿，以主蔓结瓜为主，雌性节率高，回头瓜多，单性结实能力强，瓜条顺直，生长速度快，产量高。瓜长 30～35 厘米，瓜把短，瓜皮绿色、有光泽，刺密、瘤明显，质脆、味甜、品质好。高抗霜霉病、白粉病、细菌性角斑病和枯萎病。亩产 5 000 千克以上。

5）日本春崎　无刺型绿白黄瓜，极早熟，极耐低温、弱光。回头瓜多，瓜把粗直，果实端直，果皮较光滑，商品率高。果肉厚，肉质脆嫩，口感好。适合日光温室或大棚春早熟保护地栽培。

（3）适宜加工腌渍品种

1）津研 4 号　天津市黄瓜研究所育成。为鲜食与腌渍兼用品种。中熟，抗霜霉病、白粉病，但不抗枯萎病。植株生长势较弱，主蔓结瓜为主，植株叶片较小，节间长，适宜密植，侧蔓很短，摘心后回头瓜多。主蔓第1雌花始于第5～6节，以后每隔2～3节出现1雌花。瓜棒状，商品性好，瓜色深绿有光泽，无棱，瘤不明显，刺白色而较稀疏，瓜把短，瓜条35～40厘米，单瓜重250克左右，果肉厚而紧密，浅绿色，亩产3 000～4 000千克。

2）津春5号　天津市黄瓜研究所育成。加工腌渍出菜率达56%，符合外贸出口的要求，是加工与鲜食兼用的优良品种。早熟，抗霜霉病、白粉病和枯萎病等。植株生长势强，主侧蔓结瓜，第1雌花始于主蔓第5～7节。瓜条顺直，长棒形，长33厘米左右，单瓜重200～300克，瓜色深绿，刺瘤中等，肉脆质佳，较津研4号增产30%～50%，亩产4 000～5 000千克。

3）济宁乳黄瓜　济宁市郊区农家品种。适于腌渍加工或鲜食。生食味鲜美、清脆爽口，熟食能保持原来的淡绿色。早熟，耐热。植株生长势中等偏弱，分枝能力强，顶端优势不明显，第一雌花着生于主蔓第5～6节。果实棒状，直挺或稍弯，刺密，果柄略长，果实皮薄，呈浅绿色，肉厚呈微绿色，水分含量低，种子腔小，主要靠子蔓和孙蔓结瓜，果实长18～20厘米，每株可结瓜50～60个，单瓜重40～50克。

4）笃瓜　江苏省扬州市地方品种。以幼嫩小瓜作加工腌渍用，又称扬州乳黄瓜，为著名的酱菜原料之一。中早熟，植株生长势强，分枝多，主侧蔓都易结瓜，第1雌花着生于主蔓3～4节，以后每隔2～3节着生一雌花。表皮光滑，有黑刺，果实筒状，深绿色，长20～30厘米。多于开花后5～7天，果长8～14厘米、粗1.2～1.3厘米时采收腌制。加工后，颜色深绿，香甜柔嫩，多用于出口。

5）平望小黄瓜　苏州市吴江县地方品种。以腌制为主，又称乳黄瓜。以侧蔓结瓜为主，第一雌花着生于主蔓第5～7节，雌花间隔的叶片较多，而侧蔓出现的雌花节位低，长在侧蔓的第二节开始着生，以后每节都出现雌花，通过打顶促使侧蔓生长，可以多结瓜。单株着瓜数 20～30 个，果型较小，单果重 15～20 克，留种瓜重 30～35 克，亩产 1 250～1 500 千克。

（4）水果型品种　又称迷你黄瓜，因其外观鲜嫩、线条流畅、表面无刺、肉质较脆、口味偏甜、易于清洗和包装等优点，深受消费者欢迎，已成为宾馆、饭店和超市的高档蔬菜。

1）MK160　荷兰德奥特种业集团推出。高抗霜霉病、疫病、白粉病和黑星病等。无刺，生长势强，一节多瓜、节节有瓜。瓜长 14～16 厘米，深绿色，瓜油绿光亮、瓜条直而匀称。瓜清香甜脆，口感好。单瓜重 75～100 克，亩产 2 500～3 000 千克。耐低温弱光能力稍差。

2）瑞克多　国外引进。早熟，产果期长，果实清脆可口，微有棱。瓜绿色，瓜皮光滑，瓜长 15 厘米，味道好、产量高。瓜蔓生长力强，自始至终状态保持良好，果实坚实，播种最低温度 15℃，最好先育苗后移栽，土壤病害较严重的最好采用嫁接育苗。

3）戴安娜　北京北农西甜瓜育种中心推出。长势旺盛，瓜码密，结瓜数量多，果实墨绿色，微有棱，无刺无瘤，长 14～16 厘米，果实口感好，抗病性强。

4）早绿　温室栽培专用品种。耐低温弱光，较抗霜霉病、白粉病等。品质好，产量高。全雌性，单性结实，对温光反应不敏感，增产潜力很大。商品性好，果直，有长、中、短 3 种类型，果色深绿，无果肩，无瘤，无刺，果实水分适中，肉质脆嫩，清香适口，货架寿命长，单果重 100～250 克。

5）秀绿迷你　北京捷利亚种业有限公司产品。果皮浓绿色，30～40 克小果，果径 2.3 厘米，果长 13 厘米。整瓜呈美丽的鲜绿色，不易产生线条及褪色现象，光滑，光泽度好，品质佳，蜡粉极少。果皮柔软，果肉优质，味道好。可生食、腌制、做西式咸菜和沙拉等。

6）碧萃 1 号　上海碧绿依种业有限公司产品。极早熟，北欧型一代杂交品种。雌性系，耐低温弱光，抗病能力强，高抗霜霉病、细菌性角斑病，较抗枯萎病。果实棒状，浅棱不明显，果面光滑，亮绿色，果长 16～18 厘米，单果重 110～120 克。瓜条直，果皮不易老化，不易失水，口感甜脆，无苦味，亩产 10 000 千克左右。

注：本书中瓜类标准化生产所使用的品种均应符合国家标准《瓜菜作物种子　第 1 部分　瓜类》（GB 16715.1—2010）之规定。

35. 黄瓜标准化生产优良砧木品种有哪些？

（1）云南黑籽南瓜、日本黑籽南瓜　嫁接亲和力强，成活率高，抗多种土传病害，耐低温能力强，果实品质好，无异味。

（2）特选新土佐　西洋系和日本系的杂交品种，对瓜类蔬菜具有普遍适应的能力。特别适合西瓜、甜瓜和黄瓜等。低温生长性极好，对各种病菌有很强的抵抗作用，抗蔓枯病。耐湿、抗旱、耐热。在沙土等土质差的地区使用效果好，丰产。土壤适应性好，适应各种栽培。长势强，需少施底肥，进行少肥管理。

（3）中原冬生　根系发达，直根系。种子扁平、卵形、白色，千粒重 110 克。茎秆粗壮，吸肥能力强，枝叶不易徒长，下胚轴粗壮不易空心。嫁接亲和力好，共生亲和性强，嫁接成活率高。抗枯萎病和蔓枯病，彻底改变了使用其他砧木的死棵现象。生长势稳健，不易徒长，后期不早衰、结果率高而稳定，耐低温、耐湿、耐瘠薄。嫁接后品质风味不受影响，颜色更加油亮，没有蜡粉，瓜条顺直，大大提高商品性和产量。

（4）中原共生 Z101　三倍体黄瓜专用型砧木，杂交一代砧木新品种。嫁接亲和力强，根系发达，吸水吸肥力强，植株生长旺盛，抗寒耐热，低温条件下生长迅速，在－10℃条件下生长良好。中后期不早衰。

（5）京欣砧 5 号　黄瓜砧木一代杂交品种。嫁接亲和力好，共生亲和力强，成活率高，种子小。发芽容易、整齐。与其他一般砧木品种相比，下胚轴较短粗且深绿色，实秆不易空心，不易徒长，便于嫁接，能促进早熟，提高果实品质。

（6）日本优清台木　与黄瓜亲和力极强，嫁接后成活率高，不易徒长，后期不早衰，彻底改变了使用其他砧木的死棵现象。使用日本优清台木嫁接黄瓜后，瓜条膨大快，黄瓜的光泽度明显增高，油光发亮。耐寒耐暑，根系发达，亲和力强，产量提高显著，且品味不变，商品性更佳。

36. 如何做好黄瓜标准化生产的苗期管理？

黄瓜苗期可分为出苗期、破心期、旺盛生长期和炼苗期 4 个阶段。

（1）出苗期管理　从播种到 2 片子叶微展，需要 3~4 天，主要是保温增温。幼苗出土前，白天应尽量保证温度在 25~32℃，夜间温度不宜低于 15℃。

（2）破心期管理　从子叶微展到第一片真叶微展，需 3~4 天。此时期的管理关键是由促转为适当的控，保证秧苗健壮生长。尽可能使幼苗多见阳光，适当通风，稍稍降低温度，白天为 24~30℃，夜间为 18℃ 以下。床土湿度应控制在持水量的 60%~80% 为宜。此时期是突发猝倒病的敏感时期，应及时预防。

（3）旺盛生长期管理　此时期主要促进真叶各器官的分化形成。在管理上要体现出促中有控、促控结合。白天温度保持在 20~30℃，夜间 13~17℃ 为宜，低夜温有利于雌花的形成。尽可能增加光照，提高幼苗的光合生产率。同时要保证肥水的供应，结合浇水，追施浓度为 0.2%~0.3% 的三元复合肥。适时松土，提高根际地温，促进根系生长。

（4）炼苗期管理　定植前 4~7 天，要限制秧苗的生长，增强对不良环境的适应性。温度控制在白天 20~25℃，夜间 10℃左右，通风量要加大，去除覆盖物，控制肥水。

37. 如何做好露地黄瓜标准化生产土地准备工作？

为了能使瓜苗及时定植，并缩短瓜苗定植后的缓苗时间，使其尽快恢复生长，必须做好定植前的土壤整治。

（1）整地　深翻晒白园土有利于黄瓜定植后根系迅速伸展。整地应在定植前 15~20 天进行。深翻 30 厘米以上，对土质较紧的生地要求深翻 2 次，而对沙壤地和壤土熟地深翻 1 次即可。

（2）施基肥　基肥以腐熟的猪、牛、鸡粪等或堆肥为主，每亩 2 000~3 000 千克，配以 50~100 千克生物有机肥、40~50 千克过磷酸钙或磷酸二铵、40~50 千克三元复合肥、30~40 千克饼肥。应将过磷酸钙或磷酸二铵、饼肥和有机肥三者充分拌匀，一起堆沤发酵腐熟，堆沤时间应在 15 天以上。基肥的施放方法采用撒施和沟施相结合，即在最后一次整地前，将 2/3 的基肥量均匀撒施入土表，结合整地拌入土中，剩下 1/3 则施入定植沟或定植穴中。大量铺施基肥可以改善土壤理化性状，有利于提高产量；沟施或穴施基肥，有利于瓜苗根系及时吸收和促进植株的早期生长，促使植株粗壮。

注：瓜类蔬菜标准化生产中的肥料使用应符合《肥料合理使用准则》（NY/T 496—2010）之规定。

（3）作畦　露地黄瓜作畦方式有低畦、高畦和高垄几种形式。一般畦宽 110~130 厘米（包沟），沟宽 40~50 厘米，畦高 20~30 厘米，株距 20~22 厘米。作畦规格应根据具体株行距而定。

（4）地膜覆盖　地膜覆盖栽培具有防除杂草、保温增温、保水防涝、保肥增效、保持土壤疏松、增产增收等作用，同时也具有节水、省工、降低成本、促进早熟的作用，对于水源紧缺、杂草滋长、土质偏沙、温度偏低的地方，更应该实施地膜覆盖栽培。覆盖地膜应在作畦后进行。覆盖前，土表应力求整平整碎，施肥定植穴应作好标志。覆膜时，尽可能选晴朗无风的天气，地膜要紧贴土面，四周要封严盖实。

38. 黄瓜标准化生产对养分需求有何特点？如何进行养分管理？

（1）黄瓜对养分需求的特点 黄瓜幼苗各时期，对氮、磷、钾、钙、镁的吸收情况不同。随着苗龄的增加，植株鲜重与干重也增加，钙与氮、钾的绝对吸收量很高，其次为镁和磷。苗期无机营养的比例对黄瓜的性别分化有显著影响，氮素用量多时，雌花分化也多。

从定植到收获完毕，养分的吸收量因品种及栽培条件而不同。一般来说，平均单株的养分吸收量是：氮5～7克，磷1～1.5克，钾6～8克，钙3～4克，镁1～1.2克。各部位养分的含量，氮、磷、钾在收获初期偏高，随着生育期的延长，其含量下降。而钙和镁则是随着生育期的延长而增加。黄瓜每生产100千克果实，吸收氮2.8千克、磷0.9千克和钾3.9千克。氮、磷、钾三要素的吸收，以钾最多，氮次之，磷最少。黄瓜在不同的发育阶段对肥料要求有所不同。幼苗期耐肥力弱，而且对肥料的浓度十分敏感，必须采取轻施勤施的方法，并以氮肥为主。到了结果期，需要氮、磷、钾三种肥料混合使用。

肥料的吸收与栽培方式有关，生育期长的春早熟保护地黄瓜比生育期短的秋季延后栽培黄瓜吸收养分量高。另外，秋延后栽培黄瓜，前期产量高，养分的吸收主要在前期，因而施足底肥是栽培的关键。

黄瓜采用地膜覆盖栽培后,土壤中有机质加速分解,土壤速效养分增加,而且土壤理化性状得到改善。各时期对氮、磷、钾的吸收比例为:苗期 4.5∶1∶5.5,盛瓜初期 2.5∶1∶3.7,盛瓜中后期 2.5∶1∶2.5。亩产 5 000 千克的地膜黄瓜吸收氮 11.14 千克,磷 7.66 千克,钾 15.57 千克,其氮、磷、钾比例约为 1.5∶1∶2。

(2)黄瓜标准化生产中的养分管理

1)苗期施肥 培育壮苗是黄瓜栽培丰产的基础。而苗期施肥是培育壮苗的关键措施。首先,营养土是幼苗生长的基础,要求土质疏松、透气性好、养分充足、pH 弱酸至弱碱性。营养土的配制方法多种多样,应就地取材,方便操作为主。如以未种过瓜类作物的园土 4 份、腐熟农家肥 3 份、谷壳(或草木灰)2 份,也可用椰糠 5 份、腐熟农家肥 4 份、河沙 1 份。还可用专用的黄瓜育苗营养土。磷肥对促进秧苗根系生长有明显的作用,配制营养土时施入适量的过磷酸钙,对培育壮苗有良好效果。增施磷肥的效果主要表现在根重、侧根数和长度都有所增加。鸡粪中含磷多,也有较多的氮和钾,所以营养土中施用腐熟鸡粪可以促使秧苗粗壮。

营养土培育的黄瓜幼苗一般不缺肥。如发现缺肥现象,可追施 1~2 次水肥。做法是:氮磷钾三元复合肥 100 克对水 30~40 千克,配制成浓度为 0.3%~0.5%的营养液追施;也可用 5%~10%的腐熟人粪尿追施。

2)多施底肥 黄瓜对氮、磷、钾等营养元素需要量大,消耗营养物质的速度也快。特别是在春季种植时,施用充分腐熟的有机肥,有利于缓苗和发秧。基肥的用量根据土壤肥力而定。一般每亩施腐熟农家肥 2 000 千克,饼肥 200 千克,并加入氮磷钾三元复合肥或硫酸铵 40~50 千克,过磷酸钙 40~50 千克,以增加土壤有效养分的含量。要将农家肥、饼肥和过磷酸钙均匀搅拌,堆沤腐熟后方可使用,堆沤时间为 20 天以上。底肥可按栽培畦开沟施入，也可撒在土面，耕耙均匀后作畦。大棚和温室栽培中，底肥的施用量要比露地栽培时高。

黄瓜施用有机肥比单施无机肥效果好。这是因为：第一，施用无机肥会使土壤溶液浓度提高，促使土壤盐渍化，这对黄瓜的生长不利；第二，黄瓜对土壤酸化反应不良，施用无机肥可造成土壤酸化，而有机肥不会使土壤酸化；第三，有机质在土壤中分解释放大量的二氧化碳，能被黄瓜叶片光合作用所利用。

3）追肥　定植后，黄瓜生长加速，而且植株营养体的生长和果实的发育及收获同时进行，需肥量大，加之黄瓜根系浅，吸肥力弱。所以，只有不断地施肥，才能保证果实的正常发育和营养体的健壮生长。

黄瓜采收根瓜时，植株的根系已基本构成。大量的幼嫩子房也已形成，有些果实已经开始发育，很快要进入盛瓜期。这时应开始追肥，以促进叶面积的增加，保持蔓叶和根系的更新复壮，以获得果实的丰产。从定植到采收结束，黄瓜共需追肥 8～10 次。掌握"少吃多餐"、淡水粪勤浇轻浇的原则。一般于定植缓苗后进行第一次追肥，以迟效有机肥料为主，开沟条施或穴施。施用的种类包括各种饼肥、人粪干、皮杂肥等。饼肥、皮杂肥可混合 NPK 三元复合肥对水发酵 30 天后使用。经过第一次重施有机肥，其后的追肥以速效性肥料为主，主要有 NPK 三元复合肥、硫酸钾肥、硫酸铵肥等。在采瓜盛期，要增加追肥次数，缩短间隔时间。一般每采收 2～3 次，追施水肥 1 次，追肥宜选择在晴天进行。南方降水量大，肥料流失多，追施的次数应比北方多。

地膜覆盖种植黄瓜时，应施足底肥。有试验表明，基肥与追肥的比例，全氮 30%～50% 作基肥，其余作追肥。从结瓜初期至结瓜盛期，营养器官生长高峰期，可进行第一次追肥。结瓜盛期是营养生长向生殖生长逐步转移的时期，要进行多次追肥，每次追施 NPK 三元复合肥或硫酸铵 10～15 千克。在进行根系追肥的同时，还必须补充根外追肥。如利用磷酸二氢钾进行叶面追肥，促瓜促秧，延长黄瓜采收期。

此外，在温室、塑料大棚内增施二氧化碳，对黄瓜有明显的增产效果。二氧化碳浓度以 1 500～2 000 毫升/米³ 较好。晴天、半阴天每日清晨日出后半小时开始施用，施放 30～40 分钟后停止 20 分钟，然后再施放 20～25 分钟，间隔 15 分钟后再施放 15～20 分钟，直到早 8 时左右停止施用。需要通风时，施后半小时打开天窗。研究结果表明：在定植前幼苗期施用二氧化碳能增产 10%～30%，如在开花结果期继续施用，最高可使黄瓜早期产量增加 40%。

39. 如何做好黄瓜标准化生产水分管理工作？

定植后 5～7 天，若生长点有嫩叶产生，表示已经缓苗；若迟迟不生嫩叶，甚至早晨叶片萎蔫，说明瓜苗根部已经发生问题，应找出原因及时解决。缓苗后，为防止茎叶徒长引起化瓜，管理上应突出一个"控"字，进行蹲苗。蹲苗要适当，切不可过度。待根瓜坐住，可以结合第一次追肥浇灌果水，促进果实膨大。在实际生产中，除根据幼果长相加以诊断外，还要视品种、植株状况、土壤湿度、当时的天气情况等综合判断是否应浇水，不应以根瓜坐住与否作为开始浇催果水的唯一标准。

根瓜坐住以后，黄瓜进入结果期，茎叶生长与果实生育并进，果实不断采收，吸水量日益增加，灌水量也应逐渐加大；根瓜生育期，植株生长和结瓜数还不多，因而浇水次数不宜过多，水量不宜过大，保持地面间干间湿即可，一般每 7～10 天浇水一次；腰瓜生育期，营养生长和生殖生长均逐渐达旺盛阶段，需大量追肥浇水，每 5～7 天浇水 1 次，浇水量要大，浇水时间宜在早晚，且以早上为好，利于光合作用的进行；顶瓜生育期，盛果期已过，植株开始进入衰老阶段，需水量减少，但回头瓜还在生育，肥水的供应仍不能忽视，应该加强管理，使茎叶生长旺而不衰，争取延长结瓜期，增加产量。

40. 黄瓜标准化生产应如何进行植株调整？

黄瓜的植株调整包括搭架、引蔓绑蔓、整枝打杈、摘心摘叶、去除卷须等。

黄瓜的丰产栽培必须搭架。架式多为"人"字架，架高170～200厘米，每株一杆，可插在两株瓜秧中间，既保护植株，又不致伤根太多，同时还要注意务使架杆分布均匀。株高30厘米后，要及时引蔓上架，每2～3节绑蔓1次。绑蔓时，多采用曲蔓绑法，以缩短其高度，抑制其徒长。

大多数黄瓜品种主侧蔓均可结瓜，但露地黄瓜以主蔓结瓜为主。对于生长势不强、侧蔓较少的品种，在主蔓爬满瓜架后将其摘心打顶。而对于生长势强、侧蔓较多的品种，第一个瓜以下的所有侧蔓全部摘除，防止养分分散，促使主蔓旺盛生长；上面的侧蔓在第一雌花后保留2片叶及时摘心，增加坐果部位，提高产量。为促进坐瓜，绑蔓时可顺手摘除卷须，节省养分。当主蔓长300～350厘米、快到架顶时进行摘心，解除顶端生长优势，促回头瓜形成。及时打掉底部黄、老、病叶片，也是节约养分、改善通风透光条件的有力措施。

41. 黄瓜标准化生产为什么要重视中耕培土？如何进行中耕培土？

在黄瓜生产中，如果没有采取地膜覆盖必须重视中耕培土。中耕是将地表锄松、土坨打碎，以利于提高地温，还可以将土壤毛细管切断，减少水分蒸发，起到蓄水保墒作用，既可保持地面疏松干燥，降低植株周围的空气相对湿度，减少病害发生的机会，又可保持地表下土壤有一定湿度。另外，中耕可消除土壤板结，改善土壤理化性状，增加土壤的透气性，促进根系旺盛生长。

露地黄瓜整个生育期可中耕3~5次。设施内栽培的黄瓜，精细管理从定植到拉秧前10天中耕不断。土壤黏重、春季早期地温低、灌水多、露地栽培前期多雨、早春设施栽培等中耕次数要多。一季越夏栽培因生长期长，中耕次数也要相应增加，特别是高温季节，地表温度高对根系生长不利，通过中耕地表切断一部分毛细根，促进根系深扎，地表以下土壤温度较低，有利于夏季的正常生长。

黄瓜的中耕培土可根据生育周期的不同进行。

（1）缓苗期和缓苗后中耕　保护设施内黄瓜，特别是早春，定植后在缓苗期就应中耕。缓苗的要素之一是温度，首先是地温，为了充分利用太阳辐射提高地温，人为条件就是进行中耕，上午中耕下午推搪，使热量在土壤中保存。露地定植后的黄瓜一般灌两水即可缓苗成活。灌水4~7天后即可开始中耕，此时因苗较小，可深耕8~12厘米，将土块锄松、敲碎，培土上畦。

（2）结瓜前的中耕　露地定植后8~10天，黄瓜开始扎根生长，这时应在灌水后进行一次深度为7~8厘米的中耕，使土壤得以充分翻晒，细软温和，促进根系迅速生长，形成一个健壮而旺盛的植株。这次中耕后，黄瓜就进入适当蹲苗期了。

（3）搭架前的中耕　黄瓜控苗7~8天，叶色加深，茎蔓粗壮，稍显干燥即可灌水，灌水后5~7天，地面早起见湿、上午见干状况时，即可进行中耕。这次中耕，因瓜蔓开始旺盛生长，根系布满畦面，中耕不宜过深，又因环境适宜杂草萌发生长，故兼有除草作用。这次中耕要细致、严密，深度为5~6厘米，并把沟土培上畦面。

（4）中耕除草　搭架前虽经多次中耕除草，但搭架后有的垄间、行间杂草滋生，所以还要用小锄经常在架内行间中耕除草，及时锄掉畦背和走道上的杂草。锄后将草清理，烧掉或积肥。黄瓜生长后期，可结合用手拔除杂草。

地膜覆盖栽培的黄瓜可不用进行中耕，但垄沟内的杂草也要及时除掉并将沟中碎土培到畦面上。

42. 如何预防苦味瓜？

黄瓜发苦是由于瓜内含有苦味物质苦瓜素，一般以近果梗肩部为多，先端较少，以初上市的新鲜根瓜及盛花后期的瓜为多。黄瓜产生苦味是一种生理性病害，主要是由于苦味素在瓜中积累过多所致。该病受特定小气候影响，一般温室中的发病率较露地高，其产生原理多样，要针对不同原因采取对应措施早预防。

有些黄瓜苦是品种原因，一般叶色深绿的品种较叶色浅的品种更易出现苦味瓜。栽培措施或栽培环境不当也会加重苦味瓜的出现。

（1）根瓜期水分控制不当，或生理干旱形成苦味。生产上要合理浇水，手握壤土成团可不浇，浇水应做到见湿见干。

（2）氮肥偏高，瓜藤徒长，在侧弱枝上结出的瓜容易出现苦味瓜。生产上要采取平衡施肥，基肥每亩施用过磷酸钙或磷酸氢二铵50千克，盛瓜期按照氮磷钾 5：2：6 的比例追肥，生育后期采取叶面喷施磷酸二氢钾。

（3）地温低于 12℃，植株生理活动降低，养分和水分吸收受到抑制，造成苦味瓜；高温时间过长，营养失调也会出现苦味瓜。冬春栽培要加强覆盖保温，早揭晚盖，使用无滴防老化膜，延长光照。搞好温湿调控，调整放风口，使上午温度保持在25～30℃，相对湿度 75%，下午温度保持在 20～25℃，相对湿度70%。

（4）植株衰弱，光照不足以及真菌、细菌、病毒的侵染或黄瓜发育后期植株生理机能的衰老也易产生苦味瓜。应调节黄瓜营养生长与生殖生长、地上部与地下部间的生长平衡，这是防止苦味瓜发生的根本措施。

43. 如何防止黄瓜"花打顶"？

黄瓜藤顶端不形成心叶，出现"花抱头"现象，即形成雌花和雄花间杂的花簇，是"花打顶"的典型症状。"花打顶"不仅延迟黄瓜发育，同时影响产量和质量。这种情况在早春、晚秋或冬季种植黄瓜时，苗期至结瓜初期经常出现，其产生原因有多种，要针对性地采取预防措施。

（1）营养障碍型"花打顶"　当天气恶劣、气温低、夜间温度低于 10℃时，影响白天光合作用同化物质的输送，而且叶色深绿，叶面凹凸不平，植株矮小。

预防措施：采取早闭棚、加强覆盖、提高夜温的措施，前半夜气温要求达 15℃，保持 4～5 小时；后半夜保持 10℃左右。

（2）沤根型"花打顶"　气温低于 10℃，连续阴雨天气，或棚温低于 10℃，棚内湿度过高，造成沤根现象。一般土壤相对湿度高于 75%，土壤潮湿，根系生长受抑也会造成沤根型"花打顶"。

预防措施：及时中耕，遇到长时间阴雨或大暴雨天气，要开沟排水，防止田间积水；棚室地温要提高至 10℃以上，发现地面出现灰白色水浸症状，要停止浇水。

（3）伤根型"花打顶"　有些瓜苗或植株根系受到伤害，造成植株受抑，还会出现伤根型"花打顶"。

预防措施：在中耕时要注意莫伤根，要采用保秧护根措施，提高根系活力。采用营养钵或穴盘育苗实行带土移栽。

（4）烧根型"花打顶"　如果定植时穴施有机肥过量，土壤溶液浓度过高，或肥料不腐熟，或不细碎导致根系水分外渗，加上定植后又不及时浇水，棚室土壤干旱，还会形成烧根型"花打顶",根系和叶片变黄,叶片、叶脉皱缩,秧苗也不长。

预防措施:及时浇水,使土壤持水量达22%,相对湿度达65%,浇水后中耕,不久就可恢复正常生长。

此外,造成沤根、伤根、烧根的,还可采用5毫克/升萘乙酸水溶液和复硝酚钠(爱多收)3 000倍混合液,或其他具有明显促根壮根的药剂和肥料进行灌根,刺激新根加速发展。摘除植株上可以见到的全部大小瓜纽和雌花,对植株实行最彻底的减负。喷用芸薹素内酯(云大120)、三十烷醇等可促进茎叶快速生长。

注:瓜类蔬菜标准化生产《农药安全使用标准》(GB4285—89)和《农药合理使用准则》(GB/T 8321—2007)。

44. 如何防止畸形瓜?

黄瓜畸形瓜是一种生理失调现象,原因很多,关键是要搞好管理。

(1)弯曲瓜 是因外物阻挡或仅子房一边卵细胞受精,果实发育不平衡所致。原因是在采收后期植株老化、叶片发生病害、肥料不足、光照少、干燥等引起营养不良,或种植密度过大、结果过多、疏叶整枝过多、雌花小、发育不全、干旱伤根等。还有的子房是弯曲的。如染上黑星病的瓜条从病斑处弯曲。由于绑绳、吊绳、卷须等缠住了瓜纽而弯曲。光照、温度、湿度等条件不适,或水肥供应不足,或摘叶过多,或结果过多也会出现弯曲瓜。

应对措施:加强田间管理,避免土壤过干过湿,适时适量追肥,提高光合效率。温室越冬栽培光照弱,应做成南低北高梯度畦,适当稀植。适时防治黑星病。

(2)大肚瓜 又称粗尾瓜。黄瓜受精不完全,只先端产生种子,由于种子发育,吸收养分较多,所以,先端果肉组织特别肥大，成大肚瓜。钾、氮和钙素不足，密植、光照不足、摘叶较多、高温易产生大肚瓜。秋延后及冬茬温室栽培营养不良。喷用了含有类似多效唑类型的生长延缓剂的药剂发生药害的结果。

应对措施：水肥要充足而均匀，不要摘除功能叶，选择适宜架形整蔓，增加下部叶片光照。温室张挂反光幕，防止叶片过早枯萎，减缓植株衰老。

（3）尖头瓜　又称细尾瓜。单性结果弱的品种、未受精者，易成为尖头瓜。原因是受精遇到障碍，水分不足，干燥，下层果采收不及时，长势弱，特别是果实肥大后期，结瓜多、肥水不足、营养不良、干旱，或土壤盐分浓度高、植株衰老、强行过多地打叶或遭受病虫为害。

应对措施：及时灌水，防止土壤干燥；供肥充足；冬春栽培应保温增光，提高叶片同化机能；适时早收，防止不必要的养分消耗。

（4）蜂腰瓜　又称细腰瓜。由于雌花受粉不完全或因受精后植株干物质产量过低，养分分配不足引起。高温干旱、花芽发育受阻、植株长势衰弱或生长过旺，果实分配养分不足，果实发育受阻，或低温多湿，多铵缺钾、缺钙和缺硼等元素。

应对措施：增施农家肥，基肥中每亩施入硼砂 1 千克左右，叶面喷洒 0.1%～0.2% 硼砂液 2～3 次效果更好。

（5）裂瓜　瓜条呈现纵向开裂，多是在土壤长期缺水，猛然浇水，或在叶面上喷施农药和营养液时，近乎僵化的瓜条突然得到水分之后易发生。

应对措施：合理浇水，满足植株对水分的需要；小水勤浇，杜绝大水漫灌，且速灌速排。

（6）肩形瓜　又称溜肩瓜。主要原因是夜温低、营养过剩。如多钾、多铵态氮、多钙时易发生；冬季或早春温室中温度过低时发生较多；花芽分化时缺钙也会在瓜条膨大后表现肩形；植株长势过强或过弱，也易发生肩形瓜。

应对措施：严格温度管理，防止施肥过多，防止土壤干燥或过湿，避免苗期低温多肥诱发缺钙等。

（7）短形瓜　一般瓜条明显短于正常生长的瓜条。由于低节位的雌花发育不完全，子房短，将来易形成短形瓜；嫁接不好时，妨碍植株生长发育，易生成短形瓜；土壤中盐类累积、肥料过多时，易生成短形瓜。

应对措施：及早除去低节位的雌花和侧枝，根据生长势适当疏花疏果；保证嫁接质量，使接穗与砧木的输导组织对齐；避免过量施用化肥，适期浇水，防止干旱。

防止以上畸形瓜的总原则是：合理密植，摘除下部的黄叶，增加光照，提高光合作用。防止大水漫灌，加强通风降湿。增施有机肥，及时补施钾肥和硼肥。

45.　如何防止"化瓜"？

黄瓜容易受到环境和营养条件的影响，由于营养不足或环境条件不良时，或者与果实和茎叶的营养竞争激烈时，养分向雌花的供应不足，子房内植物生长素的含量比授粉受精的雌花更低，导致化瓜。要使化瓜减少或将化瓜降低到最低水平，必须人为地调节环境因子，科学管理。

（1）黄瓜栽培所用的品种要根据季节、栽培环境、栽培方式的不同进行选择，尽量选择单性结实能力强、坐果率高的品种。早春保护地栽培应选择耐低温、耐弱光的品种；夏季露地栽培要选择抗高温、长日照的晚熟品种，秋季栽培要选择苗期耐高温、后期耐低温的中晚熟品种；冬季栽培一定要选择耐弱光、短日照、抗寒性强的品种。

（2）培育壮苗，增强抗逆能力。定植前炼苗，保护地栽培在低温时注意加温，高温时及时放风，保持白天温度在 $20\sim30\,^{\circ}\mathrm{C}$，夜间 $15\sim18\,^{\circ}\mathrm{C}$。为弥补植株间的光照不足，栽培的密度要根据季节、品种、形式而定，早熟品种可比中晚熟品种密度大些，夏季栽培、露地栽培可比冬季栽培、保护地栽培密度大些。架形的选择直接影响光照，应根据栽培的需要选择架形。

（3）加强前期肥水管理，促进发根，增强根系吸收能力，中后期追肥要根据植株长势进行，促控结合。保护地栽培，容易出现二氧化碳浓度过低，可通过通风、空气对流，增加棚内二氧化碳浓度，或补充二氧化碳气肥，或在棚内增加有机肥施用量，加强光合作用。施用充分腐熟的厩肥、鸡粪、人粪尿、豆饼等有机肥，氮素化肥最好和过磷酸钙混合使用或深施到土壤里，少用尿素，追肥后加强通风。

（4）绑蔓整枝等田间操作时要仔细，避免损伤幼瓜。阴雨天和昆虫少时，进行人工授粉刺激子房膨大，化瓜度可下降72.5%，并提高坐果率。

（5）幼果生长旺盛期用磷酸二氢钾或高效复合肥进行根外追肥。如黄瓜雌花开花后，可分别喷施赤霉素、吲哚乙酸、腺嘌呤等，化瓜率下降50～75%，单瓜增重15～30克，采收时间提前0.9～5.5天。每亩用农用稀土30克，温水稀释成一定浓度进行叶面喷洒，对减少化瓜促进果实生长具明显作用。

（6）加强病虫害的防治，密切注意病虫害发展动态，对病害首先是防，其次是治。对虫害早治。保护地栽培时，要加强通风换气，增强光照，减少病害发生。

（7）调整好秧果关系，适时采收已达商品成熟度的果实，以利幼果成长。根瓜、畸形瓜和坠秧瓜要及时摘除，不要抢摘半成熟的小商品瓜。

46. 黄瓜产生药害的原因有哪些？如何防止？

黄瓜产量高，效益好，但病虫害多重，因此用药较多。但农药施用不当或施用的浓度过高，常常导致叶子出现五颜六色的斑点，或叶缘发黄；有的黄瓜叶子穿孔、焦枯，或褪绿黄化；有的叶子甚至变厚、畸形，植株不生长。

（1）产生药害的原因　有的是因为大剂量喷洒农药和劣质喷雾器跑、冒、滴、漏，大药滴造成秧苗叶尖白化干枯和过量农药淋灌式喷洒造成烧苗现象；有的是因为使用多药剂、高浓度农药，或药剂选用不当，或用药时间不当造成的植株叶片随着喷施液滴向叶缘干枯，造成烧叶现象；有的是未将喷过除草剂的喷雾器药桶清洗直接用来喷杀菌剂，残留在药桶内的除草剂会使黄瓜畸形。

（2）防止措施

1）正确选用药剂　在蔬菜作物中，黄瓜对农药是比较敏感的，要求使用剂量也较严格。特别是苗期用药浓度和药液量更应该严格掌握，需要减量或使雾滴均匀。不同的农药在不同的蔬菜作物上的使用剂量是经过大量试验示范后才推广应用的，在施用时应尽量遵守农药包装袋上推荐使用的安全剂量，不宜随意提高用药浓度。

2）正确选用喷雾器　喷洒过除草剂的喷雾器最好不要用来喷洒农药，以避免交叉药害的发生。施过除草剂的地块不能种植黄瓜，比如施过氟乐灵除草剂的，土壤有残留量，如果育黄瓜苗或种黄瓜，就会出现药害。

3）用药时机和方法要得当　高温时喷药，药剂的浓度要降低，同时，避免炎热中午喷药，特别是保护地；喷药不能马虎，不要重复喷药，不得随意加大浓度，否则容易产生药害；黄瓜敏感的药物不要选用，如果选用，浓度要降低，或先喷几株，观察没有药害才推广使用。农药喷多了，喷浓了，不仅容易产生药害，而且易污染环境。所以，对病虫为害，要预防为主，综合防治，少用化学农药，并掌握防治技术，混用药要合理，不能盲目随意混用。

4）出现药害后，如果受害植株没有伤害到生长点，可以加强肥水管理促进快速生长。小范围的药害可尝试喷施赤霉酸（赤霉素）7 500 倍液调节。加强水肥管理，中耕松土，既可解毒，又可增强植株恢复能力。

47. 保护地黄瓜标准化生产的技术要点有哪些？

保护地栽培黄瓜是为了提高经济效益、稳定市场价格和减少风险，从而达到周年生产和周年供应。

（1）栽培季节　目前黄瓜保护地栽培的茬口主要有冬春茬、秋冬茬、越冬茬、秋延后、春提早等。冬春茬、秋冬茬和越冬茬主要用日光温室栽培，春提早和秋延后主要用塑料大中棚栽培。

（2）品种选择　冬茬和冬春茬温室黄瓜品种宜选择耐低温弱光能力强的品种如戴多星、北京 101 等；秋冬茬温室黄瓜宜选既耐热又耐寒、耐弱光、长势强、抗病力强的品种如津杂 1 号、津杂 2 号等；春提早茬黄瓜宜选择早熟性强，雌花节位低，抗寒性较强，耐弱光和高湿，较抗霜霉病、白粉病和枯萎病的品种如中农 5 号、津春 2 号等；秋延后茬黄瓜选择苗期耐热，中后期较耐低温，结实力强、抗病力强、耐短期贮存的品种如北京 301、津春 4 号等。

（3）培育壮苗　塑料穴盘或营养钵育苗，连作障碍严重的保护地要采取嫁接育苗。

1）营养土配方　3 年未种过黄瓜的肥沃园土或大田土 5 份，充分腐熟的农家肥 3 份，炭化谷壳 2 份；或椰糠 5 份，腐熟农家肥 4 份，河沙 1 份。每立方米营养土拌入 50% 福美双和 50% 多菌灵混合可湿性粉剂（1:1）350 克，搅匀后用塑料农膜闷盖 3～5 天后使用。也可使用专业的黄瓜育苗基质。

2）催芽播种　种子用 55℃ 温水浸种 15 分钟，降至常温后转入清水浸种 4～5 小时，再转入 10% 的磷酸三钠溶液浸种 20 分钟，捞出沥干洗净。将浸种后的种子移入培养箱中催芽，70%

的种子露白即可播种。播种时，先把苗床浇透底水，再把刚催好芽的种子平放于床面上，覆盖一层 0.8～1.0 厘米厚的营养土，盖好农膜，封闭大棚。

3）苗期管理　播种后 5～7 天，幼苗破心后及时分苗。在苗龄 1 叶 1 心和 2 叶 1 心时，各喷 1 次 200～300 毫克/千克的乙烯利，可促进雌花增多，节间变短，坐瓜率高。

（4）定植

1）定植前的准备　黄瓜栽培应选择地势较高、向阳，富含有机质的肥沃土壤。在定植前 15～20 天，翻地晒地，定植前 7～10 天作畦。双行种植，畦宽 150～160 厘米（包沟）；单行种植，畦宽 100 厘米（包沟）。畦作成龟背状，畦高 25～30 厘米。每亩施生石灰 50～100 千克，腐熟农家肥 2 000～3 000 千克，饼肥 50 千克，三元复合肥 50 千克，过磷酸钙或磷酸二氢铵 40 千克。基肥可撒施于畦面，或 2/3 撒施于畦面，1/3 施入定植沟。作畦完后要覆盖地膜保温。

2）定植　选择晴天定植。根据不同的畦垄和栽培方式，每亩定植株数约为 3 200～5 000 株。定植深度以子叶位于畦面上方 1 厘米为宜。定植取苗时要尽量保持土坨完好，地膜破孔尽可能小些，定苗后及时封口，植后浇定根水。

（5）定植后的管理

1）温湿度管理　定植后 5～7 天一般不通风。气温高时，应将棚四周的薄膜卷起只留棚体顶部薄膜进行通风，并利用灌水增加棚内湿度；气温低时，可用电加温线进行根际昼夜连续或间隔加温促缓苗。通风一般是由小到大，由顶到边，晴天早通风，阴天晚通风。

2）水肥管理　黄瓜喜肥水，在施足基肥的基础上，结合灌水选用腐熟人粪尿和复合肥进行追肥。追肥应掌握勤施、薄施、"少食多餐"的原则，晴天施肥多、浓，雨天施肥少、稀。抽蔓期和结果初期追施 2～3 次 0.3%～0.5% 的复合肥，每次每亩施用量为 15～20 千克；结果盛期结合灌水追肥 3～5 次，每次每亩施用三元复合肥 10～15 千克，钾肥 5 千克。在整个生育期，还要注意根外追肥，采用 0.2％磷酸二氢钾溶液追肥 5～6 次。定植后，高温多雨天气应防止秧苗徒长，控制浇水，少灌水或灌小水，促进根系深扎土层；根瓜采收前，适当灌水 2～3 次，保持土壤湿润即可；采收期应勤浇多浇，保持土壤高度湿润，但要使表土湿不见水，干不裂缝，一般 3～5 天浇水 1 次，地膜覆盖栽培可 7～10 天浇水 1 次。

3）植株调整 黄瓜 4～5 片叶开始抽蔓，应及时引蔓上架或绑蔓、吊蔓。采用纤维带或塑料绳吊蔓，纤维带或塑料绳的下端可直接拴在植株基部，每 2～3 节用稻草或尼龙绳绑蔓 1 次。当植株高度接近棚顶时打顶摘心，促进侧枝萌发，在侧蔓上留两叶一瓜摘心，利用侧蔓增加后期产量。

坐瓜期使用对氯苯氧乙酸钠（番茄灵），主要作用在于防止或减少落花与化瓜，提高坐瓜率，增加早期产量，使用浓度为 100～200 毫克/千克。

冬春季温室、大棚栽培时，还可采用二氧化碳施肥法，促进黄瓜光合作用。施用时间在日出后 1 小时开始，到日出后 2 小时、气温达到 28℃左右时停止，停施 30 分钟后开始通风，阴雨天不施。施用浓度为 1 000～1 500 毫克/千克。

4）病虫害防治 主要病害有霜霉病、白粉病、枯萎病、细菌性角斑病等，主要虫害有蚜虫、美洲斑潜蝇、瓜绢螟等，应及时防治。

48. 水果型黄瓜标准化生产的技术要点有哪些？

水果型黄瓜是近几年推广的黄瓜新品种，与普通黄瓜相比，具有瓜形短小、表皮光滑、强雌性、果皮薄、心室小等特点。一般瓜长 12～18 厘米，横径 2～3 厘米，无刺无瘤，易清洗，瓜码密，单株结瓜达 60 条以上，最多结瓜可达 80 多条。在国外，进行无土栽培，亩产可达 3 000 千克。果肉密度大，风味浓郁，品质好，脆嫩多汁，清香爽口，洗净后主要以生食为主。

（1）播期确定　水果型黄瓜单株结瓜多，高产潜力大，适宜在保护地内生长栽培，早春塑料大棚栽培，1 月下旬至 2 月上旬播种，苗龄 30 天；早秋大棚栽培，可于 7 月中下旬播种，苗龄 25 天；南方冬春季节栽培，12 月至翌年 1 月播种，苗龄 20 天。

（2）培育壮苗　种子用 55℃ 温水浸种 15 分钟，降至常温后转入清水浸种 4～5 小时，再转入 10% 的磷酸三钠溶液浸种 20 分钟，捞出沥干洗净，用纱布或毛巾裹好置于 25～30℃ 下催芽。最好采用塑料穴盘或营养钵育苗，营养土按每立方米加入 350 克 50% 多菌灵和 50% 福美双混合药剂（体积比为 1：1）消毒。幼苗出土时要保持较高的温度，齐苗后适当降温，定植前 4～5 天适当炼苗。

（3）施肥定植　每亩施腐熟农家肥或有机肥 2 000 千克以上。畦高 25 厘米，畦宽 130～150 厘米（包沟），铺上地膜，株距 30～40 厘米，每亩栽 2 000～2 500 株，选晴天定植。

（4）田间管理　采用小水勤浇，结瓜、采瓜期保证水分均衡供应，忌大水漫灌。采瓜期开始追肥，每隔 10～15 天 1 次（滴灌为 5～7 天 1 次），每次每亩施三元复合肥 15 千克，还可以叶面喷施 0.3% 磷酸二氢钾加 0.5% 尿素。去掉 1～5 节位的幼瓜，从第 6 节开始留瓜。及时引绳搭架、引蔓、绑蔓、吊蔓，摘除老叶。保护地栽培时要加强棚内光照、温度、湿度的调节，有条件的除加强通风换气外，还可采取人工二氧化碳施肥，使生长盛期二氧化碳浓度达 1 000 毫克/千克，可增产 20%～25%。

（5）病虫害防治　霜霉病可用 72% 克露（霜脲氰＋代森锰锌）可湿性粉剂 800 倍液，或 72.2% 霜霉威（普力克）水剂 800

倍液防治，保护地用 5％百菌清粉尘剂，或 5％春雷氧氯铜（加瑞农）粉尘剂喷粉，还可以常温烟雾防治，效果更好。细菌性角斑病可选用 47％春雷氧氯铜（加瑞农）可湿性粉剂 600 倍液，或 77％氢氧化铜（可杀得）可湿性粉剂 500 倍液喷雾防治。瓜蚜可用 10％吡虫啉乳油 1 500～2 000 倍液，或 10％醚菊酯（多来宝）悬浮剂 1 500～2 000 倍液防治。

49. 如何科学采收黄瓜？

作为商品的黄瓜上市，应在商品成熟期采摘，随摘随上市。黄瓜采收的过程，也是调整植株营养生长和生殖生长的过程。适当早摘根瓜和矮小植株的瓜，可以促进植株的生长；生长过旺植株，要少摘瓜，晚摘可控制植株徒长。采收黄瓜绝不是见瓜就摘，也不是养成大瓜才摘，而是幼瓜长到一定的大小时，要及时摘，过早或过晚采收，都会影响产量的提高。因此，应根据黄瓜果实生育规律，掌握采摘时期与方法。

黄瓜从开花到商品瓜成熟需要的天数与品种、栽培季节、栽培方式、温度变化有关。正常情况下，黄瓜雌花开花后 3～4 天，瓜的生长量较小；开花后 5～6 天迅速膨大；开花后 10 天生长变缓，每天约增重 30％。20℃以上时，开花后 10 天即可采摘果实；15～20℃时为 15 天左右；13～15℃时为 20 天左右。

采瓜应掌握以下原则：第一，摘瓜宜在早晨进行，以利于瓜条增重和鲜嫩喜人。下午摘瓜，温度高，果实失水，影响品质，产量降低，经济效益差。初瓜期每 2～3 天采收 1 次，结瓜盛期每 1～2 天采收 1 次。第二，采摘商品成熟瓜，同时也要摘掉畸形瓜、坠秧瓜和疏果瓜。采收初期，由于植株矮小，叶片营养面积小，一般单瓜重 100 克左右即可采摘；结瓜盛期，植株生长旺盛，在单瓜重 200 克时采摘；结瓜后期，植株逐渐衰老，根系吸收能力减弱，叶子同化作用降低，在单瓜重 150 克时采摘。第三，植株长势弱时，宜摘早、摘小，长势旺时宜摘大瓜；秧上雌花或幼瓜多时宜摘早、摘小，反之，宜摘大瓜。第四，看市场行情采瓜，价格高时及时采收上市。第五，幼果采摘时，要轻拿轻放，为防止顶花带刺的幼果创伤，最好放在装20～30千克重的竹筐或塑料箱中，箱周围垫蒲席和薄膜，这样可以长途运输。

第五章 南瓜、笋瓜、西葫芦 标准化生产关键技术

南瓜属植物，包括栽培及野生近缘种，共 27 个。其中栽培种 5 个，分别为南瓜（即中国南瓜，*Cucurbita moschata*）、笋瓜（即印度南瓜，*C. maxima*）、西葫芦（即美洲南瓜，*C. pepo*）、黑籽南瓜（*C. ficifolia*）和灰籽南瓜（*C. mixta*）。按照植物学方法分类，南瓜、笋瓜、西葫芦同属于葫芦科南瓜属的一年生草本植物，其食用药用价值大。黑籽南瓜多用作瓜类的砧木或用作饲料，一般食用价值不大。灰籽南瓜在我国极少栽培。

50. 南瓜、笋瓜、西葫芦的植物学性状有哪些特点？

（1）根 南瓜（即中国南瓜）的根系比较发达，分为主根、侧根、不定根和小的吸收根等。其根系生长迅速，一般直根深 60 厘米左右，最深可达 2 米以上。根系分枝性强，一次侧根有 20 多条。由一次侧根再分生出侧根，形成强大的根群。主要根系分布在 10～40 厘米的耕作层中。由于南瓜根系强大，在旱地或瘠薄的土壤中均能正常生长发育。

笋瓜（即印度南瓜）的根与南瓜基本相似。

西葫芦（即美洲南瓜）根系分枝性强，随植株生长可分生出许多侧根，形成强大的根群。侧根呈水平状态分布。西葫芦根系木栓化早，再生能力较弱，根系受伤后不易再发生新根。

（2）茎蔓 南瓜的茎蔓分主蔓、侧蔓及二次侧蔓。蔓上茸毛

有硬、软之分。大部分南瓜品种有长蔓型和短蔓型之分，少数南瓜品种有短缩的丛生茎，即矮生品种。南瓜茎具有明显或不明显的棱，茎的颜色多为浅绿、绿、深绿、墨绿色。在南瓜的匍匐茎节上能生长不定根，可深入土中 20～30 厘米，起到固定茎蔓和吸收土壤中水分、养分的作用。

笋瓜茎蔓断面为圆形，较软。在笋瓜的匍匐茎节上也能生长不定根，可深入土中 20～30 厘米，起到固定茎蔓和吸收土壤中水分、养分的作用。

西葫芦的茎为浅绿、绿或深绿色。它分为矮生、半蔓生和蔓生三种类型。大多数品种主蔓具有明显的顶端优势，生长旺盛，而侧蔓发生少而弱。一般矮生品种节间短，蔓矮缩，早熟，耐寒，抗热性差，第一朵雌花节位低；半蔓生品种节间略长，属中熟种；蔓生品种节间较长，属晚熟种，耐寒性弱，但耐热、耐瘠薄性强。

（3）叶　南瓜叶互生，叶片肥大，绿色或浓绿色，呈五角掌状形，浅裂。叶面有茸毛，呈现白斑。叶面白斑的多少、大小和叶色浓淡因品种而异。叶柄细长而中空。叶腋处着生雌花或雄花、侧蔓及不定根。

笋瓜叶的形状为近圆形或心脏形，叶色绿，叶面无白斑。

西葫芦的真叶为互生、硕大，呈掌状深裂。叶色浅绿或绿色，有白斑，裂刻的深浅和白斑的多少、大小因品种不同而有差异。叶面具硬刺，较粗糙。叶柄细长，中空，无托叶。

（4）花　南瓜的花形较大，雌雄同株异花，单生于叶腋间，异花授粉。雌花大于雄花，花色鲜黄或黄色，筒状。雄花比雌花数量多，出现早并先开放。花的大小和色泽因品种不同而异。冬春季低温有利于雌花形成，并能降低雌花着生的节位，有利于早熟；夏秋季高温有利于雄花形成，而雌花少，甚至没有雌花。

笋瓜的花蕾为圆柱状，花筒为圆筒状，花较小，萼片细小，花色鲜黄色，花瓣圆形。

西葫芦雄花呈喇叭状，裂片大，萼片的裂片与5个花冠裂片互生。雌花萼片筒短，萼片渐尖形，花柄短粗。花的大小、色泽和着生节位因品种不同而异。在高温和长日照条件下，雄花出现早而多；低温和短日照条件下，雌花发育早，节位较低，但生长比较慢。

（5）果实　南瓜果实形状多种多样，果皮颜色因品种不同而异，嫩瓜果皮颜色多为绿色，老熟瓜果皮底色多为黄、灰、黄绿或灰白色，间有浅灰、白色、橘黄色的斑纹或黄绿相间条斑。果实表面有瘤棱、纵沟或表面平滑。多数老熟瓜有蜡粉。果肉多为浅黄、深黄或黄白色，肉质致密或疏松。瓜梗硬，木质化，断面呈5棱，与瓜连接处显著扩大，呈五角形底座。

笋瓜果实形状有扁圆形、球形、梨形等。果皮颜色多为橘红色、红褐色、绿色或墨绿色。果实表面较平滑，少数品种有较浅的棱沟。果肉有橙红色、红色等，果肉厚薄和瓜腔大小因品种而异。瓜梗膨大短软，圆筒形，断面呈圆形，瓜梗与瓜连接处果面不凹陷。

西葫芦果实由子房和花托发育而成。果实形状为瓠果，子房下位，其形状、大小和颜色因品种而异，多为长筒形、圆筒形或碟形，果皮颜色有浅绿、绿、墨绿、绿白、黄色等。果皮表面光滑，蜡粉少。果肉有橘黄、白色、浅黄色等。瓜柄5棱，与果实连接处膨大。

（6）种子　南瓜种子偏小，种皮较薄，种子颜色多为浅黄、白色或棕褐色，边缘隆起，种脐歪斜、圆钝或平直，千粒重125～300克，种子寿命一般5～6年。

笋瓜种子比南瓜略大，种皮较厚且硬，种皮多为白色、乳白色或褐色。周缘平滑，且珠柄痕倾斜。千粒重可达500克以上。

西葫芦种子扁平，为灰白色或黄褐色，周缘与种皮相同。种子成熟度对发芽率有影响。千粒重150～200克，寿命2～5年。

51. 南瓜、笋瓜、西葫芦的生育阶段是怎么划分的?

南瓜、笋瓜、西葫芦的生育阶段,可分为发芽期、幼苗期、抽蔓期(初花期)、开花结果期(结瓜期)。在同一生长条件下,南瓜、笋瓜、西葫芦不同品种的生育速度不同。不同栽培品种生育速度上的差异主要表现在出苗至雌花开放、坐果至果实成熟两个时期。外界条件对这两个时期影响较大。

(1)发芽期　种子萌动至子叶展开、第一片真叶全露,称为种子发芽期,时间为6～10天。播种数天后,长出许多侧根,幼苗结束时已具有较大根系。

(2)幼苗期　自第一片真叶长出至5～7片真叶、出现卷须前,称为幼苗期。时间为20～25天。此时植株直立生长,主侧根生长迅速,真叶陆续展开,茎节开始伸长。早熟品种可出现雄花蕾,有的出现雌花或侧蔓。

(3)抽蔓期(初花期)　南瓜、笋瓜从第5～7片真叶、卷须长出前至第一雌花开放,称为抽蔓期。时间为10～15天,少数早熟品种的抽蔓期更短。此时期茎叶生长加快,节间不断伸长,多数品种由直立生长变为匍匐生长,卷须抽出。在正常气温下,雄花和雌花先后开放;夏季气温过高时,雄花数量多,雌花少,甚至没有雌花;冬季气温过低时,雌花数量多,雄花少,甚至没有雄花。茎叶营养生长旺盛,茎节上的腋芽迅速活动,抽发侧蔓,同时花芽迅速分化。冬春短日照低温时,雌花节位低,生长缓慢。叶片数不断增加,叶片生长加快,叶面积不断增大。

西葫芦从健壮幼苗至第一根瓜坐瓜,称为初花期。从幼苗定植、缓苗至第一雌花开花结果,时间为7～13天。缓苗后,长蔓型西葫芦品种的茎生长加速,逐渐甩蔓,矮生型西葫芦品种的茎节生长缓慢，茎节短，叶片数多，叶大。雄花和雌花先后开放，茎节上的腋芽抽发侧枝。花芽迅速分化。

（4）开花结果期（结瓜期） 南瓜、笋瓜从第一雌花开放至果实成熟，称为开花结果期。采收嫩瓜时间为 30～45 天，采收老熟瓜时间为 60～70 天。此期茎叶生长与开花结果同时进行，侧蔓、不定根、雄花和雌花不断出现。在第一朵雌花出现后，每隔数节或连续几节都能出现雌花。多数第一雌花结的果实小，种子少，尤其是早熟品种表现明显。

西葫芦从第一根瓜坐瓜至采收结束，称为结瓜期。时间为 30～60 天。植株每节的叶片、雄花和雌花陆续形成，雌花增多，主蔓叶片面积达到最大值。主蔓生长速度最快。坐果后，幼瓜生长迅速，结瓜期的长短受品种、栽培季节、田间管理、病虫害防治等因子影响。

52. 南瓜、笋瓜、西葫芦标准化生产对环境条件有什么要求？

（1）温度 南瓜属喜温蔬菜，对于温度的敏感程度因种类和品种而异。南瓜耐高温的能力比笋瓜、西葫芦强，尤其是蜜本南瓜，对低温寒害的忍耐能力不如笋瓜和西葫芦。种子发芽的最低温度是 13℃，最适温度为 25～30℃，在 10℃以下或 40℃以上，种子不能发芽。根毛发生的最适温度为 28～32℃。冬春低温条件下有利于雌花分化，降低雌花着生节位，提高雌花数量；夏季高温条件下有利于雄花分化，雄花多，雌花少。果实发育期最适温度为 25～27℃，低于 15℃或高于 35℃，开花结果受到抑制，甚至导致落花落果现象。

笋瓜的耐热能力不如南瓜，耐寒力介于南瓜和西葫芦之间。在平均气温超过 22～23℃时，笋瓜淀粉积累能力减弱。若温度进一步升高，其生长显著受到抑制。

西葫芦耐热能力比南瓜、笋瓜弱，耐寒力比南瓜、笋瓜强。其生长发育的适宜温度为 $18\sim30℃$，$8℃$ 以下基本停止生长，高于 $30℃$ 时生长缓慢，并极易发生病毒病。在不同生长发育期对温度需求不同。种子发芽最适温度为 $25\sim30℃$，低于 $13℃$ 不易发芽，高于 $35℃$ 芽苗细弱，不健壮；根系生长最适温度为 $25\sim28℃$，低于 $12℃$ 根系发育迟缓或不发育，甚至受损；幼苗期适宜温度为 $23\sim25℃$；初花期适当低温或夜温 $16\sim18℃$ 有利于雌花分化，降低雌花着生节位，提高雌花数量，但植株生长缓慢；温度过高，不利于雌花分化，雌花着生节位较高，且雄花过多；开花结果期的最适温度为 $22\sim25℃$，低于 $15℃$，受精不良，难坐瓜，或出现畸形瓜，高于 $30℃$，花器不能正常发育，极易发生病毒病；果实发育膨大期的最适温度为 $22\sim30℃$。

（2）光照 南瓜、笋瓜属短日照作物。在营养生长和生殖生长阶段都需要充足的光照。雌花出现的迟早，与幼苗期温度的高低和日照长短有很大关系。夏季长日照下，有利于雄花发育，雌花少；冬春季短日照下，雌花多，可降低雌花着生节位，雄花少。若在南瓜育苗期间，减少短日照时数，每日 8 小时日照，可以促进早熟，提高产量。在热带地区冬春早播，可使南瓜在充足光照下健壮生长，丰产稳产。

西葫芦也属短日照作物，光补偿点为 1 500 勒，光饱和点为 45 000 勒，其开花结果对日照长短的适应性较南瓜强。每天 $8\sim10$ 小时短日照，可使雌花节位降低，早开雌花，雌花多，提早结瓜；长日照下雄花多，雌花少，有利于茎叶生长。在结果期间，若光照充足，光合产物多，果实生长快，发育良好，品质优；若光照不足，光合效率低，植株营养生长不良，影响开花结果。

（3）水分 南瓜根系强大，较耐干旱，直播强于育苗移栽。其在不同生育期对水分要求不同。种子发芽期，要求水分多；幼苗期和抽蔓期，需水量不多；开花结果期，因叶片蒸腾效率强和果实膨大，需水量较多。在长时间高温干旱时，会造成植株萎蔫现象，甚至发生病毒病，生长畸形瓜或化瓜，应及时灌水。在连续阴雨或暴雨后，会造成土壤湿度大而发生白粉病等病害，植株徒长，落花落果，果实不耐贮藏。

笋瓜对水分的需求与南瓜类似，但较南瓜需水量大。

西葫芦生长量大，叶片多，叶面积大，蒸腾系数大，消耗水分多，不耐干旱。对土壤湿度要求较高，适合在有浇水条件的干燥地区栽培。结瓜前期需水量不大，瓜膨大期需水量较大。一般在高温干旱下易发生病毒病，在南方春季连续阴雨或雨后高温条件下，易发生白粉病。

（4）土壤和营养　南瓜、笋瓜根系发达，吸收土壤中水分和营养的能力强，对土壤要求不严格。pH 为 5.5～7.5、有机质含量高、排水性好的沙壤土或壤土为宜。在不同生育期，其吸肥量不同，以吸收钾和氮最多，钙居中，镁和磷较少。生产 1 000 千克果实需吸收氮 3.92 千克，磷 2.13 千克，钾 7.29 千克。在生育前期氮肥过多，易引起植株徒长而影响或延缓开花结果。

西葫芦对土壤的要求较南瓜、笋瓜严格，比较适宜在微酸性土壤生长，pH 为 5.5～6.8。在沙土、沙壤土、壤土和黏土均能正常生长，以沙质壤土为佳，易获高产。对氮、磷、钾的吸收比例约为 1.84：1：3.5，吸肥能力较强。

53. 南瓜、笋瓜、西葫芦有哪些食用和药用价值？

南瓜、笋瓜、西葫芦的嫩瓜和老熟瓜均可食用，可生食、炒食、蒸食、烘烤、做汤、腌制等。南瓜、笋瓜的花嫩茎叶可炒食。

南瓜、笋瓜、西葫芦营养极为丰富。不同种类和品种之间营养成分也差异明显，且嫩瓜与老熟瓜营养成分也有所差异。在

100 克可食部分中：嫩瓜含水量为 93.7 克，老熟瓜为 81.9 克；老熟瓜中的碳水化合物为 15.5 克，比嫩瓜的 4.2 克高 2.7 倍；蛋白质含量，嫩瓜为 0.9 克，比老熟瓜高 0.2 克；脂肪及膳食纤维的含量，老熟瓜均略高于嫩瓜；老熟瓜含胡萝卜素 120 微克、钾 181 毫克、磷 40 毫克，分别比嫩瓜高 1 倍、2.1 倍和 2.3 倍；嫩瓜中维生素 C 的含量为 16 毫克，比老熟瓜高 3.2 倍。此外，南瓜、笋瓜、西葫芦还含有瓜氨酸、精氨酸、天门冬素、胡卢巴碱、腺嘌呤、胡萝卜素、维生素、戊聚糖、甘露醇，以及果胶、果胶酶，其果胶含量为干物质的 7％～17％。南瓜、笋瓜、西葫芦的种子含有瓜氨酸、脂肪油、维生素 E 等。

　　南瓜、笋瓜、西葫芦不仅是营养型食用蔬菜，更是多功能保健型食疗蔬菜。其性温、味甘，具有补中益气、消炎止痛、解毒杀虫等功效。可治气虚乏力、肋间神经痛、疟疾、痢疾、糖尿病等症状。还可驱蛔虫、治烫伤。所含的甘露醇有通便作用，可减少肠内粪便等毒素对人体的危害，常食南瓜、笋瓜、西葫芦可预防结肠癌。其果实含有较高的胡萝卜素，在人体内可转化维生素 A，对保护视力具有重要作用。果实内还含有微量元素钴，是人体胰岛细胞所必需的微量元素，食用后有补血作用。部分笋瓜富含微量元素铬，是胰岛素辅助因子，它能加速血糖氧化，改善血糖耐受量。南瓜、笋瓜、西葫芦富含的多糖对改善现代人的高血脂症、降低血糖及胆固醇、通便等都有良好作用，尤其对于胰岛素降低血糖的协同作用明显。南瓜、笋瓜、西葫芦含有的肌醇在胰岛素作用信号传递过程中扮演着重要角色，具有降糖降脂作用。其果实高钙、高钾、低钠，特别适合中老年人和高血压患者食用，有利于预防骨质疏松和高血压。其种子中的脂类物质不仅能预防婴儿湿疹，具有抗过敏作用，而且对泌尿系统疾病及前列腺增生具有良好的辅助治疗和预防作用。还有，种子中的瓜氨酸具有去虫、止血等功效，维生素 K_1 对纤维囊肿和糖尿病有明显的治疗作用。

54. 南瓜、笋瓜、西葫芦有哪些优良品种?

（1）南瓜优良品种

1）江淮早蜜本　安徽省合肥江淮园艺研究所选育。植株匍匐生长，分枝力强。第一雌花着生于主蔓15～18节，能连续开花结果。果实长葫芦形，果柄粗，脐部平滑，果肉黄色，肉色较好，果皮韧性好，耐低温，单果重4.0千克左右，早熟，果实一致性好，商品率高。每亩产量达1 500～2 500千克。

2）江淮大果蜜本　安徽省合肥江淮园艺研究所选育。植株匍匐生长，茎较粗，分枝力强。叶片钝角掌状，绿色，叶脉处有不规则白斑。第一雌花着生于主蔓第18～22节。果实长葫芦形，单果重5千克左右，肉质水分少，淀粉细腻，味甘。成熟瓜皮呈绿色有花斑，中晚熟。抗病毒病能力较强。每亩产量达3 000千克以上。

3）金韩蜜本　广东省汕头市金韩种业有限公司选育。植株匍匐生长，分枝力强。第一雌花着生于主蔓15～18节。果实葫芦形，成熟时瓜皮橙黄色，转色稳定一致和整齐，商品率高。果肉橙红色，味甜，品质佳。单果重2.5～4.0千克，耐贮运性强。每亩产量达1 500～2 500千克。

4）白沙蜜本　广东省汕头市白沙原种场选育。植株匍匐生长，茎较粗，分枝力强。叶片钝角掌状，绿色，叶脉处有不规则白斑。第一雌花着生于主蔓15～16节。果近似葫芦形，单果重3千克左右。成熟时瓜皮橙黄色，肉色橙红色，肉质水分少，淀粉细腻，味甜。早熟，抗病性强，适应性广，品质优良，耐贮运。每亩产量达1 500～2 500千克。

5）丰成蜜本　广西农业科学院蔬菜研究所选育。植株蔓生匍匐生长，分枝性强，叶片掌状，叶色深绿，单性花。主蔓第一雌花着生在第18～25节，侧蔓第1雌花着生在第10节，雌花间隔 6～10 节。瓜为棒状，中部至顶部膨大，纵径约 35～40 厘米，基部横径 8.5～9.5 厘米，瓜顶端膨大部分横茎约 14～19 厘米，嫩瓜浅绿色，老熟瓜橙黄色、有黄白色斑块（点），肉厚 2.5～3.0 厘米。瓜肉为橙黄色，淀粉细腻，味微甜，单果重 2～3 千克，最大单果重 3.5 千克。一般亩产 2 000 千克。生育期约 115 天，开花后 45～50 天老熟。抗白粉病、病毒病能力较强。

6）粤蔬蜜本　广东省农业科学院蔬菜研究所选育。植株生长势强，分枝多，茎较粗，主蔓第 15～16 节着生第一雌花，瓜棒槌形，成熟瓜皮橙黄色，果肉厚，心室小，果肉橙黄色，肉质致密，水分少，口感细腻，味甜，品质极佳。耐贮运，单果重 2.5～3.0 千克。一般亩产 3 500 千克。早中熟，播种至初收75～90 天。

7）粤蔬蜜本 3 号　广东省农业科学院蔬菜研究所选育的杂交一代早中熟品种。植株蔓生，全缘掌状叶，叶色深绿，生长旺盛，花期集中，坐果性好。果实长把梨形，瓜形美观，成熟时皮色土黄，单果重 2.5～4.5 千克，产量高。肉厚，肉色橙黄，味甜，品质优良。抗逆性强，耐贮运。广州地区春植 2～3 月中旬播种，至初收 100～110 天，秋植 7 月下旬至 8 月中旬播种，至初收约 90 天。

8）兴蔬蜜本　湖南省农业科学院蔬菜研究所选育。植株蔓生，生长势强。主侧蔓均可结瓜，主蔓第一雌花着生在第二十节左右，侧蔓第一雌花着生在第九节左右。果面带棱沟，果实肉质紧密，味特粉甜，宜以老瓜食用。单果重 3～6 千克。适合于长江流域及以南地区栽培。

9）兴蔬大果蜜本　湖南省农业科学院蔬菜研究所选育。大果型南瓜新品种。植株蔓生，生长势强。主侧蔓均可结瓜，主蔓第一雌花着生在第 20 节左右，侧蔓第一雌花着生在第九节左右。果面带棱沟，果实肉质紧密，味粉甜，以老瓜食用。单果重 4～6 千克。适于长江流域及以南地区栽培。

10）丰蜜蜜本　广东省农业科学院良种繁育中心选育。早中熟品种。植株匍匐生长，分枝力强，第一雌花着生第15～16节。果实棒槌形，老熟果皮橙黄色，肉厚，果肉橙红色，品质优良，淀粉细腻，味甜，水分少，耐贮运。单果重3千克左右。抗逆性强，适应性广。每亩产量达3 000千克左右。

11）蜜宝蜜本　重庆市农业科学院蔬菜花卉研究所选育。早中熟品种。植株蔓生，根系发达，生长势强。主蔓第13～15节着生第1雌花。瓜棒槌形，瓜面微棱，瓜脐小，脐端膨大，果颈稍细。嫩瓜绿色，有光泽，老瓜橙黄色，肉质致密，特甜。耐贮运，品质极佳。单果重2～3千克。每亩产量达2 000千克左右。

12）蜜月蜜本　重庆市农业科学院蔬菜花卉研究所选育。早中熟品种，生长势强，蔓生。主蔓第十七节着生第一雌花。瓜棒槌形，脐端膨大。果颈稍细。嫩瓜绿色，老熟瓜橙黄色，肉质致密，粉而甜，品质佳，耐贮运。单果重3～4千克，每亩产量达2 000千克以上。

13）大粒裸仁南瓜　山西省农业科学院蔬菜研究所选育。无种皮品种。分枝性中等，生长势强。叶缘为浅锯齿，无裂刻，叶面的斑小。第一雌花着生在主蔓第8～9节，主侧蔓均结瓜。食用以老熟瓜和裸仁种子为主。瓜形近圆形，土黄色，肉色为深杏黄，瓜面有黄色细密花纹，微棱，瓜面蜡粉少，单果重3千克。中熟，生育期130天。肉质致密，口感甜而粉。耐贮藏。抗病性强。

（2）笋瓜（红皮）优良品种

1）东升　台湾农友种苗有限公司选育。植株蔓生，生长势旺盛，分枝力强。叶片心脏五角形，绿色，茎较粗。第一雌花着生在主蔓第8～10节。主侧蔓均可结瓜。果实呈厚扁圆形，果皮橘红色，色彩鲜艳，果肉橙黄色，粉质香甜，果硬肉厚，水分少，风味佳。成熟时品质优良，商品率高。早熟，易坐果，从播种至采收80～90天。单果重1.2～2.0千克。耐贮运，喜冷凉，不耐热，适应性广，抗白粉病较强。每亩产量达 1 500～2 000 千克。

2）红佳 海南省农业科学院蔬菜研究所选育。早熟品种。植株蔓生，生长势强健，分枝力强。叶片心脏五角形，绿色，茎较粗。第一雌花着生在主蔓第 8～10 节，主侧蔓均结瓜，坐果能力强。果实扁圆球形，果皮红色，且转色受环境影响较小。果肉厚，肉质致密，含粉量高，口感佳，耐贮运，商品率高。单果重 1.5 千克左右。耐热，耐寒，抗病毒病能力较强，适应性广。每亩产量达 1 500～2 000 千克。

3）丹红 1 号 广东省农业科学院蔬菜研究所选育。植株长势旺，第 13～15 节着生第一雌花，坐果性强，果实扁圆形，嫩果表皮黄色，老熟果表皮红色，从播种至老熟果初收约 120 天，单果重 1～1.5 千克，肉厚，粉质，品质佳。具板栗味，耐贮运，亩产 1 500～2 000 千克。

4）红栗 湖南省瓜类研究所选育。植株生长势强，连续坐果能力较强。果皮橘红色，果实扁圆球形，果肉橙红色，肉质甜粉。早熟，从开花至成熟约 35 天。每亩产量达 1 500～2 000 千克。

5）京红栗 北京市农林科学院蔬菜研究中心选育。早熟，长势强，易坐瓜，第一雌花在 7～9 节。开花至采收约 40 天左右。单果重 2.0 千克左右，厚扁圆，亮丽的橘红色皮，十分漂亮。肉厚，橘红色，口感甘甜，肉质细面，粉质度高，具板栗香味，品质好。

6）橘红 浙江省农业科学院蔬菜研究所选育。出苗整齐，长势旺，蔓粗，叶大。早熟，坐果性好，果形漂亮，外观鲜艳，商品性好。果实扁圆形，果脐扁平，外皮橘红色，附着浅红色竖条斑和斑点。果肉厚实，肉质致密，肉色橙红，嫩瓜采收甜味足，老熟瓜粉质度高，口感和风味俱佳。一般单果重 1.6 千克。耐低温能力强。适合华东地区冬春保护地栽培和春季露地栽培。

7) 红运 四川省农业科学院园艺研究所选育。早熟品种。植株生长势中等,生长习性为蔓生。叶片近圆形,浅裂,较大,杂交优势明显。第一雌花着生在第十节左右,以后每隔3~5节位有一雌花。主侧蔓均可坐果。果实扁圆形,柄部稍突起,果形指数约为1,成熟果大红色,果面光滑,老熟果耐储运。果实大小适中,平均单果重1.2~1.5千克,平均单株坐果1~2个,每亩产量约1 300千克。果肉金黄色,肉质致密,干物质含量高,甜而细面,风味极佳。

8) 锦锈 上海市农业科学院园艺研究所选育。耐低温,耐弱光,综合抗逆性较强。春秋两季均可栽培。果实厚扁球形,果皮金红色,覆乳黄棱沟,色泽鲜艳。果肉橙红色,肉厚,肉质粉、香、甜、糯,品质极佳。单果重约1.3千克,单株坐果3~5个,亩产1 500~2 500千克。果肉中多糖、还原糖和氨基酸的含量较高,是鲜食加工兼用品种。适合华东地区栽培。

9) 红升701 海南亚蔬高科技农业开发有限公司选育。早熟品种。植株匍匐生长,生长势强。第一雌花着生于第8节左右。果实扁圆形,果皮深红色,果肉橙黄色,粉质,香甜。极易坐果,着色均匀。气候不适时不易产生花瓜,商品率高。每亩产量达1 500~2 500千克,支架栽培可达3 000千克以上。

10) 金太阳 安徽省合肥江淮园艺所选育。植株蔓生,生长势强,分枝力强。第一雌花着生于主蔓第6~8节。叶色浓绿。果实厚扁球形,单果重1.5千克左右,果面深黄色至红色,果色美丽。果肉橙红色,肉质紧致、细腻,高粉,水分少,品质优。早熟,耐贮运,抗逆、抗病性较强,易坐果。每亩产量达1 500~2 000千克。

11) 金瓢 江西省农业科学院蔬菜研究所选育。早熟品种。主蔓第一雌花着生在第11~13节,坐果能力强。果实短瓢形,空腔小。成熟果黄褐色,果面具蜡粉。果肉橙色,肉质较面。单果重1.5千克左右。

12）夕阳红　河南省农业科学院园艺研究所选育。生长势稳健，节间短，连续坐果率强。果实厚扁圆形，果皮橙红色，带有暗黄条斑。果肉金黄色，肉质紧致、细腻，粉质度高，品质佳。单果重 2 千克左右。耐贮运性好。

13）金辉 1 号　东北农业大学园艺系选育。籽用型。植株长势旺，分枝能力强。抗病性强，晚熟。第一雌花着生在主蔓第十二节。老熟瓜扁圆形，橘红色。单果产籽 300 粒。

（3）笋瓜（绿皮）优良品种

1）京绿栗　北京市农林科学院蔬菜研究中心选育。中早熟品种，长势强。单果重 2.0～2.5 千克，易坐果，一株可结瓜 2～3 个，产量高，较抗病毒病。瓜形厚扁圆，果皮深绿色。果肉厚，深黄色，口感甘甜，粉质度高，品质佳。

2）甘香栗　甘肃省农业科学院蔬菜研究所选育。早熟，丰产，抗白粉病，中抗病毒病。植株蔓生，生长势强。果形扁圆，果皮深绿色带浅绿色条纹，平均单果重 1.5 千克。果肉厚，肉色橙黄鲜亮，肉质致密，口感甜，粉质度高，具有板栗香味，有良好的商品性。

3）锦栗　湖南省瓜类研究所选育。植株蔓生，生长势中等。叶片心脏五角形，绿色，茎较粗。第一雌花着生在主蔓第 8～10 节，主侧蔓均结瓜。果实扁圆形，果皮浓绿带淡绿色条纹及斑点，果肉金黄色，肉厚，粉质。果型一致，商品性好。早熟，从播种至采收 80～90 天。单果重 1.2～1.5 千克。耐贮运，不耐高温，抗白粉病能力较强，雌性强，易坐果。每亩产量达 1 500～2 000 千克。

4）佳栗　浙江省农业科学院蔬菜研究所选育。具有结果早、产量高、品质优等特点。果形扁圆，果皮深绿有灰色斑纹，单果重 1～1.5 千克。果肉厚，深黄色，肉质粉糯而有甜味，风味极佳。

5）甜优　四川省农业科学院园艺研究所选育。早熟品种。

植株生长势中等，生长习性为蔓生，但在开花前为簇生状。叶片近圆形，浅裂，较大。第一雌花节位第七节左右，以后每隔3～5节位有一雌花。主、侧蔓均可坐果。果实扁圆形，果形指数0.6，成熟果皮深绿色，有绿色纵向条带，果面光滑，老熟果耐贮运。果实大小适中，平均单果重1.1～1.3千克，坐果性强，平均单株坐果2.6个。果肉金黄色，肉质致密，干物质含量高，甜而粉，风味极佳。种子千粒重141克左右，每亩产量达1 600～2 000千克。

6）锦华 上海市农业科学院园艺研究所选育。果实厚扁球形，果皮墨绿色，覆灰绿棱沟。果肉橙红色，肉厚，可连皮一起食用。在南方多阴雨弱光照地区早春露地栽培条件下，植株长势强健，连续坐果性能佳，单株平均结2～3个果，单果重1.2～1.5千克，亩产1 500～2 500千克。果肉成分中还原糖、氨基酸、鲜果可溶性糖含量高。适合华东地区栽培。

7）福星 安徽省合肥江淮园艺研究所选育。早熟品种。植株蔓生，生长势旺盛，分枝力强。叶片心脏五角形，绿色，茎较粗。第一雌花着生在主蔓第8～10节，主侧蔓均结瓜。果实扁球形，果皮深绿色相间浅绿斑点。果肉橙黄色，粉质，味甜，纤维少，品质极佳。喜冷凉，抗病能力较强，不耐高温。耐贮运，商品率高。易坐果，单株可坐果2～3个。单果重1.5～2.0千克，每亩产量达2 000千克左右。

8）吉祥1号 中国农业科学院蔬菜花卉研究所选育。早熟一代杂种。植株蔓生，生长势较强，主侧蔓均可结瓜。果形扁圆，果皮墨绿色带有浅绿色条纹及少量浅绿色斑点。老熟瓜单果重1～2千克。果肉味甜，粉质度高，品质好。适合保护地栽培。

9）永安2号 西北农林科技大学园艺学院蔬菜研究所选育。早熟一代杂种富铬南瓜。植株蔓生，生长势较强，主蔓结瓜为主，连续坐果能力强。第一雌花节位在第7～10节。果实高扁圆形，果皮绿色带有浅绿色条纹及浅绿色斑点。单果重1.5～2.5

千克。果肉黄色，味甜，粉而香，品质好。抗病性、抗逆性、适应性好。耐热，耐贮运。适合保护地和露地栽培。

10）银辉1号　东北农业大学园艺系选育。籽用型。长势中等，分枝能力中等。叶色深绿。中早熟。第一雌花着生在主蔓第8～10节。老熟瓜灰绿色，扁圆形。单果重2.5～3.5千克。单果产籽250～350粒。

（4）西葫芦优良品种

1）京葫1号　北京市农林科学院蔬菜研究中心选育。极早熟品种，短蔓直立型，生长健壮，耐白粉病。雌花多，膨瓜快，产量高。瓜长筒形，淡绿色细网纹，商品性好。适合各种保护地、露地栽培。

2）京葫5号　北京市农林科学院蔬菜研究中心选育。中早熟，长势稳健，株型好，抗病性强。雌花率高，膨瓜快，易坐瓜，产量高。果实棒槌形，瓜长20～22厘米，粗6～7厘米，翠绿色，光泽好，耐贮运。适合北方早春拱棚、高山地区露地和南方露地栽培。

3）美玉　河北省农林科学院经作研究所选育。生长势强，茎粗壮，叶片肥厚。第一雌花节位第6～7节，单株结瓜数8～10个，瓜条顺直，浅绿色，果肉厚，口感脆嫩，品质佳。抗病毒病和白粉病，抗逆性强。在低温下坐果能力强，前期产量高，连续坐果能力强；耐高温性强，在高温条件下开花，坐果情况正常。

4）早丰1代　山西省农业科学院蔬菜研究所选育。早熟品种，植株生长势强，播后30～35天即可采收。果实长棒形，皮色嫩绿，高抗病毒病，中抗霜霉病、白粉病、根腐病等。适宜保护地春提早和秋延后栽培。

5）金珊瑚　先正达种业有限公司选育。杂交一代黄皮美洲南瓜。植株直立性强，中熟。果实金黄色，光滑。适应性强，耐低温，产量高，品质极佳。商品率高，适宜作礼品菜。每亩产量达 4 000～5 000 千克。适合保护地和露地栽培。

6）黑乌鸦　先正达种业有限公司选育。杂交一代美洲南瓜。植株直立性强，叶柄极少有刺。早熟品种。适应性强，耐低温，产量高，品质极佳。果皮墨绿色。每亩产量达 4 000～5 000 千克。适合保护地和露地栽培。

7）金公主金丝瓜　广东省农业科学院蔬菜研究所选育。高产蔓生品种。主蔓第 12～15 节着生第一雌花，成熟果实椭圆形，外皮坚硬而光滑，果皮金黄色。单果重 1.0～1.5 千克。较耐寒。在广州地区春种从播种至老熟果初收需 105 天左右。

8）中葫 3 号　中国农业科学院蔬菜花卉研究所选育。早熟一代杂种。植株矮生，生长势中等，主蔓结瓜。果实长柱形，有棱。果皮白亮，果实脆嫩，口感好，较耐贮运。抗逆性好。适宜保护地和露地栽培。

9）春玉 2 号　西北农林科技大学园艺学院蔬菜研究所选育。早熟一代杂种。植株矮生，生长势中等，主蔓结瓜，连续坐果能力强。叶色灰绿，有隐性白斑。果形长棒状，果皮淡绿色，有光泽，果实品质佳。抗病性、适应性较强。适宜保护地和露地春秋栽培。

10）晋西葫芦 1 号　山西省农业科学院棉花研究所选育。早熟品种。生长势强，植株矮生，节间短，雌花多。果实长棒形，果皮绿色，有细密白色斑点，光泽度好，粗细均匀，皮薄，肉厚，籽少。单果重 250 克左右。商品率高，高抗病毒病和白粉病。适宜华北地区种植。

11）雪葫 2 号　湖南省瓜类研究所选育。抗病耐寒，较耐贮运。果实长棒形，果皮黄色，果肉淡绿色，肉质脆嫩。单果重 400 克左右，每亩产量 4 000 千克左右。

12）长绿　山西省农业科学院蔬菜研究所选育。早熟一代杂种。植株属矮秧类型，生长势极强。雌花多。果皮亮绿色，表皮光滑，果型均匀一致，呈长棒状。肉质鲜脆，风味佳，商品率高。抗逆性强，抗病毒病能力强。适宜保护地和露地早春栽培。

13）崇金 1 号金瓜　上海市崇明县蔬菜科学技术推广站选育。矮生型金瓜一代杂种。早熟，全生育期 85～90 天。植株生长势强，主蔓长 46～48 厘米，叶片较大，第 1 雌花着生在第 7～9 节。果实椭圆形，纵径 24 厘米，横径 17 厘米，单果重 2～3 千克，老熟瓜皮黄色，瓜丝淡黄色，口感脆嫩，成丝率较高。耐贮藏，抗逆性较强。适宜保护地早熟栽培。

55. 南瓜、笋瓜、西葫芦标准化生产的主要季节及生产模式有哪些？

在我国南方，秋冬和冬春是南瓜、笋瓜标准化生产的主要季节。可直播或穴盘育苗移栽。由于其生长势较强，根系发达，吸收水肥能力较强，对土壤要求不严格，极耐干旱，栽培技术比较简单。在房前屋后、公路边、水稻地、旱地、坡地、林果地、高山地均可种植。也可利用水旱轮作或瓜粮、瓜菜、瓜林（木）、瓜果（树）间套作，进行立体栽培。

南瓜，尤其是蜜本型南瓜比较耐热，其主要生产方式是露地爬地覆盖黑色地膜栽培，周年生产供应。针对北方冬季淡季蔬菜市场及冰冻雨雪灾害天气，热带地区和亚热带地区冬季北运蜜本南瓜标准化生产已成为一些地方特色支柱产业。其播种时间常安排在 8～12 月份，播种方式多为穴盘育苗，在气温较高时，可不催芽。其前、后茬可安排水稻、豇豆、辣椒或叶菜，如小白菜、菜心、茼蒿等。

为了减少温室气体排放、集约用地、提高复种指数，南瓜、笋瓜常进行露地爬地套种栽培。采用玉米、荔枝、龙眼、芒果与南瓜、笋瓜间作或套作的方式很普遍，可避免强烈阳光直射，以减少病毒病、鳞翅目害虫等病虫害的发生。

笋瓜的主要生产方式有露地爬地覆盖黑色地膜栽培、露地搭架覆盖黑色地膜栽培和设施简易大棚搭架栽培。由于华南地区夏季常遇高温、暴雨、台风等灾害，加上笋瓜不耐热，其生产多数安排在秋冬或冬春季节。在高山地区，笋瓜可夏季露地爬地栽培或露地搭架栽培，其播种时间可安排在4～6月份。

笋瓜与南瓜的栽培方式基本类似。此外，笋瓜可与番茄进行搭架套作，也可与豇豆、菜豆进行搭架混作，以节省成本和人工。

西葫芦在我国北方可通过温室、塑料大中小拱棚等保护地设施和露地进行周年生产供应。一般生产上常见茬口有冬春茬、早春茬、春夏茬、晚秋茬等。其前茬可与茄果类、豆类、绿叶菜类、洋葱等搭配种植，其后茬可与甘蓝、芹菜、茄果类等搭配种植。在长江中下游地区，通过露地覆盖地膜栽培、简易设施中小拱棚方式种植西葫芦，其播种时间主要安排在2～3月；在热带和亚热带地区，秋冬和冬春通过露地覆盖地膜栽培西葫芦，其播种时间为9月至翌年2月；在海拔500～1 200米的高山地区，夏季通过露地栽培或遮阳网、防虫网简易设施栽培西葫芦，其播种时间为4～6月，可直播或穴盘育苗移栽。

56. 如何做好南瓜、笋瓜、西葫芦标准化生产中直播育苗和护根育苗的管理？

南瓜、笋瓜、西葫芦采用露地直播时，可干籽直播或催芽直播。即：播种前先起垄作畦开穴，浇足水分，每穴播2～3粒种子，再盖上1.5～2厘米厚细土，以防止幼苗戴帽出土。对已戴帽出土的幼苗，应及时人工辅助脱壳。待出1～2片真叶时进行间苗。留1株生长势强的幼苗，其余幼苗从根部掐断。间苗后，灌根或喷洒2%宁南霉素200～260倍液、5%氨基寡糖素1 000倍液、2%武夷霉素800倍液。遇到低温寒潮时，可用稻草或小拱棚黑膜覆盖。注意及时揭开见太阳光，及时中耕除草和浇水。

若土壤墒情好，可不浇水。若表现缺肥时，可开沟浇施有机肥、化肥或追施磷酸二氢钾等叶面肥。

南瓜、笋瓜、西葫芦采用护根育苗时，播种前应先进行种子处理，去除杂质、瘪籽、带病虫种子和破碎种子后，放入 55～60℃水中，温水烫种 15～20 分钟，不断搅拌至常温后，继续用清水常温浸种 3～4 小时。然后用药剂浸种，可用 50%多菌灵 500 倍液、10%磷酸三钠 10 倍液（水温 50℃）、5%氨基寡糖素 1 000 倍液等药剂浸种 15～20 分钟。取出种子，经水洗和沥干水分后，在常温下，不经催芽即可播种。若遇低温寒害时，可用湿毛巾将浸种好的种子包好，放入 25～30℃的恒温箱进行保湿催芽 24～36 小时，待 70%以上的种子露白后，即可播种。同时，在育苗床上配制育苗基质，可选用 5∶3∶2 的椰糠（或稻壳）、园土、农家肥料，或 4∶1∶2∶3 的椰糠、河沙、园土、鸡粪配制育苗营养基质。可加入适量石灰、过磷酸钙调节育苗基质的 pH 和增加养分。采用塑料营养钵、塑料筒、塑料穴盘、育苗块等育苗容器培育护根壮苗。一般每穴播出芽种子 1 粒，播深 0.5～1.0 厘米，覆上一层营养基质，轻轻压实。播种后浇水，用稻草或遮阳网覆盖于育苗容器上层。若遇到低温阴雨天气须加盖农膜或搭建小拱棚。若幼苗出土时温度过低，容易发生戴帽出土现象，应人工辅助脱壳，注意用双手小心操作，避免损伤子叶。

在护根育苗的苗期管理中，主要应从以下几方面进行管理：

（1）温度调节　在热带、亚热带地区，主要靠揭盖农膜、稻草和遮阳网调节温度。如在冬春低温天气，70%左右的幼苗出土时，在下午 5 时后至第二天上午 8 时前应及时覆盖保温，白天上午 8 时至下午 5 时，揭开覆盖物，以防止徒长产生"高脚苗"。在夏秋高温天气，可在苗床上空搭建遮阳网棚降温。

（2）水分管理　按干湿交替的原则管理水分，力求降低苗床及育苗容器的湿度，防止诱发病害或倒苗。一般出土前至子叶微展，土壤湿度为 $60\% \sim 80\%$，子叶微展后，土壤湿度控制在 60% 左右，以干湿交替结合为佳。在冬春低温阴雨天气，可通过覆盖农膜加温防雨。在夏季高温、暴雨、台风天气，可通过搭建遮阳网、防虫网降温避雨。

（3）养分管理　结合浇水，在苗期追施水肥 $1 \sim 2$ 次。可在破心期后兑水浇施 0.5% 的三元复合肥。

（4）苗期病虫害防治　当子叶完全展开时，要注意预防猝倒病和立枯病。此时期应注重浇水方法，防止土壤湿度过大，发现病苗应喷洒 25% 甲霜灵可湿性粉剂 800 倍液或 75% 百菌清可湿性粉剂 $800 \sim 1\,000$ 倍液。待长至 $2 \sim 3$ 片真叶时应及时定植，在定植前 $3 \sim 4$ 天应进行炼苗。

有条件的地方，越冬、冬春季节可在设施大棚中护根育苗。

高山地区笋瓜夏季护根育苗应注意三点：一是加强防治黄守瓜为害。二是在苗床上方搭建遮阳避雨简易棚，以降低床内温湿度，谨防烧苗。三是因出苗时间相对较短，应及时揭开薄膜，及时去帽，降低苗床湿度，防止徒长产生"高脚苗"。

我国北方日光温室越冬茬西葫芦护根苗管理采用靠接法嫁接育苗。即先用饱满度好的隔年黑籽南瓜作砧木种子，西葫芦作接穗种子。黑籽南瓜比西葫芦提前 2 天浸种催芽，同期播种，待苗龄 $12 \sim 14$ 天后，即可接穗带根靠接嫁接。注意砧木与接穗苗大小相近。通过利用黑籽南瓜嫁接，可提高西葫芦抗寒害冻害能力，以提高产量，并减少一些化肥和农药的使用，降低农资成本。

57. 如何做好露地南瓜、笋瓜、西葫芦标准化生产的土地准备工作？

（1）选地　南瓜、笋瓜、西葫芦根系发达，多数土壤都适宜其生长。一般选择土层深厚、土质疏松、有机质含量高、排灌条件好、pH 中性略偏酸性的壤土或沙壤土为宜。

对于劣势地块，如旱坡地、海边滩涂沙地、内陆旱沙地或石头地，可应用覆膜节水滴灌、自然沙培无土栽培或椰糠基质培无土栽培等新技术改造。

高山地区，应选择土质较好、土层较厚、排灌方便的山坡平缓地或山凹平地，而不是山顶。海拔高度为 500～1 500 米，坡度不超过 30°，以 25°以下为宜，坡向以南、东南、东和西南为好。

（2）整地 园地应在定植前 15～20 天通过耕牛、小农机或大型拖拉机深耕（犁）深耙 2 次以上，接着晒田。要求深翻 30 厘米，翻晒 2 次，耕平整碎园地土块。在水旱粮菜轮作地区，要结合秸秆还田整地。在南方地区，由于土壤普遍偏酸，可每亩撒施石灰 50～100 千克，以使土壤 pH 达到 6.0～6.5，可防止土壤继续酸化，抑制有害真菌、细菌在酸化土壤中生存或过度繁殖，达到预防或减轻病害发生的效果。

（3）基肥施放 整地时，可结合测土配方施肥，施放基肥。以腐熟的猪、牛、鸡粪或堆厩肥为主。每亩施 500～1 000 千克，配以三元复合肥 25～50 千克，饼肥 30 千克，过磷酸钙 40～50 千克，并将这些肥料混在一起堆沤 15 天以上，然后将其 2/3 在园地耕平后全面撒施，1/3 作畦后在种植行上开沟（穴）施入。或每亩施腐熟的猪、牛、鸡粪或堆厩肥 500～1 000 千克，配以三元复合肥 130 千克；或每亩施腐熟的猪、牛、鸡粪或堆厩肥 500～1 000 千克，配以三元复合肥 20 千克，过磷酸钙 50 千克，尿素 40 千克。注意，在施放基肥前，将这些化肥总量的 10% 放入所有猪、牛、鸡粪或堆厩肥内混合，并用薄膜将所有肥料覆盖，待沤熟后，再施入大田作为基肥，以后，根据不同生育期和采摘期，将剩下的 90% 分批多次追施。或者在园地耙平后每亩撒施腐熟基肥 500～1 000 千克，作畦时在种植行植株旁边开沟（穴）施入硫酸钾长效缓释肥（16 - 8 - 18）40～80 千克和喷施微生物酵素菌肥 600 倍液。或作畦时在畦面上每亩施入硫酸钾长效缓释肥（16 - 8 - 18）40～80 千克和"农大哥"牌微生物肥 2.5 千克，挖地耙地深 20 厘米，使肥料均匀混合施用。

（4）土壤消毒　在无公害南瓜生产中，土壤消毒每亩用 40％五氯硝基苯粉剂 3～5 千克，拌细土 10～20 千克撒在沟内防除病害。在绿色食品南瓜生产中，尤其在旱坡地和设施大棚可用 50％氰氨化钙（石灰氮）处理，以克服南瓜连作障碍。结合基肥同时施放。全园用时，每亩撒施氰氨化钙 40～60 千克；只在畦面撒施时，则每亩撒施氰氨化钙 20～40 千克。注意撒施要均匀，或在畦沟内撒施，然后耙地盖土，待 15～25 天后才能移栽护根育苗进行定植。否则，因时间太短，土壤消毒剂会对护根苗产生药害。有条件的地区，可在整地作畦和安装微滴灌管带后覆盖银灰色或黑色农膜，并在定植前少量滴灌水 1～2 次；对沙土地，则灌水量宜稍多，可保持土壤湿润。

（5）起垄作畦　在园地整平并撒施第一次基肥后即可起垄作畦。畦高 30～40 厘米，畦长、宽可根据南瓜属种类和露地、支架、间套混作等种植方式而定。一般南瓜露地爬地栽培按宽 3.9～5.2 米起畦，双行单株种植；印度南瓜露地爬地栽培按宽 3.9 米起畦，双行单株种植；印度南瓜露地支架栽培按宽 0.5～1 米起畦，可单行单株或双行单株搭架种植；美洲南瓜露地栽培按宽 0.4～1 米起畦，可单行单株或双行单株种植。作畦后，在畦面上沿种植行旁边开沟（穴）施入第二次基肥或缓释肥及微生物肥，并将畦面土块整细，呈龟背状。注意在园地周围挖一条环四周的大排水沟，深 30～40 厘米。

（6）地膜覆盖　起垄作畦后，用黑色、银灰色或银黑双色地膜覆盖在畦面种植行上。覆膜时，尽可能选择晴朗无风或微风的天气，地膜要紧贴土面，四周要用土封严盖实，尽量避免农膜破损。

在绿色食品南瓜生产中，由于禁止使用化学合成的除草剂，可用银黑双色农膜将畦垄和沟连在一起覆盖，防止田间杂草生长，可省工省时省成本。

有条件的地区，可在起垄作畦后，在畦面上配套安装膜下节水微滴灌设施系统，再覆盖地膜。

58. 露地南瓜、笋瓜、西葫芦标准化生产如何选择合适的种植密度？

根据不同种类、品种、单双蔓管理、微滴灌设施系统等情况决定合适的种植密度。南瓜，尤其是蜜本南瓜露地爬地栽培的行距为 3.9～5.2 米，株距为 0.5～0.7 米，双行单株种植和相对方向引蔓，每亩定植 450～550 株。

笋瓜露地爬地栽培的行距为 3.9 米，株距 0.5～0.7 米，双行单株种植和相对方向引蔓，每亩定植 480～680 株。笋瓜露地搭架栽培的行距 0.8～1.3 米，株距 0.5～0.7 米，单行单株或双行单株搭架种植，每亩定植 1 200～1 300 株。

西葫芦露地栽培的行距 0.7～1.3 米，株距 0.4～0.6 米，单行单株或双行单株种植，每亩定植 1 700～2 000 株。

利用粮（玉米）菜、果（荔枝、龙眼）菜、林菜高矮不同进行间作、套作的南瓜、笋瓜、西葫芦种植密度可视具体情况而定。如笋瓜与玉米露地爬地间作的行距为 2 米，株距 0.5～0.7 米，单行单株种植。

59. 南瓜、笋瓜、西葫芦标准化生产如何进行追肥管理？

在南瓜、笋瓜、西葫芦标准化生产中，根据测土配方平衡施肥原则，注意施足基肥，合理追肥，针对植株营养和土壤养分状况的变化及时调整施肥方案。追肥时，要根据南瓜、笋瓜、西葫芦不同生育期所需氮、磷、钾的不同而分批进行。一般分别在缓苗期、初花初果期、盛果期多次少量追肥。苗期追肥以氮肥为主，开花结果期追肥不仅需供应充足的氮肥，同时应及时补充磷、钾肥。一般有机肥和磷肥作基肥，氮肥 1/3 作基肥，2/3 作追肥；钾肥 1/3 作追肥。另外，注意追施缺乏的中量、微量元素肥料。

在南瓜缓苗后，可结合浇水进行有机肥追肥，以人粪尿：水为 1：3～4 的淡粪水或沼液追肥，每亩用量 250～300 千克。在开花坐果前，注意防止茎、叶徒长，以免营养生长过旺而影响开花坐果。进入幼瓜坐果期，按每亩追施 1：2 的粪水或沼液 1 000～1 500 千克；或结合浇水，每亩追施尿素 2.5～5 千克，氯化钾或硫酸钾 2.5～5 千克，三元复合肥 10～15 千克。若采收嫩瓜，应在收获后追肥；若采收老熟瓜，后期不追肥。在叶色淡绿、发黄或遇到低温寒害时，可追施 0.1% 磷酸二氢钾等叶面肥。

笋瓜追肥采用促控结合的追肥方法。前期促苗生长，为丰产打下基础，后期促瓜膨大而高产稳产。注意掌握氮肥追肥时间，控制氮肥施用量，以防叶蔓徒长。在营养生长期，结合压蔓，每亩追施三元复合肥 15～20 千克。待坐稳 1～2 个幼瓜时，再追施三元复合肥 15～20 千克；或待坐稳 1～2 个幼瓜后，每亩追施尿素 2.5～5 千克，氯化钾或硫酸钾 2.5～5 千克，三元复合肥 10～15 千克。也可施入少量人粪尿或沼液，以后每隔 10～15 天追施 1 次，连续追肥 1～2 次。头茬瓜采收后，结合浇水，每亩追施尿素 2.5～5 千克，氯化钾或硫酸钾 2.5～5 千克，三元复合肥 10～15 千克。也可施入少量人粪尿或沼液，连续追施 1～2 次。在叶色淡绿、发黄或遇到低温寒害时，可追施 0.1% 磷酸二氢钾等叶面肥。

西葫芦结合浇水、缓苗、分批采收嫩瓜而及时追肥，在整个生育期追肥 3～4 次。一般定植缓苗后，每亩追施人粪尿或沼液

500 千克，或尿素 2.5～5 千克，三元复合肥 5～10 千克。当第一雌花开花后，应及时浇水追肥，每次每亩追施人粪尿或沼液 500 千克，或氯化钾（硫酸钾）2.5～5 千克，三元复合肥 10～15 千克。也可交替使用稀人粪尿、沼液、磷酸二铵、尿素、硫酸钾等，每次用量根据植株长势而定，一般每次每亩施化肥 20～30 千克，稀人粪尿或沼液 500 千克。在叶色淡绿、发黄或遇到低温寒害时，可结合病虫害防治一起追施 0.1% 磷酸二氢钾等叶面肥。注意每次采收嫩果后，应及时追肥。

在高山地区，笋瓜在施足基肥的基础上还要适当追肥，做到少施、勤施。在生长前期，要适度控制氮肥，以防叶蔓徒长。在开花结果期，则重施磷钾肥。一般定植后，可追施提苗肥，每亩浇施腐熟人粪尿或沼液 200～300 千克，尿素 3～5 千克。进入开花结果期，每亩浇施三元复合肥 15～20 千克。采收嫩瓜后，每 10～15 天追肥 1 次，每亩浇施三元复合肥 8～10 千克。

在高山地区，西葫芦缓苗后，每亩浇施腐熟人粪尿或沼液 200～300 千克，尿素 3～5 千克。当第 1 个瓜坐住后，每亩浇施三元复合肥 15～20 千克。在结瓜期追肥 1～2 次，每亩浇施三元复合肥 10～15 千克。以后视植株生长情况，酌情追肥。

采用覆膜节水微滴灌设施系统栽培的，其追肥管理与水分管理同时进行。可考虑在初花初果期、盛果期间每滴数次清水后就滴 1 次三元复合肥营养液，分 2～4 次滴灌追肥。营养液总浓度控制在 0.1～0.3%，即在 10 米^3 水池里加入三元复合肥 10～30 千克。同时，结合病虫害防治和低温寒害一起喷施叶面肥和适宜的农药。

在施基肥后，如果作畦时已开沟（穴）每亩施入硫酸钾缓释肥（16-8-18）40～80 千克和喷施微生物酵素菌肥 600 倍液；或作畦后在畦面上每亩施入硫酸钾缓释肥（16-8-18）40～80 千克和"农大哥"牌微生物肥 2.5 千克；或作畦后在畦面上每亩施入硫酸钾缓释肥（16-8-18）40～80 千克和 50% 氰氨化钙

20～40 千克，则在田间养分管理中可不追施或少追施其他肥料。

在绿色食品南瓜、笋瓜、西葫芦生产中，追施肥料应符合 NY/T 394—2000《绿色食品　肥料使用准则》的要求，化肥必须与有机肥配合施用，有机氮与无机氮之比不超过 1∶1，根外追施的叶面肥里不准含有化学合成的植物生长调节剂。

60. 南瓜、笋瓜、西葫芦标准化生产如何进行水分促控管理？

南瓜、笋瓜、西葫芦的水分管理要根据各地天气、生产实际情况、土壤肥力、土壤墒情和植株不同生育阶段、植株长势情况灵活掌握。可选择浇灌、沟灌、喷灌或滴灌等方式，注意降低田间湿度，通风透光，以减少白粉病等病害发生。移苗定植至成活前，每天上、下午各灌水 1 次。定植至初花期，不宜灌水过多。若苗势弱、叶黄，可结合灌水追施 1～2 次人粪尿或沼液；若土壤肥沃，可不追肥，只灌水；若土壤墒情好，应少灌水或暂时不灌水，以促进地下部根系生长。开花结果前，以控水为主，以防止茎叶徒长和生长过旺，以免营养生长与生殖生长之间发生矛盾而影响开花结果；若发现植株茎叶过度徒长，应加强控水管理，可结合整蔓和摘老叶，减少灌水量或不灌水。进入初果期和盛果期，按"大水大肥"的原则及时追肥灌水。同时，根据土壤墒情灵活调整灌水次数和灌水量。遇到下雨天时，停止灌水，及时排水；遇到长久干旱接着骤雨高温天气时，应及时排水，停止灌水数天，以防止因果实膨大过快而发生裂果。根据不同种类和品种，采收前 7～15 天，停止灌水，以提高果实耐贮运能力。在热带地区和亚热带地区，雨季来临时，应及时采收，以防果实水分过多，不耐贮藏，降低其商品率。

由于高山地区多雨潮湿，南瓜、笋瓜、西葫芦标准化生产中水分管理应以控水和及时排水为主。有条件的地区，应建立一些避雨遮阳网、防虫网等简易设施。

61. 怎样进行露地南瓜、笋瓜、西葫芦标准化生产的植株调整?

在南瓜和笋瓜标准化生产中，植株调整包括留蔓、整枝、打杈、疏花、疏果、定果、摘心等。这些都与品种、种植方式、种植密度有关。整枝必须与密植结合起来，保持一定蔓数，保证合理的功能叶数量和叶面积指数，以提高前期产量和总产量，促进早上市。

南瓜露地爬地栽培的植株调整方法主要分为保留主蔓和苗期摘心，一般对早熟品种，采用密植栽培的，多采用主蔓单蔓式整枝，去除所有侧蔓。对中晚熟品种，可在主蔓长到第 4～5 节时摘心，进行双蔓式整枝或三蔓式整枝，将老叶和其余侧蔓摘除；或主蔓不摘心，选留 1～2 个强壮的侧蔓，去除其余侧蔓。对生长过旺、叶片过密或徒长的植株，应及时摘除多余叶和侧蔓，以改善植株通风透光，预防白粉病等病害发生，促进植株生殖生长和尽早开花，也可减少化瓜现象。当瓜蔓伸长至 0.6 米左右时进行第一次压蔓。以后每隔 0.5～0.7 米压蔓 1 次，先后进行 3～4 次压蔓。注意在压蔓前进行平行引蔓。坐果初期，应每个蔓选留 1 个强壮幼果，然后及时打顶摘心，在瓜后留 2～3 片叶子，将老叶、病叶、侧蔓和多余的花及幼果摘除。当叶、蔓生长出畦垄时，应及时摘除畦垄外的叶和蔓。注意上午 10 时前或下午 4 时后整枝，阴雨和大风天气不整蔓。

南方蜜本南瓜露地爬地栽培的植株调整方式有三种：一是不摘心，选留一主蔓一侧蔓，去除其余侧蔓；二是在主蔓 4～5 节时摘心，保留 2 个强壮的侧蔓，去除其余侧蔓；三是在主蔓 4～5 节时摘心，保留 3 个强壮的侧蔓，去除其余侧蔓。在大田实际生产中，植株调整方式主要为前两种。第三种方式不利于早熟，前期产量和总产量比较低，上市较慢，其商品率受到影响。

笋瓜露地爬地栽培的植株调整方式是在主蔓 4～5 节时摘心，保留 2 个强壮的侧蔓，去除其余侧蔓。其引蔓、压蔓与中国南瓜露地爬地栽培的管理基本相似。

笋瓜露地搭架栽培的植株调整方式主要有两种：一种是种植密度很大的，采取主蔓单蔓式整枝，去除所有侧蔓。当瓜蔓长到 0.5 米左右时，及时按 "S" 形引蔓上架和绑蔓，注意不要绑蔓太紧，不要绑有雌花花蕾的节位。另一种是种植密度稍稀的，采取主蔓长至第 4～5 节位时摘心，选留 2 个强壮侧蔓，去除其余侧蔓。其引蔓、绑蔓和整枝方法与主蔓单蔓式整枝管理方法基本相同。

高山地区笋瓜夏秋季露地爬地栽培的植株调整方式有三种：一是对于第一雌花着生节位高的品种，在主蔓 4～5 节时摘心，选留 2 个强壮侧蔓，去除其余侧蔓；二是对于第 1 雌花着生节位低的品种，在主蔓上的雌花坐果后进行摘心，再选留 2 个强壮侧蔓，去除其余侧蔓；三是采取主蔓单蔓式整枝，苗期不摘心，依靠主蔓的顶端优势早开花早坐果，去除所有侧蔓。以上高山地区三种植株调整方式都要及时整齐引蔓和泥土压蔓，使瓜蔓分布均匀和促进不定根的发生。

矮生西葫芦一般不进行植株调整及整枝打杈。晚熟蔓生型西葫芦的植株调整方式有两种。一是主蔓单蔓式整枝，去除所有侧蔓。二是在主蔓长至第 4～5 节时摘心，选留 2～3 个强壮侧蔓，去除其余侧蔓。露地栽培的蔓生西葫芦要及时引蔓和压蔓，摘除老、病叶和多余的花及幼果。

62. 如何进行露地南瓜、笋瓜、西葫芦标准化生产的中耕除草？

在南瓜、笋瓜、西葫芦露地栽培的整个生育期，由于其定植

株行距较大，杂草容易发生，应及时进行中耕除草 3~4 次。在
生长初期，中耕深度为 3~5 厘米，离根系近处中耕浅些，离根
系远处中耕深一些，以不触动根系为好。同时，注意适当向植株
根部培土，加固加高垄畦，有利排水。随着植株长满地面和封
行，尤其进入高温多雨季节，不宜再中耕，改用人工拔除杂草，
以防止瓜草之间争夺养分及发生病虫害。或在垄沟、畦面上小心
喷施除草剂。注意不要在下雨、大风等天气及靠近植株之处喷施
除草剂，以免发生植株药害。

有条件的地区，可推广畦面覆盖地膜或覆膜节水滴灌技术，
可免除在畦面上中耕除草。同时，在垄沟上小心喷施除草剂或人
工拔草。

在绿色食品南瓜、笋瓜、西葫芦大田生产中，及时中耕除
草，或人工拔草。禁止使用任何化学合成的除草剂。可将畦面与
垄沟连一起覆盖黑色或银黑双色地膜，可免除中耕除草。

63. 怎样进行南瓜、笋瓜、西葫芦标准化生产的人工辅助授粉？

南瓜、笋瓜、西葫芦是雌雄异花授粉的短日照蔬菜，依靠蜜
蜂、蝴蝶等昆虫、风媒介传粉，自然授粉的结果率为 25.9%。
而人工辅助授粉可提高其结果率，尤其是南方地区，南瓜、笋
瓜、西葫芦开花时期多数遇到冬春季低温、阴雨、寡日照或夏秋
季高温多雨天气，可通过人工辅助授粉使其结果率高达 72.6%。
南瓜、笋瓜、西葫芦授粉受精的有效时期是在开花当日清晨 4~
8 小时，因此，露地栽培的人工辅助授粉在晴天或阴天无雨上午
8 时前完成，效果最好。在南瓜、笋瓜摘除第一雌花后，采摘开
放的雄花，用毛笔蘸取雄花粉轻轻涂满在第二个以上开放的雌花
的柱头上，或直接用去掉花瓣的雄花涂抹在第二个以上开放的雌
花的柱头上，然后用报纸或瓜叶覆盖雌花，勿使雨水或露水侵

入，以提高授粉效果。一般 1 朵雄花可授 3~4 朵雌花。有条件的地方，除进行人工授粉外，还可人工放养蜜蜂、熊蜂等蜂类进行昆虫自然授粉，其效果更佳。注意若在冬春季遇到长期低温，且植株没有雄花时，可喷施赤霉素，以促进雄花尽早分化出现；若在夏秋季遇到长期高温，且植株没有雌花时，可喷施乙烯利2 500 倍液，以促进雌花尽早分化出现。打药时，注意不放蜜蜂等益虫授粉。

在南瓜、笋瓜、西葫芦制种留种生产中，摘除第一朵雌花，留第二或第三朵雌花进行人工辅助授粉，且立即套袋，以保证其种性纯度达 100%。同时，不能使用任何植物生长调节剂。

在简易大棚、小拱棚、日光温室等保护地栽培中，由于不通风和昆虫较少，必须进行人工辅助授粉。授粉应在早晨 7~9 时进行，最好不超过上午 10 时。若冬春季长期低温而雄花少或雄花无花粉，可用防落素、番茄素、坐瓜灵等涂抹雌花柱头或瓜柄，以防化瓜。

在高山地区栽培，由于气温相对较低，雄花的花器往往发育不良。应在主蔓长到第 4~5 节时，喷施赤霉素，以尽早促进雄花分化出现。待雄花开放当日，于上午 8 时前进行人工辅助授粉。或不喷施赤霉素，采用 20 毫克/升的 2，4 - D 液或 30~40毫克/升的防落素液涂抹雌花。若人工辅助授粉和植物生长调节剂处理相结合，授粉结瓜效果更好。

64. 如何选留南瓜、笋瓜、西葫芦商品果？

根据不同的栽培方式、种类、品种、植株长势、植株调整方式等选留南瓜、笋瓜、西葫芦的商品果。一般第一雌花结果不宜选留为商品果，应在开花前摘除。确定选留果后，要及时摘心和摘除多余幼果、畸形果，及时整枝，加强果实膨大期肥水管理和病虫害防治。南瓜采收老熟瓜，笋瓜采收嫩瓜或老熟瓜，西葫芦采收嫩瓜。

南瓜，一般选留的商品果应是第 2～3 朵雌花结的果，且生长健壮，无病虫害，果的大小、果形、皮色都符合标准。单蔓式整枝选留 1 个壮果，双蔓式或三蔓式整枝选留 1 蔓 1 壮果，共 2～3 个果。待坐稳果后，及时摘除其余幼果。

在露地爬地栽培中，笋瓜选留商品果要求主蔓在第 2～3 朵雌花上留果，侧蔓在第 2 朵雌花以上留果。一般双蔓式整枝选留 3～4 个壮果，三蔓式整枝选留 4～5 个壮果。注意避免低节位坐果，尽量让生长势强的提前坐果。待坐稳果后，及时摘除畸形果和多余幼果。

在露地搭架栽培中，笋瓜选留商品果要求是第 2～4 朵雌花结的果，每株选留壮果 3～4 个。待坐稳果后，及时摘除畸形果和多余幼果。

在大棚、小拱棚栽培和地膜覆盖栽培中，笋瓜选留商品果要求是主蔓第 2～3 朵雌花结的果。待坐稳果后，摘除畸形果和多余幼果。

西葫芦选留商品果要求分批采收嫩瓜，及时摘除小瓜、尖嘴瓜、细腰瓜、歪把瓜、大肚瓜等畸形果。

65. 大棚笋瓜、西葫芦生产应注意哪些技术要点？

（1）大棚笋瓜生产技术要点

1）整地、施基肥与高垄作畦   经深耕和晒田后，每亩施有机肥 1 000～5 000 千克，三元复合肥 20 千克，氯化钾或硫酸钾 15 千克，尿素 5 千克。然后深沟高垄作畦，覆盖地膜。

2）品种选择   选择抗病性、抗逆性强的早熟品种。

3）播种育苗时间   华北地区小拱棚双膜覆盖栽培的育苗时间为 3 月上中旬，长江中下游地区小拱棚双膜覆盖栽培的育苗时间为 2 月下旬至 3 月上旬，冬暖大棚越冬茬栽培育苗时间为 9 月中下旬，冬暖大棚早春茬栽培的育苗时间为 12 月下旬。

4）浸种　把选好的种子放入 55～60℃ 的水中烫种 15～20 分钟，一边倒水一边用酒精温度计搅拌，然后浸种 1～2 小时。再用 10%磷酸三钠 10 倍液（水温 50℃）浸种 15～20 分钟，洗清沥干水分。

5）催芽　用湿毛巾包好已浸种种子，放入 25～30℃ 恒温箱催芽 36～48 小时，待 70%以上种子露白后即可。

6）配制营养土　过筛园土 6 份，腐熟厩肥 4 份。每立方米营养土还加入腐熟鸡粪 10～15 千克，过磷酸钙 2 千克，三元复合肥 3 千克，50%多菌灵可湿性粉剂 100 千克，充分混匀后沤腐，装入穴盘备用。

7）穴盘育苗　将催芽种子播入 50～100 穴装有营养土的穴盘，每穴 1～2 粒，然后覆土 1.5 厘米厚，浇足水分。根据天气及温度及时覆盖或揭开农膜，以利于出苗，防止出现徒长的"高脚苗"。

在育苗期，注意控制好苗床温度。出苗前以 25～30℃ 为好，出苗后白天以 25℃ 为主，夜间为 15℃ 左右。出苗后，晴天要尽量多见光照，阴雨天要以保温为主。

8）炼苗　当瓜苗 3～5 片真叶时，可进行 3～5 天的适当炼苗。

9）定植　采用搭架栽培方式，行距 1.3～1.4 米，株距 0.48～0.5 米；采用爬地栽培方式，行距 2.1～3.9 米，株距 0.32～0.5 米。

10）田间管理　注意调节和保持大棚、小拱棚温、湿度，及时通风和中耕除草。植株生殖生长期间要定期追肥，以有机肥和钾肥为主，补充叶面肥和中微量元素肥料。同时，及时整枝压蔓或引蔓、绑蔓上架。可采取主蔓长至 4～5 节位时摘心，选留 2 个强壮侧蔓，去除其余侧蔓；或采取主蔓单蔓式整枝，去除所有侧蔓。

由于大棚和小拱棚内受通风限制，蜜蜂等授粉活动少，因此需要加强人工辅助授粉。授粉时间以早晨5～9时为宜。

11）病虫害防治　主要病害是白粉病，可喷施15％三唑酮可湿性粉剂2 500倍液，或熏硫黄粉。

主要虫害是蚜虫。喷施5％除虫菊酯乳油1 000倍液，或5％吡虫啉可湿性粉剂1 500倍液，或3％啶虫脒乳油1 500倍液。注意轮换使用农药。有条件的，可每亩挂黄板15～33块，板间距离3～8米；释放天敌七星瓢虫、异色瓢虫、草蛉等。

12）采收　笋瓜成熟后要及时采收。一般早熟品种授粉后30天成熟，中晚熟品种授粉后35天成熟。以采收嫩瓜为主，单果重1～1.5千克。也有采收老熟瓜，单果重1.5～2.5千克。

（2）大棚西葫芦秋延迟生产技术要点

1）整地、施基肥与高垄作畦　参照大棚笋瓜的方法。垄畦距离与其不同，高15～20厘米，畦面宽70厘米。

2）品种选择　选择耐湿、耐阴、耐低温、抗病性强的早熟品种。

3）播种育苗时间　秋延迟西葫芦的育苗时间为8月底至9月初。西葫芦播种2～3天后，再播种黑籽南瓜。

4）浸种、催芽、配制营养土、穴盘育苗　参照大棚笋瓜的方法。

5）嫁接与管理　西葫芦（接穗）第一片子叶微展为嫁接适期，取其子叶下1.5厘米处，用刀片45°向上削切，深达胚轴1/2～2/3，长度约1厘米。在黑籽南瓜（砧木）叶下0.5～1厘米处用刀片45°向下削一刀，深达胚轴2/5～1/2，长度与接穗相等。通过靠接法，将接穗西葫芦与砧木黑籽南瓜接口相吻合，用嫁接夹夹上固定，并移栽苗床。浇水，盖上农膜和草帘3～4天，再逐渐揭开农膜和草帘。10天后切断西葫芦接口下的胚根。并通风炼苗。

6）定植　选择4～5片叶的健壮瓜苗移栽定植。单行或双行单株定植，株距 50 厘米。每亩种植 1 300~1 700 株。

7）田间管理

①温度管理。定植后温度为 25~30℃。超过 30℃时及时通风。缓苗后温度为 20~25℃。气温下降到 12~15℃时，夜间要盖上草帘。坐稳瓜后，温度控制在 22~28℃。

②水分管理。按不同生育期，及时灌水。在根瓜未坐稳之前慎灌水，避免浇灌或滴灌大水。在瓜膨大期，要大水浇灌或滴灌。

③肥料管理。及时追肥，补充叶面肥和微量元素肥料。缓苗期，每亩追施磷酸二氢铵 10~15 千克。采收后，每亩及时浇施水肥磷酸二氢铵 10 千克。及时喷施 0.2% 磷酸二氢钾和 2.2% 尿素混合液 2~3 次。

④授粉与植株调整。通过释放蜜蜂授粉；或雌花开放初期，为了保花保果，用 15~30 毫克/千克 2,4 - D 蘸花；或上午 8 时前人工授粉。同时，清除老叶、病叶、病果、畸形果和侧芽。

8）病虫害防治　前期主要病害是病毒病，中后期发生灰霉病、白粉病、绵腐病、菌核病。可用 2% 宁南霉素水剂 200~260 倍液，或 20% 吗啉胍（病毒 A）可湿性粉剂 500 倍液＋混合脂肪酸（83 增抗剂）100 倍液防治病毒病；用熏硫黄粉或喷施 50% 醚菌酯（翠贝）水分散粒剂 3 000 倍液防治白粉病；用 50% 腐霉利（速克灵）可湿性粉剂 1 500 倍液防治灰霉病和菌核病；用 50% 烯酰吗啉（安克）可湿性粉剂 1 500 倍液或 50% 异菌脲（扑海因）可湿性粉剂 800 倍液，或 72.2% 霜霉威（普力克）水剂 700~800 倍液防治绵腐病。同时，注意加大通风量排出湿气，降低大棚湿度。

主要虫害是蚜虫、白粉虱。喷施 5% 吡虫啉可湿性粉剂 1 500 倍液，或 3% 啶虫脒乳油 1 500 倍液。注意轮换使用农药。有条件的，可每亩挂黄板 15~33 块，板间距离 3~8 米；释放天敌七星瓢虫、异色瓢虫、草蛉、丽蚜小蜂等。

9）采收　分批采收西葫芦嫩瓜。一般单瓜达到 0.25~0.5

千克应及时收获。

66. 怎样科学采收南瓜、笋瓜、西葫芦?

南瓜、笋瓜、西葫芦采收　露地栽培的南瓜,嫩瓜和老熟瓜均可采收。嫩瓜在花谢后 15~20 天即可采收。采收时,注意不损伤叶蔓,以免影响后期生长。采收后,及时加强田间肥水管理,促进植株继续开花结果,以分批再采收。老熟瓜在花谢后 35~50 天采收;制种留种瓜在花谢后 60~80 天采收。一般通过观察瓜皮蜡粉增厚、表皮变硬、皮色由绿色转变为黄色或棕褐色、用指甲轻轻刻画表皮时不易破裂等现象来推断老瓜成熟。注意采收前 5~7 天不要灌水,要在数日晴天或阴天无雨上午 10 时前或下午 3 时后采收,用剪刀或刀片等从果柄处将瓜剪下,让瓜蒂处留下 3~4 厘米长的果柄,小心搬运,集中堆放,避免发生瓜表皮机械损伤。若遇到烈日,要将采收果实覆盖或放在阴凉处。

与粮食(玉米)、果树、林木间套作的南瓜,嫩瓜采收时间为授粉后 10~15 天,单果重 0.5 千克左右,老熟瓜采收时间为坐瓜后 35~55 天。

南方蜜本南瓜比较耐贮运,一般采收老熟瓜,在谢花 60 天左右,果皮变硬,表皮变黄色或棕褐色时采收。制种留种蜜本南瓜的采收时间为 60~80 天。

露地爬地栽培的笋瓜嫩瓜,在开花后 15~20 天即可采收,以利于植株后期结果和增产;其老熟瓜应在谢花后 35~50 天,瓜柄木质化,果皮硬化,表皮完全转变为红色、橙黄色、橘红色、绿色或墨绿色时采收。采收时间为数日晴天或阴天无雨上午 10 时以前或下午 3 时以后。注意尽可能避免瓜表皮机械损伤。

露地搭架栽培的笋瓜,以采收老熟瓜为主,一般在谢花后 35~45 天即可成熟。华北地区在 7 月上中旬采收,长江中下游地区在 6 月下旬至 7 月上旬采收，热带与亚热带地区在 12 月至翌年 4 月采收。

北方设施大棚、小拱棚等保护地栽培的笋瓜要适当早摘根瓜，一般可在授粉后 17～20 天采收，以确保笋瓜优质高产。

高山地区露地栽培的笋瓜，采收嫩瓜和老熟瓜。在授粉后 15～18 天采收嫩瓜，在谢花后 35～50 天采收老熟瓜。老熟瓜标准为表皮蜡粉增多，皮色完全转变为红色、黄色、橘红色、绿色或墨绿色，果皮变硬，瓜柄变黄。

露地春茬栽培的西葫芦应适时分批采收嫩瓜，避免过晚采收和漏摘。第一个瓜 0.25 千克左右时采摘，以后分批采收 0.5～1 千克的嫩瓜。对长势强的植株，可适当延晚采收大瓜；对长势弱的植株，应提早采收小瓜。一般采收时间为早晨。注意用包装纸（网袋）包好后装筐（箱），小心搬运，避免瓜表皮机械损伤。

简易大棚、小拱棚春茬栽培，日光温室越冬茬栽培的西葫芦，应在第一个瓜长到 250 克左右采收。以后，开花后 7～10 天即可采收嫩瓜。分批采收的瓜重达 250～500 克，不宜超过 500 克，否则瓜品质下降，影响植株生长，引起化瓜和坠秧。

高山地区露地栽培的西葫芦采收嫩瓜，在开花后 10 天即可采收上市。做到适时早采，以利于后继结果，促进果实膨大。

采收前 15 天，可用 5% 氨基寡糖素水剂 1 000 倍液喷施南瓜、笋瓜、西葫芦的果实表面，可降解或减轻农药残留，并提高果实保鲜和耐贮藏水平。

南瓜、笋瓜老熟瓜采收后，宜在 24～27℃温度下预贮 14 天左右，使果皮硬化，果柄切口愈合，防止病菌侵入感染，减少贮藏中出现烂果。然后正式贮藏。

第六章　丝瓜标准化生产关键技术

67. 丝瓜的植物学性状有哪些特点？

丝瓜为葫芦科丝瓜属一年生攀缘性草本植物。其嫩果营养丰富，是南方主要蔬菜种类之一。

丝瓜根系发达，主根正常时入土深度可达 50～100 厘米，须根也多，一般分布在 20～30 厘米的土层中，耐湿，吸收能力强。叶为掌状裂叶或心脏形叶，互生，深绿色，被茸毛，叶脉明显，宽 30～35 厘米，长 23～28 厘米，光合作用强盛。茎蔓性，五角棱形，绿色，密被茸毛，茎节具分枝卷须，主蔓长 4～5 米，有的长 10 米以上，生长势旺盛，分枝能力极强，每节腋芽均可抽发侧蔓。

丝瓜花腋生，雌雄同株异花，靠昆虫授粉，故丝瓜属于异花授粉作物。一般先发生雄花，后发生雌花。雄花为总状花序，黄色，自第一雄花出现后，每个叶腋都能着生雄花。雌花单生，主蔓第一雌花着生的节位，因品种和栽培季节不同而异，正常情况下，主蔓在 10 节左右开始出现雌花，自第一雌花出现后，以后每节都能着生雌花。

丝瓜以果棱有无分为普通丝瓜和有棱丝瓜两个栽培种。普通丝瓜学名 *Luffa cylindrical* Roem.，别名蛮瓜、水瓜。植株生长期长，生长势旺盛，果实形状有短圆柱形和长圆柱形，表面有数条墨绿色纵纹，无棱，个别品种表皮起皱褶，皮乳黄色。种皮较薄，表面平滑，有翅状边缘，灰白色或黑色，千粒重 80～100克。我国以长江流域和长江以北各地栽培较多。

有棱丝瓜学名 *Luffa acutangula* Roxb.，别名棱角丝瓜或胜瓜。植株生长期较短，生长势稍弱，果实具 9～11 棱，淡绿至墨绿色。种皮厚，表面有网纹，黑色，千粒重 120～180 克。主要在华南地区栽培。

68. 丝瓜的生育阶段怎么划分？

丝瓜的全生育期可分为发芽期、幼苗期、抽蔓期、初花坐果期、盛果期、衰老期等 6 个时期。丝瓜整个生长发育过程的长短，随品种、栽培季节、气候条件不同而异。

（1）种子发芽期　自种子萌动至第一对真叶展开为种子发芽期，约需 5～10 天。丝瓜种皮较厚，还有蜡质，出芽较为困难，宜用温水浸种后再催芽。

（2）幼苗期　从第一片真叶出现到植株长到 4～5 片叶为幼苗期，此期为产量形成的基础时期，此时花芽已开始分化，环境条件的好坏对雌花分化的早晚、数量的多少及雌花质量等都有影响。在正常条件下，15～25 天可完成幼苗期。

（3）抽蔓期　开始抽出卷须至植株现蕾为抽蔓期。这一阶段是由营养生长向生殖生长转折的过渡期。抽蔓期开始，节间逐渐伸长，从直立生长变为匍匐生长，一般约需 20 天。如幼苗期低温短日照，或是早熟品种，其现蕾的节位低，抽蔓期较短，约需10 天。

（4）初花坐果期　从现蕾到瓜条坐住，需 10～20 天。

（5）盛果期　丝瓜初次采收 7 天后，即进入盛果期，一般为50～70 天。普通丝瓜采收期长，如管理得当，结果盛期可达 5～6 个月。

（6）衰老期　盛果期过后直至拉秧为衰老期，一般 1～2

个月。

69. 丝瓜标准化生产对环境条件有怎样的要求？

为了获得丝瓜的高产、优质，应根据品种的特征特性，选择适宜的生产条件，主要为光照、温度、水分、土壤条件等方面。

（1）光照　丝瓜属短日照植物，对日照的长短反应较为敏感，但与品种特性的关系较大。有些品种对日照的反应比较敏感，即对短日照要求比较严格，如双青丝瓜、绿旺丝瓜、乌耳丝瓜等，要有 10 天以上的短日照处理才明显地促进发育；有些品种对日照长短的反应不敏感，即对短日照要求不严格，如夏棠 1 号丝瓜、夏优丝瓜等，比较适宜夏季栽培。

短日照、较低温度可促进雌花的花芽分化，而长日照、较高气温会导致茎叶生长过旺或徒长，延迟开花，减少结果。但不同品种对日照长短的要求不同，春丝瓜品种要求比较严格，夏丝瓜品种要求则不很严格。植株在短日照下发育快，长日照下发育慢。短日照不但能促进发育，而且能降低雄花和雌花的着生节位，甚至诱导植株先发生雌花；长日照往往导致雌花和雄花着生节位都提高。一般丝瓜抽蔓前需要短日照和稍高温度，以促使茎叶生长和雌花分化，开花结果期则需要较高温度和长日照或强光照，以促进营养生长和开花结果。因此，要选择合适的播种期，以使光照和温度条件适合某一个品种的生长发育。

（2）温度　丝瓜是喜温且耐热的蔬菜。种子的发芽适温为 30～35℃，20℃以下发芽缓慢，13℃以下发芽困难。在 25℃左右，约 20 天便可长成具有 4～5 片真叶的幼苗，如在 15℃左右则需 30 天。茎叶生长和开花结果要求的温度较高，适宜温度为 25～30℃。30℃以上也能正常生长发育，但超过 35℃时会影响植株的生长发育。15℃时生长缓慢，13℃时植株停止生长，10℃

以下受寒害。

（3）水分　丝瓜幼苗期需水较少。抽蔓和开花结果期需要较多的水分，土壤以潮湿为宜。丝瓜是瓜类蔬菜中最耐潮湿的种类，大水淹之后仍可健壮生长，但连续大雨天气、水浸时间过长、土壤空气不足，均会影响根系的生长而引发病害。在光照充足、气候温暖的条件下，较高的空气湿度和充足的土壤水分条件有利于丝瓜旺盛生长。

（4）土壤条件　丝瓜对土壤的适应性较广，从沙壤土到黏性土壤均可。一般以在肥沃疏松、保水保肥力强的壤土上生长良好，产量高。丝瓜对肥料的要求较高，如果有机肥充足，植株生长粗壮，茎叶繁茂，开花结果就多，瓜条肥大，品质好。特别是开花结果期，如果肥水不足，则植株衰弱，花果就少，果实也小，甚至带有苦味，品质下降。

70. 丝瓜有哪些食用营养与药用价值?

丝瓜色泽翠绿，清香甘甜，含有蛋白质、淀粉、钙、磷、铁和胡萝卜素、维生素 C 等。在药性方面，丝瓜性味甘平而偏凉，有清暑凉血、解毒通便、祛风化痰、润肌美容、通经络、行血脉、下乳汁、杀虫等功效。丝瓜一身皆宝，其络、籽、藤、叶均可入药。丝瓜籽具轻泻作用，临床主要用作驱蛔。丝瓜叶中含皂苷，性味苦酸、微寒，有清热解毒、止咳祛痰、清暑、止血等功效。丝瓜络性味甘平，具通经活络，清热化痰作用，常用于治疗气血阻滞的胸胁疼痛、乳痈肿痛等症。丝瓜藤茎的汁液具有活血美容、祛痘去毒、消斑嫩肤等功能。

71. 丝瓜可分为几种类型?

供蔬菜用的丝瓜，在植物学上有两个种，即普通丝瓜和有棱丝瓜。

（1）普通丝瓜 果实为圆筒形，嫩果有密毛，无棱，皮光滑或具细皱纹，肉细嫩。按果实性状可分为三类：

1）长圆筒型 果实长棒形，长50厘米以上，横径4～6厘米，绿色或墨绿色。如南京长丝瓜、武汉白玉霜、各地线丝瓜等。

2）中圆筒型 果实长30～50厘米，横径5～6厘米，果皮有条纹，白绿、青绿或墨绿色。如湖南肉丝瓜、浙江青柄白肚丝瓜等。

3）短圆筒型 果实长15～30厘米，横径5～6厘米，果皮有条纹，绿或浓绿色。如上海香丝瓜、四川胖头丝瓜等。

（2）有棱丝瓜 华南地区特产蔬菜之一，栽培已有100余年历史。果实棒形，有明显的棱角。按果实性状可分为两类：

1）长棒形 果实长棒形，长50厘米以上，横径3.5～5.0厘米，绿色或墨绿色。

2）短棒形 果实长30～50厘米，横径4～6厘米，白绿或青绿色。

72. 丝瓜标准化生产有哪些优良品种？

（1）普通丝瓜

1）南京长丝瓜 又名蛇形丝瓜，瓜长133～167厘米，最长可达233厘米，上端直径3.3厘米，下端直径5厘米，绿色。果肉柔嫩，纤维少，品质好。蔓长133～167厘米，7～8节开始着生一雌花，以后每节着生雌花。每亩产量3 000千克左右。

2）上海香丝瓜 为早熟种，瓜长26～30厘米，果实为圆柱形。肉厚有弹性。果皮淡绿色，并有黑色斑点。果实有香味，品质佳。每亩产量2 000千克。

3）湖南肉丝瓜 分枝力强。叶浓绿色，掌状5裂或7裂。

20 节左右着生第一雌花。果实圆筒形，两端略粗，长 30～50 厘米，横径 6.7～10 厘米，花痕大而凸出，单瓜重 0.25～0.5 千克。肉质肥嫩，纤维少，耐老，品质好。每亩产量约 3 000 千克。

4）白玉霜　分枝力强，叶掌状分裂。15～20 节着生第一雌花。瓜长 60～70 厘米，直径 5.5 厘米。果皮淡绿色，并有白色斑纹，果面密布皱纹。皮薄，肉乳白色。单瓜重 0.25～0.5 千克。耐涝、耐热、耐老，不甚耐旱。品质好。

5）青柄白肚　叶子缺刻不深。果实棒形，长 27～33 厘米。果实梗端 6～7 厘米及花冠附近为淡绿色，其余部分为乳白色，故名白肚。果面光滑而有光泽。肉质柔嫩，不易粗老，早熟。

6）合川丝瓜　又名湖皱丝瓜、胖头丝瓜。果实圆柱形，长 16～25 厘米，直径 5～8 厘米。两端钝圆。果皮深绿色，具有皱皮的线状及点状突起。单瓜重 300 克。果肉厚，味甜，不易老。采收期长。

7）短度水瓜　广州农家品种。植株蔓生，侧蔓多。叶长 21 厘米，宽 15～20 厘米，绿色。果实长 25 厘米，横径 5.5 厘米，浅绿色，有深绿色条纹，肉厚 1.4 厘米，白色。单瓜重 500 克。播种至初收 80～90 天，延续采收约 150 天，生长势强，丰产。耐高温多雨，不耐贮运，肉厚，品质中等。

8）翡翠 2 号丝瓜　武汉市汉龙种苗有限责任公司育成。特早熟，前期产量高，果长 45 厘米左右，横径 4 厘米左右，单瓜重 300 克左右，每亩产量 4 500 千克左右。春保护地早熟栽培一般 1～2 月播种，适于大棚密植栽培。

9）亚华丰香　湖南湘研辣椒种业选育。特早熟，5～6 节结瓜，一节一瓜，瓜长 23～25 厘米，果粗 6～7 厘米，瓜条匀直，短棒形，表皮白色，瓜蒂部分略有绿晕，有白色茸毛，商品外观性好。肉质嫩脆，味微甜，有瓜香，好去皮。适应性强，耐寒、耐热性好，长江流域早春保护地栽培和露地大田生产。

10）兴蔬早佳 湖南省兴蔬种业有限公司选育。特早熟，第一雌花节位 8 节左右，坐果能力特强，绿色带微皱，瓜长 32 厘米左右，横径 6 厘米左右，单瓜重约 420 克。花蒂保存时间长，商品性好。适于早熟栽培。

（2）有棱丝瓜

1）乌耳丝瓜 引自广州地方品种。叶浓绿色，主蔓第 8～12 节着生第一雌花。瓜长棒形，长 40 厘米，横径 4.2 厘米。瓜皮浓绿色，具 10 棱，棱边深绿色。肉白色。单瓜重约 250 克。皮稍薄，皱较少，较耐运输，品质好。适于春、秋两季栽培。

2）春丰丝瓜 深圳市农业科学研究中心蔬菜技术应用研究所育成的新品种。植株蔓生，叶片较大，侧蔓较多，生长势中等。主蔓第 11～15 节着生第一雌花，以后各节能连续发生雌花。瓜长棒形，适收时瓜长 50～60 厘米，横径约 4 厘米，上下部大小均匀，有 10 棱，皮色深绿，单瓜重 300 克左右。肉白色，质地细嫩，风味佳，品质优良。早熟，前期产量高，春播播种至初收 45～50 天，延续采收 46 天以上，亩产 1 500～3 000 千克。适应性特别是耐寒性和抗病性强，为短日照品种。

3）夏选丝瓜 深圳市农业科学研究中心蔬菜技术应用研究所育成的新品种。植株蔓生，分枝力较强，生长势中等。叶片大，心脏形。夏秋播主蔓第 17～18 节开始着生雌花。瓜长棒形，上下部大小均匀，长约 50 厘米，横径 4.5 厘米。单瓜重 250 克左右，有 10 棱，皮色青绿，肉白色，厚而柔嫩，品质优，耐热和抗病性强，对短日照要求不严格，在长日照的夏季仍能较早发生雌花。宜作夏秋品种。播种至初收 37～40 天，延续采收 40 天。亩产 1 500～2 500 千克。具有良好的早熟性和丰产性。

4）双青丝瓜 广州农家品种。植株蔓生，主蔓长 500 厘米。叶长 21 厘米，宽 18 厘米，绿色。主蔓第 7～10 节着生第 1 雌花。瓜长 50 厘米，横径 4～5 厘米，青绿色，具 10 棱，棱墨绿色，肉白色，瓜长棒形，顶部稍粗，瓜蒂略细。单瓜重 250～

300 克。早熟，播种至初收 50～70 天，延续采收 40～50 天，生长势强，主蔓结果为主。亩产 2 000 千克左右。肉质柔滑，味道微甜，品质优良。较耐寒，耐热性较差，适于作春播。

5）夏棠 1 号丝瓜 华南农业大学园艺系育成。植株蔓生，侧蔓少而短，以主蔓结果为主。叶长 25 厘米，宽 22 厘米，深绿色。主蔓第 10～12 节着生第一雌花。果实长 55～65 厘米，横径 5.5～6 厘米，青绿色，具 10 棱，棱墨绿色，单瓜重 500～600 克。肉质致密，味甜，品质优。早熟，播种至初收 35～45 天，延续采收 70～90 天，亩产 2 000 千克左右。生长发育对日照长短反应不敏感，适应性广，耐热，抗角斑病和白粉病，不抗霜霉病，耐贮运。适于夏季播种。

6）天河夏丝瓜 原广东省农业科学院经济作物研究所育成。主蔓长 400～500 厘米，以主蔓结果为主。叶长 24 厘米，宽 22 厘米，深绿色。主蔓第 10～13 节开始着生雌花。瓜长 55～70 厘米，横径 5～5.5 厘米，深绿色，肉厚 0.7 厘米，纤维少，品质好，单瓜重 350～450 克。早中熟，播种至初收 35～40 天，延续采收 35～40 天，亩产 2 000 千克左右。适应性广，耐热、耐湿性强，抗角斑病和白粉病，耐贮运。

7）雅绿 1 号丝瓜 广东省农业科学院蔬菜研究所育成的新品种。早熟，高产，优质，抗病。以主蔓结瓜为主，第一雌花节位低，结瓜容易，平均单株结瓜 4～5 条。瓜长约 60 厘米，横径 4.5～5.5 厘米，头尾匀称，皮色绿，棱色乌，瓜身柔软，纤维少，味甜，品质好，单瓜重 350 克。播种至初收 35～45 天，亩产 3 500 千克左右。适宜播种期为 3～8 月份。

8）丰抗丝瓜 广东省农业科学院蔬菜研究所育成的新品种。瓜长约 60 厘米，横径 5 厘米，皮色绿，棱墨绿，单瓜重 500 克。结瓜多，抗病力强，耐性好，产量高，品质好。适宜播种期为 1～5 月份、7～8 月份。播种至初收 48 天，夏植 38 天，亩产约 3 500 千克。

9）绿旺　广州市蔬菜科学研究所育成。主蔓长 4～6 米，叶长 24 厘米，宽 28 厘米，绿色。春播主蔓第 7～10 节着生第一雌花，果实长 60 厘米，横径 4.5 厘米，绿色，有 10 棱，棱墨绿色，单瓜重 350～500 克，早熟，播种至初收约 60 天，延续采收 70～80 天。秋植播种至初收约 45 天，延续采收 25～40 天。较抗旱，纤维少，品质好。

10）泰选丝瓜　海南省农业科学院蔬菜研究所引进选育的新品种。植株生长势旺，主侧蔓均可结瓜，果实长 30～40 厘米，横径 5.5～6.5 厘米，白绿色。单果重 200～300 克，中熟，耐寒，耐贮运。商品性极佳，特别适合北运内陆市场。亩产可达 2 500 千克以上。

73. 丝瓜标准化生产的主要季节和生产方式有哪些？

丝瓜在华南地区一年四季均可栽培。利用冬春季节温暖的气候，丝瓜可露地栽培，播种时间一般为 11 月至翌年 2 月，产品主要北运和销往港澳地区；夏秋丝瓜于 3～9 月播种，产品以本地市场为主，是重要的夏季蔬菜。

长江流域和以北地区的露地丝瓜，生产季节一般为 4～10 月，近年该地区采用塑料大棚、日光温棚等进行保护地早春栽培，播种期为 2～3 月，产品以"三北"（东北、华北、西北地区）和本地市场为主。

74. 丝瓜标准化生产为什么要护根育苗？

（1）丝瓜根系分布浅　丝瓜大部分根系分布于 20 厘米表层土壤中，根系呼吸能力强，需要氧气多。采用护根苗定植，且配合浅栽和中耕松土，能增加土壤中的气体，促进根系生长。

（2）根系再生能力差　丝瓜根系的形成层易老化，并且木栓时间早、程度强，受损伤后不易恢复，很难生出新根，因此丝瓜是不太耐移植的蔬菜。丝瓜幼苗期不宜过长，且必须采取护根措施（如纸袋育苗、营养钵育苗、穴盘育苗等），使根系不受损伤，提高成活率，缩短缓苗期。

（3）伤根后易引发病害　丝瓜根系柔弱，易感病害，生理性病害有锈根、沤根等，侵染性病害有枯萎病和细菌性病害等。采用护根苗定植，可减少伤根，减轻病害。

75. 如何做好露地丝瓜标准化生产的土地准备工作？

丝瓜耐肥而不耐瘠，耐湿而不耐旱，宜选择排灌方便、肥沃疏松的沙壤土到黏壤土种植。

选地后即进行犁翻晒白，然后耙碎整细，整地时需施足基肥，一般每亩施腐熟农家肥 1 000～2 000 千克，混入过磷酸钙 30～50 千克堆沤约 7～10 天后，再加复合肥 20～30 千克，散施或沟施作为基肥。注意沟施时，要与沟土混匀，并在覆土后才播种或移植。丝瓜不耐寒，冬春季最好用地膜覆盖栽培，覆膜时，尽可能选晴天无风的天气，地膜要紧贴土面，四周要封严盖实。

76. 丝瓜标准化生产对养分需求有哪些特点？怎样进行追肥？

丝瓜茎叶生长茂盛，生育期长，具有多次结果、多次采收的特性。为保证高产稳产，应有充足的肥水供应以，氮磷钾三元复合肥、肥效长的猪牛粪及各种农家肥为好。但丝瓜容易徒长，生长前期应避免偏施氮肥，通常在坐果后加强追肥。总之，在施足基肥的基础上，还应根据生育期进行追肥。丝瓜的追肥要结合不同季节和不同生育期，同时考虑不同土壤情况进行合理追肥。冬春丝瓜在第一雌花出现时，第一次追肥，每亩施复合肥 40 千克或腐熟的猪牛鸡粪 400～500 千克，并结合松土培土进行。采收1～2 次后再追肥 1 次，以后根据植株的长势情况进行追肥。开花结果期营养生长和生殖生长同时进行，需肥需水量大，因此要及时灌溉，保持土壤湿润，以利于丝瓜吸收养分。结果期每隔5～7 天追施复合肥 10 千克、钾肥 5 千克，以促进瓜条肥大，延长结果期。夏丝瓜容易徒长，前期少施肥，初开花时结合培土施肥 1 次，每亩用花生麸 30 千克。到开花结果期重追肥 1 次，每亩用复合肥 30 千克。到采收期每采收 2～3 次追肥 1 次，每次每亩用复合肥 15 千克、钾肥 5 千克。

77. 丝瓜标准化生产对水分需求有哪些特点？怎样进行水分促控管理？

丝瓜喜湿，茎叶生长量大，需水量也大。冬春丝瓜生长前期气温较低，应适当控制水分，以提高幼苗的抗寒能力。必须淋水时，应选在晴天中午前后进行，以利保温。开花结果期需水量大，必须确保充足的水分供应，土壤水分以 90% 左右为宜。水分供应必须均匀一致，否则瓜条粗细不匀。夏秋丝瓜处在气温高、蒸发量大的环境中，应加强浇水和灌水，以调节温度和湿度。前期以浇为主，即以清水浇足淋透。瓜蔓满架后，可采取沟灌的方法，以保持土壤湿润。在雨季则要及时做好排水工作，以免积水使畦面过湿而引起烂根发病。

78. 露地丝瓜标准化生产有哪几种搭架方式？

当丝瓜幼苗长到 20 厘米时，需进行搭架引蔓。搭架的方式有平棚架和"人"字架两种。平棚架通风透光好，结瓜多，产量高。平棚架又分连栋平棚架（图5）和分栋平棚架（图6）。连栋平棚架一般是在瓜行中，每隔3～4米竖1木桩，上面用小竹子、小木棍或尼龙网等将整块田的木桩连成一片，棚顶离地面约2米左右；分栋平棚架一般以两行瓜为一个棚，棚高1.5～2米。分栋平棚架植株受光面积大，通风透光良好，方便管理，比连栋平棚架好。另外，在生产中也普遍采用"人"字形支架（图7）。不管是连栋平棚架，或是分栋平棚架，还是人字架，搭架都要力求牢固，以免风吹倒塌而损伤瓜苗，影响产量。

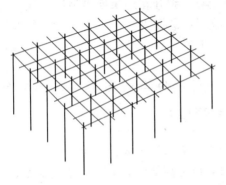

图5　连栋平棚架

图6　分栋平棚架

图7　"人"字架

79. 如何进行露地丝瓜标准化生产的中耕除草？

露地栽培丝瓜，要从苗期开始进行中耕、除草、培土，以防止根际土壤板结。一般在定植浇过缓苗水后，待表土稍干不发黏时进行第一次中耕，如果遇大风天气或土壤过于干旱，则可重浇一次水后再中耕。第二次中耕，可在第一次中耕后10～15天进行，这次中耕要注意保护新根，宜浅不宜深。每次中耕可结合施一些优质农家肥，如花生麸、腐熟猪、牛、鸡粪等。搭架后，当瓜蔓伸长达50厘米以上时，根系基本布满全行间，一般就不宜再中耕了。但要注意及时拔除杂草，防止杂草丛生，以改善田间通风透光条件和减轻病虫害。在第一次中耕时，若发现缺苗或弱病苗，要及时补栽，以保全苗。

80. 怎样进行露地丝瓜标准化生产的疏雄、除须、整蔓摘心？

合理的疏雄除须可增加坐果率，增加单瓜重，从而达到增产的目的。

（1）疏雄　丝瓜是异花授粉作物。雌花为单花，一花一果，从现蕾到果实成熟仅需15天左右。而雄花为无限生长的总状花序，花序长达30～50厘米，每个花序可开放20～35朵单花，每个植株的雄花序总数往往多于雌花数，雄花整个花序花期达30天以上，其授粉能力大大超过了雌花所需授粉量。甚至50天，每一个雄花序的生育期相当于雌花开花结果时间的3～4倍，会消耗大量养分。如果把多余的雄花序尽早去除，可节省大量养分，保证雌花结果的需要。

疏雄方法：从现蕾开始把雄花序尽早除去，一般原则是除去80%，即在丝瓜的条形种植行中，隔1行把所有的雄花序全部去除，在保留雄花序的 1 行中，仅保留 40%，其余 60% 去除。

（2）除须 卷须起攀附作用。从卷须开始出现，逐步长粗直至纤维化，约需 2 个月以上的生育期，至卷须枯萎则需要更长时间，会消耗大量养分。如能通过绑缚瓜蔓，引蔓上架，固定枝蔓，则卷须的生理功能完全可以被人工绑缚所代替。且人工绑缚可使枝蔓在支架上的摆布比卷须自然攀附更合理，更有利于光合作用、授粉结实和病虫防治。

除须方法：在丝瓜引蔓初期，采用边绑缚边除须的方法，待枝蔓延伸至丝瓜棚面后，则通过枝蔓整理将蔓固定在棚面上，随时可除去卷须。

（3）整蔓摘心 主要应用于大棚栽培，达到提早上市的目的。选用适宜的早熟品种，适当密植，每亩栽 2 000～2 500 株。及时引蔓上架，主蔓上初见幼瓜时，及时在幼瓜以上留 3～4 叶打顶，以换新蔓上架，并打掉侧枝。在新蔓上架到棚顶时，可及时摘除基部老叶，回蔓 70% 于地面，再绑蔓上架。

81. 怎样进行丝瓜标准化生产的人工辅助授粉？

丝瓜属雌雄同株异花植物。冬春季栽培丝瓜，棚架内温度低、空气流动差，传粉昆虫少，因此自然授粉比较困难。为了提高坐果率和促进果实膨大，必须加强人工辅助授粉。人工授粉可结合喷施叶面肥如磷酸二氢钾、花果多等，以提高授粉效果。普通丝瓜于早上 7：00～9：00，有棱丝瓜在下午 5：00～7：00，取当日开放的雄花进行授粉。丝瓜开花时，要尽量减少使用农药，以免影响传粉效果。

82. 怎样减少丝瓜弯瓜？

弯瓜是影响丝瓜商品性的突出问题。弯瓜一般只能作次品卖出，对经济效益影响较大。为了减少弯瓜，可采用如下办法：

（1）选择适宜的品种。一般瓜条越长，弯瓜就会越多，因此应根据市场需求，尽量选用瓜条短些的品种。

（2）丝瓜开花坐果后，幼果常会受到瓜架、卷须、瓜蔓、叶柄等的影响而容易弯曲畸形。因此，要及时理瓜，清除影响幼瓜生长的卷须、叶片等，使幼瓜有充足的空间生长。

（3）当瓜长约 20～30 厘米时，注意吊瓜，人工拉直瓜条。

83. 丝瓜大棚标准化生产的技术要点有哪些？

（1）品种选择　选择早熟、丰产、耐低温、耐热、抗逆性强、耐弱光品种，如白玉霜、长沙肉丝瓜、北京棒丝瓜等。

（2）温度管理　定植后要注意对温度的严格管理。首先要闭棚提高温度，一般温度达到 35℃以上再适当放风，以提温、保湿、促进缓苗。若定植时温度偏低，夜间要加盖小拱棚，白天当温度合适之后，再适时揭除小拱棚。当植株缓苗后，适当降低温度，以白天 20～30℃、夜间 13～15℃为宜。随着外界温度的升高，为保持棚内适温要逐渐加大放风量，当外界最低温度为 13℃时可以昼夜放风。夏季可以将棚膜撤掉进行越夏生长，秋季也可在外界最低温度低于 13℃时再将棚膜盖上，进行秋延后生产。

（3）水分管理　定植时的定植水要浇透，若定植水浇得少，定植后可逐沟再浇 1 次水。当定植 5～7 天植株心叶开始生长后，标志着缓苗已结束，此时选择晴天的上午浇 1 次缓苗水，尔后进行中耕蹲苗。当植株雌花出现且开花时，结束蹲苗，浇 1 次水，以后进入正常的水分管理。温度低时，放风减少，浇水间隔时间为 5～7 天；当外界温度升高，进入盛瓜期，每 2～3 天浇 1 次水，每次可加大灌水量。若进行秋延后生产，在外界温度降低时，减少浇水次数和灌水量。

（4）追肥　根据基肥施入量和植株生长情况，一般从定植到植株抽蔓期基本不追肥。若基肥不足，在植株蔓长 50～60 厘米时结合盘条可适当追肥。当雌花坐果后，瓜长至 10～15 厘米长时，开始追肥。进入盛瓜期后施肥的原则是隔 1 次水施 1 次肥，施肥时要氮、磷、钾配合施用。当外界温度升高，放大风时随水冲施复合肥 2～3 次。持续而充足的追肥有利于增加丝瓜的产量和延长采收期。

丝瓜生长过程中结合防病、防虫，每次喷药时加入 0.3%～0.5% 的磷酸二氢钾进行叶面喷肥，或加入 0.3% 的喷施宝或高美施。或以糖、尿素、水的比例为 1：0.5：200 的混合液进行叶面施肥，可有效地延缓植株衰老。

（5）盘条、引蔓和植株调整　当蔓长 50～60 厘米时，近地面部分应进行盘条压蔓，即在植株生长点往后数第 3～4 片真叶的茎节处，按引蔓的方法挖一个 5～6 厘米深的半圆形沟，把茎节和叶柄顺着盘入沟内，盖土压实，生产上称之为盘条。盘条后在每株的侧面插一根竹竿搭成"一"字形篱架，引蔓上架要在中午或午后进行，以防折断茎蔓和枝叶。绑蔓时要采取"之"字形上引，同时要根据品种的自身特点，摘除部分侧蔓，植株分枝力强的只留 2～3 条侧蔓，使主、侧蔓都结瓜，其余的侧枝、卷须及雄花序要及时摘除。

（6）人工授粉　丝瓜为虫媒花，在早春茬栽培时，因昆虫少，须进行人工授粉。授粉的方法是：摘取当天盛开的雄花，去掉花冠，露出花药，轻轻地将花粉涂抹在雌花的柱头上。授粉时间为每天上午 8～10 时。

84. 怎样科学采收丝瓜？

丝瓜以嫩果供食，果实发育快，一般在开花后 15 天就要采收。采收的标准是：花冠开始干枯，果实纤维尚未硬化，嫩瓜大小合适。如果采收过迟，纤维硬化，不能食用。采收以清晨为宜，采收时因丝瓜的果柄长得牢固，用手撕摘时极易撕裂或损伤植株，必须用剪刀或小刀从基部剪下。丝瓜容易老化，不耐贮藏，采收后应立即出售。对于离销售市场路途较远的，为避免损伤和水分散失，需用稻草、纸张、塑料薄膜等将之细心包装，整个操作过程轻拿轻放，严格避免碰撞、挤压，以免造成伤口。

第七章 苦瓜标准化生产关键技术

85. 苦瓜植物学性状有哪些特点？

（1）根　苦瓜的根系发达，侧根多，分布范围广。主要根群分布在30～50厘米的耕作层内。主根可深扎2～3米，周围的次生根可达1.3米。在棚室栽培条件下，由于育苗移栽影响了主根的深扎能力，再加上棚室冬春季节深处地温较低，从而不利于根系的伸长。苦瓜根系生长发育与土壤的理化性状有很大关系，沙壤土有机质含量高，土质肥沃，苦瓜根群分布密集。土壤黏重、有机肥少、透气性差的条件下，苦瓜根系少而弱。苦瓜品种不同，其根系生长状况也有一定差别，一般早熟品种的根系浅，分布面积小；晚熟品种枝叶繁茂，根群粗壮，吸肥吸水能力强。近年来苦瓜在棚室反季节栽培时，利用抗低温的南瓜做砧木，进行嫁接换根，明显提高了苦瓜在冬春季节抗低温及抗病能力，提高了苦瓜棚室生产的产量和经济效益。

（2）茎　苦瓜茎蔓生，粗0.8～1.2厘米，五棱，被茸毛，浓绿色。茎节上易着生卷须、侧蔓、叶和芽。苦瓜茎蔓的分枝能力强，主蔓可达3～6米，尤其在棚室条件下由于通风条件、光照条件较差，易造成茎蔓结节长、侧蔓萌生多、空间郁闭等不良现象。因此，生产上常需搭架栽培，并及时引蔓上架，适当进行植株调整，如整枝打杈等，以充分利用光能，达到高产优质的目的。

（3）叶　子叶出土，一般不进行光合作用。初生 2 片真叶对生，盾形、绿色，以后的真叶互生，叶柄较长，被茸毛或近无毛。叶面光滑无毛，绿色，叶背淡绿色，叶脉明显，呈放射状。在棚室栽培条件下，叶的明显变化特点是单叶面积加大、叶柄加长、叶色变浅绿，原因是棚室内光照弱、通风量小、温度变化幅度太大。高产栽培要加强通风，增加膜面透光度，调控好棚室的环境条件，给苦瓜一个良好的生长发育空间。

（4）花　苦瓜的花为单性花，少数品种为两性花。植株上一般先着生雄花，后着生雌花。雌花、雄花均为叶腋单生，均具长花柄。虫媒花，保护地反季节栽培时应进行人工辅助授粉，以促进坐果。苦瓜雌花着生节位因品种而异，一般主蔓 8~20 节发生第一雌花，而后每隔 3~7 节再着生雌花。

（5）果实　果实为浆果，果实的形状、颜色、大小因品种不同而异。果实形状有纺锤形、长圆筒形或圆锥形，表面有许多纵向排列、大小不规则的瘤状突起。幼果时果实为绿色或浅绿色，果肉清香、味苦。成熟时果皮为橘红色，果实可自行开裂，露出红瓤，红瓤有甜味。

（6）种子　种子盾状、扁平，种皮较厚、表面有花纹，白色、淡黄色或棕褐色。千粒重 150~180 克。种子发芽年限为3~5 年，生产中使用年限为 1~2 年。苦瓜种子种皮坚硬，发芽慢，对温度的要求较高，播前应进行种子处理。

86. 如何划分苦瓜的生长发育周期？

苦瓜的生长发育周期可分为发芽期、幼苗期、抽蔓期和开花结果期 4 个时期。整个生长期需 100~150 天。

（1）发芽期　从种子萌动至子叶展开为止，适宜条件下需5~10 天。在生产上应提供适宜的温度、土壤湿度和氧气条件。

（2）幼苗期　第一对真叶长出至第五片真叶展开，并开始抽出卷须，这时腋芽开始活动。在 20～25℃ 的适宜温度下需 25 天左右。管理上主要采取控温措施培育适龄壮苗。

（3）抽蔓期　从幼苗开始着生卷须到植株雌花开始现蕾，需 7～10 天。如条件适宜，现蕾早，抽蔓期较短。这个时期茎由直立生长转向蔓性生长，植株由营养生长为主转向生殖生长和营养生长并举。管理上要促进根系生长，同时要促进坐果，适当控制浇水，以防"跑秧"现象的发生。

（4）开花结果期　从植株现蕾至生长结束为开花结果期，时间的长短与栽培水平和栽培环境条件有关，露地栽培一般为50～70 天，在保护地栽培可长达 150 天以上。此期生长量大，营养生长与生殖生长同时进行，生产上应以平衡秧果关系为中心。在开花初期，应减少浇水，减少空气相对湿度；进入果实发育时期，应加大肥水管理，防止植株脱肥缺水，造成早衰。

87.　苦瓜对环境条件的要求如何？

由于苦瓜原产热带地区，在长期的生长适应过程中形成了喜温、耐热、喜光的生长习性。

（1）温度　苦瓜喜温，较耐热，不耐寒。种子发芽适温为 30～35℃，苦瓜种皮虽厚，但容易吸收水分，先在 40～45℃ 温水中浸种 4～6 小时，然后在 30℃ 左右条件下进行催芽，一般经过 48 小时开始出芽，60 小时后大部分已出芽。温度在 20℃ 以下发芽缓慢，13℃ 以下发芽困难。在 25℃ 左右，约 15 天便可育成具有 4～5 片真叶的幼苗，而在 15℃ 左右则需要 20～30 天。稍低于 12 小时的短日照，有利于降低第 1 雌雄花的节位。抽蔓期和开花结果期的适温为 20～30℃，并能耐 35～40℃ 的高温。苦瓜不同品种对温度的适应能力不同。一般来说，早熟品种耐低温的能力较强，中晚熟品种耐高温的能力较强。

（2）光照　苦瓜原属短日照植物，喜光不耐阴，但经过长期的栽培和选择，已对光照长短的要求不太严格。在苦瓜的栽培过程中，光照充足则利于光合作用，有机养分积累得多，坐果良好，产量和品质提高。如果在花期遭遇低温阴雨、光照不足的天气，则植株徒长，严重影响到正常的开花、授粉，落花、落蕾现象严重。所以在保护地栽培苦瓜时，要加强光照管理，为苦瓜的正常生长提供一个良好的光照条件。

（3）水分　苦瓜喜湿但不耐涝，生长期间要求有70％～80％的空气相对湿度。苦瓜各个生育期对水分的要求也不尽相同。发芽出土期，土壤含水量宜保持在80％～85％，干燥的土壤对种子发芽和出土不利，但95％以上的土壤湿度会造成烂籽现象。幼苗期土壤湿度应保持在75％左右，过于干燥易形成老化苗，而土壤湿度过大会引起幼苗徒长。抽蔓期是植株对水肥吸收量大增的时期，但棚室栽培时，应尽量控制土壤含水量，一般维持在土壤湿度65％左右，不干旱时不宜浇水，以免植株徒长。

（4）土壤条件　苦瓜对土质的要求不太严格，适应性广。一般在肥沃疏松、保水保肥力强的壤土上生长良好，产量高，品质优。苦瓜对土壤肥力的要求较高，如果在生长后期肥水不足，则植株容易发生早衰，叶色变浅，开花结果少，果实小，苦味增浓，品质下降。因此在结果盛期要加强肥水管理，追施充足的氮、磷肥。

88. 苦瓜的食用营养与食疗作用如何？

苦瓜营养丰富，所含蛋白质、脂肪、碳水化合物等在瓜类蔬菜中较高，特别是维生素C含量，每100克高达84毫克，约为冬瓜的5倍，黄瓜的14倍，南瓜的21倍，居瓜类之冠。苦瓜还含有粗纤维、胡萝卜素、苦瓜苷、多种矿物质及氨基酸等，经常食用可以增强人体免疫功能。苦瓜同时也具有神奇的药用价值，明代名医李时珍《本草纲目》记载，"苦瓜气味苦寒，无毒，有除邪热、消渴乏、清心明目、益气解热"之功效。《随息居饮食谱》一书中提到：苦瓜"青则涤热，明目清心。熟则色赤，味甘性平、养血滋肝、润脾补肾。"这些都说明，苦瓜有健脾开胃、清热解暑、明目止痢、提高机体免疫力的功效。因此，民间以苦瓜治疗中暑、痢疾、赤眼疼痛、痈肿丹毒等症。苦瓜嫩果中含有配糖体，味苦性寒，能刺激唾液及胃液的分泌，因而有增进食欲和帮助消化的作用。近年来苦瓜药用价值的研究有了很大进展，主要表现在以下几个方面。

（1）提取出苦瓜素并应用于临床医学　苦瓜素是葫芦素三萜类物质。药理试验表明，苦瓜素具有降低血糖的作用。治疗糖尿病的苦瓜针剂已运用于临床，同时苦瓜也是糖尿病患者最理想的食疗蔬菜。

（2）苦瓜具有抗癌作用　苦瓜中的有效成分可以抑制正常细胞的癌变和促进突变细胞的回复过程，特别是在胁迫条件下生长出的果形较小、苦味较重的苦瓜果实，其有效抗癌成分含量更高。

（3）苦瓜具有抗艾滋病病毒功能　美国科学家发现，苦瓜中有抗艾滋病病毒的功能成分——苦瓜蛋白 MAP30，它能阻止艾滋病病毒 DNA 的合成，抑制艾滋病病毒的感染与生长。

89. 苦瓜主要有哪几种类型？

苦瓜的类型，按嫩果颜色来分，有青皮苦瓜和白皮苦瓜两种。青皮苦瓜苦味较浓，以南方栽培较多；白皮苦瓜苦味较淡，以北方栽培较多。按果实形状可分为长圆锥形、短圆锥形和长圆筒形等，其中圆锥形苦瓜以南方分布较多，北方地区一般栽培长圆筒形。按果实大小分，有大型苦瓜和小型苦瓜两大类型，现在我国各地栽培的苦瓜，大都属于大型苦瓜类型。

90. 苦瓜标准化生产有哪些优良品种?

（1）穗新 2 号苦瓜　广州市蔬菜科学研究所育成的苦瓜常规优良新品种。植株蔓长约 450 厘米，叶片长、宽均为 19 厘米，叶色黄绿。主蔓第 19 节着生第一雌花。瓜圆筒形，皮淡绿色，有光泽，瓜面瘤状突起连成粗条状。果长 18 厘米，横径宽 6.2厘米，单瓜重约 300 克。中晚熟，播种至开始采收商品嫩瓜约需150 天。其适应范围和产量水平与英引苦瓜相近。

（2）翠绿 1 号大顶苦瓜　广东省农科院经作所育成的苦瓜新品种。该品种植株长势旺盛，茎蔓长 250～300 厘米，叶色深绿，单株雌花数多，第一雌花节位在主蔓第 10 节左右，结果力强，平均单株坐果 5～7 个。果实圆锥形，整齐美观，果长 14～16 厘米，肩平，顶部钝，条瘤和圆瘤相间，条瘤粗直，果肉厚 1.1 厘米，深绿色，单瓜重 400 克。早熟，春植由播种至初收 60～70天，连续采收约 40 天。丰产性好，每亩产量 2 000～3 000 千克。较耐寒，抗逆性中等。品质优良，适宜北运及出口港澳市场。

（3）油翠绿 1 号苦瓜　广东省农科院育成。果实品质优良，瓜长 28～30 厘米，横径 6～7 厘米，肉厚，腔小，单瓜重 600～1 000 克，瘤条粗直，皮色青绿有光泽，瓜形美观。抗病力强，抗枯萎病、病毒病、耐白粉病。适应性强。长势旺盛，雌花多，主侧蔓结果，结果能力强，早熟，高产，每亩产量达 4 000 千克以上。

（4）碧玉苦瓜　海南省农科院蔬菜研究所育成的 F_1 代优良苦瓜新品种。蔓长 350～400 厘米，叶长 15～16 厘米，宽 16～18 厘米，绿色。主侧蔓均可结果，但以主蔓结果为主，主蔓第12～15 节着生第 1 雌花，连续结果能力强。果实长 25～30 厘米，横径 8 厘米，肉厚 1.3 厘米，单瓜重 600～700 克。果肩平，纹瘤粗直，外形美观，皮色玉绿。肉厚，风味佳。早中熟，前期产量高。春播比对照品种槟城苦瓜早熟 5～7 天。抗逆性好，既耐热又耐寒，抗病丰产，一般亩产 2 500～3 000 千克。

（5）严选槟城苦瓜　广东汕头市种子公司引进马来西亚槟城苦瓜经多年严格选育而成的新优长白苦瓜品种。具有早熟、丰产、抗病、优质等特点，适合在全国栽培，特别适合广西、广东、海南等地作南菜北运栽培之用。植株蔓生，生长势强，蔓长 200～250 厘米。早熟主蔓第 16 节始见雌花，结瓜率高，商品瓜长 30 厘米，横径 6～8 厘米，单瓜重 800 克，皮色浅绿，肉厚 1 厘米，瓜形美观，品质优良，风味佳。主侧蔓均可结果，连续结果能力强，延续采收期 50～60 天。春季播种至初收 55 天左右，夏季播种至初收 45 天左右，亩产可达 4 000 千克，比一般青皮苦瓜增产 15%左右。抗高温，稍耐低温，耐湿，抗病，适应性广，耐贮运。

（6）丰绿　广东省农业科学院蔬菜所育成。长势旺，分枝力较强，单株结果数多，前期产量高且集中。瓜长圆锥形，皮色浅绿，瓜长约 28 厘米，横径约 6.5 厘米，单瓜重约 450 克，肉厚，肉脆微苦，品质优，商品率高，高产。中晚熟，第 17～18 节始生第一朵雌花。中抗白粉病，高感枯萎病，耐热性、耐涝性强，耐寒性较强，适于夏秋种植。

（7）玉兴苦瓜　汕头市金韩种业有限公司育成。瓜较大、靓，肩部钝圆，瓜瘤粗大，油青光泽，瓜长 28～30 厘米，单瓜重 500～800 克；极早熟，第 10 节始生第 1 朵雌花，连续结瓜能力强，结瓜多，采收期长，商品率高，高产；抗病、抗热、耐湿、稍耐寒，适于春夏秋播，特别是反季节早春种植。

（8）金船苦瓜　汕头市金韩种业有限公司育成。瓜大、直、靓，品质优，油青光泽，瓜长约 35 厘米，横径长约 7 厘米，肉厚腔小。极早熟，第 10 节始生第 1 朵雌花，连续结瓜能力强，采收期长，商品率高，高产。耐寒、抗热、抗病，适应性广，适于春夏秋播，特别是早春植和夏季高温栽培。

（9）早优苦瓜　广州市农业科学研究所育成。长势及分枝力较强，瓜圆锥形，皮绿，长 27～29 厘米，横径长约 5.3 厘米，单瓜重 300～350 克，肉质嫩滑、质脆、苦味适中，品质较好，产量较高。早熟，第 12～14 节始生第 1 朵雌花。中抗白粉病，高感枯萎病，耐热、耐涝性强，耐寒性较强，适于春、秋植。

（10）长丰 3 号苦瓜　汕头市白沙蔬菜原种研究所育成。长势和分枝力强，瓜长圆锥形，皮绿，长 26～27 厘米，径约 5.6～5.9 厘米，单瓜重 320～350 克，肉质脆、苦味适中，品质较好，商品率高，产量较高。早中熟，第 14～16 节始生第 1 朵雌花；中抗白粉病，感枯萎病，耐寒和耐涝性强，耐热性较强，适于春、秋植。

（11）绿宝来油苦瓜　华南农业大学园艺开发公司育成。长势和分枝能力强，侧蔓结瓜为主，瓜粗大，长圆锥形，肩平，条瘤粗直，浅绿色，长约 30 厘米，横径 7～8 厘米，单瓜重约 500 克，果肉致密肥厚，耐贮运，苦味轻，品质优，商品性好，高产。中熟，抗病性较好，耐热、耐寒性强，适于春、夏、秋植。

（12）翠优 2 号　广东省农科院良种苗木繁育中心最新推出的大顶类型苦瓜杂交一代新品种。品种早熟、大果、高产。早春播种至初收 65 天左右，秋播至初收约 45 天。果圆锥形，肩宽 10～12 厘米，果长约 16 厘米，单果重 400～600 克，亩产约 3 000 千克。果肉厚、硬实，耐贮藏运输，颜色翠绿，果形美观整齐，植株上下结果变异小。品质优，风味好，适应性广，耐寒性强，抗逆性好，是早春反季节种植和出口的优良品种。

（13）（短绿）夏蕾苦瓜　华南农业大学园艺系育成的苦瓜常规优良品种。该品种是山东寿光的主栽品种之一，菜农们多称其为"短绿"苦瓜。该品种植株攀缘性强，主、侧蔓均能结瓜，分枝性强，侧蔓多，单株结瓜数多。瓜长筒形，长 16～20 厘米，横径 4.2～5.4 厘米，单瓜重 150～250 克，最大的可达 250 克以上。果面翠绿，有光泽，具有密而大的瘤状条纹。果肉厚，品质中等，苦味适中，商品率高。较耐贮运，耐热、耐涝，对枯萎病有较强的抗性。既适应于夏季和夏秋季栽培，又适于棚室保护地反季秋冬茬和越冬茬栽培。棚室栽培持续结瓜期长，不早衰，一般亩产商品瓜 10 000 千克以上。

（14）琼 2 号苦瓜　海南省农科院瓜菜研究所选育的优良苦瓜品种。蔓长 400 厘米，叶长 15 厘米，宽 18 厘米，淡绿色。侧蔓多，主侧蔓均可结瓜，主蔓第 15～20 节着生第 1 雌花。果实长 25～35 厘米，横径 8 厘米，淡绿色，肉瘤粗直，肉厚约 1.2 厘米，质滑，味微苦，单瓜重约 750 克。中晚熟，冬春季播种至初收 70～90 天，延续采收 60～90 天，夏秋季播种至初收 45～50 天，延续采收 40～50 天。生长势强，耐热耐湿，稳产高产。春植亩产 2 500～3 000 千克，夏秋植亩产 1 500～2 000 千克。

（15）中农大白苦瓜　中国农业科学院蔬菜花卉研究所育成。植株攀缘性强，分枝多，结瓜多。瓜长棒形，长 50～60 厘米，横径 4.7～5.2 厘米，单瓜重 350～550 克。外皮淡绿白色，有不规则的棱和瘤状突起。果肉厚 0.8～1.2 厘米，肉质脆嫩，味微苦，品质佳。耐热、抗病、耐肥，适应性强，适应范围广。宜于南方地区春夏露地栽培，也宜于北方地区春季栽培和冬暖塑料大棚保护地反季节栽培。

（16）绿宝石　广东省农科院蔬菜研究所育成。单瓜重 300 克左右，瓜长 25 厘米，横径 6 厘米，棍棒形。果皮浅绿色，果面富光泽，有粗直的瘤条，果肉较厚，品质优良。该品种耐热、抗病力强，结瓜多，早熟，适应范围较广。其产量水平略高于夏丰苦瓜。

（17）湘研大白苦瓜　湖南省农业科学院园艺研究所系统选育而成。蔓长 3 米左右，生长势强，叶绿色，瓜长条形，长 60～70 厘米，瓜皮白色，肉厚，籽少，品质优良。为中熟品种，耐热性强，丰产。在山东寿光，利用棚室保护地反季栽培，每亩棚田可获得 1 万千克的高产。

（18）蓝山大白苦瓜　湖南省蓝山市选育的苦瓜优良品种。根系发达，主蔓分枝性强，主、侧蔓都能结瓜。叶片掌状五裂，裂刻深，叶片五角形，绿色。主蔓第 12～16 节开始着生雌花，以后连续或隔节出现雌花。商品瓜乳白色，有光泽，肉质脆嫩，苦味适中。瓜条长圆筒形，长 50～70 厘米，最长的可达 90 厘米，横径 7～8 厘米，单瓜重 750～1 750 克，最大的 2 500 克。是目前苦瓜品种中瓜果最大的品种。抗枯萎病能力强，耐热而不耐寒。在山东寿光，露地栽培该品种，一般于 2 月中旬至下旬用阳畦育苗，3 月下旬至 4 月上旬定植于大田小拱棚内，5 月中旬撤掉小拱棚后设立架，整枝引蔓上架，转入露地栽培，7～10 份供果。若采用冬暖塑料大棚保护地反季翻茬套种（或套栽），可进行秋冬茬继续延春夏栽培，或越冬茬继续延夏秋栽培，每茬的供果期长达 8～9 个月，以充分发挥其增产潜力，每亩棚田可产商品嫩瓜 1 万千克以上。

（19）槟城苦瓜　广东省从新加坡引进的优良品种。植株蔓生，生长势强，分枝多。主蔓 10 节左右开始着生第一雌花，以后每隔 3～5 节着生雌花。果实长约 30 厘米，横径约 8 厘米，果面有明显棱及瘤状突起，瓜皮绿色有油亮光泽，老熟时为黄色。瓜质细实，微苦。植株抗逆性强，耐热，适应性较强。冬暖大棚保护地栽培其产量与云南大白苦瓜不相上下。一般亩产 5 000～7 000千克。延长持续结瓜期，增肥水供应，亩产可达 1 万千克以上。

（20）碧绿苦瓜　由广东省农科院蔬菜研究所育成。单瓜重 300 克左右，瓜长 20～30 厘米，横径 6 厘米，皮色浅绿有光泽，瘤条粗直，肉厚，品质好，坐果力强。在广东适播期是 2 月份，在山东寿光，利用冬暖塑料大棚保护地反季栽培，一般于 10～11 月播种，12 月定植，翌年 3 月进入采果期，持续采收期可延至 10 月。其产量水平与绿宝石苦瓜不相上下。

（21）广西 2 号大肉苦瓜　从广西大肉苦瓜中选育而成的早

熟品种。全生育期长势旺盛，抗病性强，耐湿热，结瓜位低，主侧蔓均结果，果实纺锤形，果皮淡绿色，条纹粗直，肉色好，果肉厚，肉质嫩滑，苦味中等。瓜长 25～30 厘米，横径 9～13 厘米，单瓜重 450～800 克。露地栽培与冬暖大棚保护地栽培的产量水平均与广西 1 号大肉苦瓜相近，但该品种熟性早，品质好于广西 1 号大肉苦瓜。

91. 苦瓜标准化生产的主要季节和茬口有哪些？

苦瓜因喜温、耐热而不耐寒，北方地区露地一般春夏栽培。近年来随着保护地栽培技术日趋发展，苦瓜也形成了日光温室、大中棚等多样化栽培模式，可四季种植，周年供应市场。华南等地终年无霜冻，除春播，还可在秋冬季进行露地生产。

（1）露地栽培　长江流域及其以北地区露地栽培季节依次延迟。长江流域多于 3 月上中旬于保护地内育苗，4 月中旬定植，6 月上旬采收；华北地区多于 3 月中下旬于保护地内播种育苗，4 月下旬定植，6 月中旬至 9 月下旬采收；东北地区则多于 4 月上旬播种育苗，5 月上中旬露天定植，6 月下旬至 8 月下旬采收。各地所采用品种，因各地食用习惯而异。华南地区主要在秋冬季播种，广东省湛江、茂名等市则可在 12 月中下旬播种，而海南省从 9 月至翌年 2 月上旬均可播种。

（2）保护地早春茬　由于早春茬苦瓜育苗时间在低温弱光期，苗龄长，一般有 55～60 天，根据各地区和栽培结构情况，确定定植期后，可提前育苗。如黄河流域，日光温室早春茬苦瓜可以在 12 月上中旬育苗，2 月中旬定植；大棚可以 1 月上中旬育苗，3 月中旬定植。早春茬从定植后，气候条件逐渐适应苦瓜生长，尽管生育期不如越冬茬长，但是在环境条件比较优越的情况下，其产量高峰来得早，4～5 月就能大量上市。此时市场缺口大，价格高，经济效益也不错。

（3）保护地秋冬茬　日光温室栽培，一般在 7 月下旬育苗，8 月中旬定植，10 月上旬开始结果，上市时间主要集中在 11～12 月。进入 12 月以后气温下降，植株开始老化，结果数量减少，果实长得慢，可推迟采收，集中在元旦上市，价格较高。

（4）保护地越冬茬　在秋末 9 月中旬育苗，10 月下旬定植在日光温室内，12 月上旬开始上市，一直可供应到翌年 7 月下旬。这一茬生育时间长，上市季节市场缺口大，价格高，一般每亩产量可达 4 000 千克以上，经济效益在 2 万元以上。

92.　加强苦瓜苗期管理有哪些措施？

（1）出苗期的管理　苦瓜播种后至出苗前的管理主要是温度调节。白天苗床温度不低于 30℃，夜间不低于 25℃，4～5 天即可出苗。出苗达到 80％左右时，就开始通风排湿、降温，防止苦瓜幼苗下胚轴继续拉长。降温一般不要太猛，出苗后每天下降 3～4℃，降至白天 28℃左右、晚上 14～16℃为宜。出芽期结束前的光照管理也十分重要。若幼小的嫩苗长时间见不到光照，不仅会出现光饥饿而死苗，还有利于苗床上霉菌生长，易发生猝倒病等苗床病害。所以，出苗后要尽早见光，遇到阴雨天气，要尽量想办法补光，但补光时间不宜过长。一般在真叶出现后，夜间无需补光，防止延长光照时间，导致雌花节位提高和影响雌花的正常分化。

（2）幼苗期的管理　苦瓜幼苗期的植株生长量相对较大，对营养要求非常精细，对环境条件要求比较严格，各项管理必须精细，才能培育出壮苗，为将来定植后稳产、高产打下良好的基础。

1）水分管理　幼苗期苗床水分含量要适宜。浇水过多，不利于苦瓜幼苗根系的生长发育，还会导致幼苗徒长，推迟花芽分化，形成弱苗；若控水时间长，导致苗床干旱，幼苗生长量小，易形成老化苗，定植后不发棵，生长慢。在低温季节育苗，一般播种前一次性浇透底水，整个苗期不再浇水，以防止降低地温或引起幼苗徒长，如缺水可覆以一层潮土或选择在晴天上午补水。

2）温度管理　苦瓜是喜温耐热性作物，温度适宜时生长速度快。棚室反季节栽培，幼苗期一般白天 24～27℃，夜间 13～15℃，加大昼夜温差，增加幼苗自身的营养积累，提高幼苗的抗逆能力。在阴雨天气条件下，温度不宜太高，白天以 20℃左右、晚上 12～14℃ 为宜。定植前 7 天左右，对幼苗进行逆境锻炼，白天 18～20℃，晚上 12℃左右，以便定植后能适应栽培田的环境。通常在温度达不到要求时，主要采用农膜和遮阳网调节。

3）光照管理　幼苗期光照管理非常重要。一般情况下苗期要求尽量延长光照时间，但二叶一心期是花芽分化的关键时期，低温短日照可增加雌花分化数量和降低雌花节位，白天以 7～8 小时光照为宜。若光照过强，可适当采用遮阳网覆盖。

4）施肥管理　苗期不宜施肥次数过多、浓度过高，一般施薄肥 1～2 次，可用 0.5% 氮、磷、钾三元复合肥水浇施。

5）病虫害防治　苗期用 75% 百菌清或 80% 代森锰锌 600 倍液喷 2～3 次防猝倒病、炭疽病和疫病；用 10% 吡虫啉 3 000 倍液或蓟蚜清 600 倍液防治蚜虫。

93. 如何做好露地苦瓜标准化生产的土地准备工作？

苦瓜耐肥而不耐瘠，宜选择排灌方便、肥沃疏松的沙壤土或黏壤土种植，不宜与瓜类作物连作。选地后即进行犁翻晒白，然后耙碎整细，整地时需施足基肥，一般每亩施腐熟农家肥 2 000～3 000 千克（混过磷酸钙 30～50 千克堆沤约 7～10 天），再加复合肥 20～30 千克撒施或沟施作为基肥，并与土壤充分混匀，后深翻做畦，畦宽连沟 140～160 厘米。有条件的可覆上

100~120 厘米宽的黑色地膜或银灰色地膜。

94. 如何确定苦瓜标准化生产的适宜密度？

苦瓜的种植密度范围较大，与品种的熟性和生长势、整枝技术、地力水平以及栽培方式等多个因素密切相关。

早熟品种较中晚熟品种种植密度大，因为增加栽植密度，可争得更多的主蔓和一级侧蔓挂果，大大提高前期产量。一般早熟品种种植密度以 1 000~1 200 株/亩为宜，中晚熟品种种植密度为 600~800 株/亩。

保护地栽培较露地栽培密度大。露地栽培的密度在 1 000~1 500株/亩，保护地栽培的密度为 2 000~3 000 株/亩。

北方地区种植密度通常大于华南地区的种植密度。北方地区露地栽培的密度在 1 000~1 500 株/亩，而华南地区特别是海南的种植密度为 600 株/亩左右。

95. 如何进行露地苦瓜标准化生产的养分管理？

苦瓜需肥量大，耐肥不耐瘠，但苗期不耐浓肥。因此，施肥要均衡、适量、充足，增施优质农家肥，适施薄施苗肥，分次重施花果肥。起畦时，每亩在畦中间深施或全层施腐熟农家肥500~750 千克。播种或移栽时，在植穴下每亩施三元复合肥 7~10 千克，施肥后盖土，再播种或移栽。幼苗期应适当控制肥水，防止徒长，提高抗寒力。移栽后 5~7 天（直播苗在瓜苗 4~5叶、开始爬丝时）开始淋施苗肥，淋肥宜由淡至浓，在远离植株30~40 厘米处每亩淋施三元复合肥 4~7 千克，每隔 10~15 天淋一次，视苗长势，一般连续 3~5 次，促苗蔓快速健壮生长。茎蔓将爬至架顶时，进入茎蔓快速生长期，开始现雌花蕾或长有1 厘米粗子瓜，需肥量增大，要重追肥。可在畦一侧开沟每亩撒施花生麸 25～30 千克、三元复合肥 20～30 千克，如无花生麸，则三元复合肥增加至 40～45 千克，施肥后覆土。收获第一批瓜后，在畦另一侧再重施肥 1 次。以后每采收 2～3 批瓜淋肥 1 次，可在两株苗中间每亩淋施三元复合肥 20～25 千克。追肥切勿靠近根部，以免肥害伤根。对于地膜覆盖栽培，前期不宜根部追肥，以重施基肥为主。抽蔓后以叶面追肥为主，主要采用生物有机肥。结瓜期由于需肥量大，应采取根部破膜追肥或膜下滴灌的方法，一般每隔 5～7 天随灌水追肥，每亩追三元复合肥 10 千克，钾肥和尿素各 5 千克。

96. 如何进行露地苦瓜标准化生产的水分管理？

苦瓜虽喜潮湿，但又忌积水。整个生长期应保持田间土壤湿润，雨天及时排水，防止畦面、田沟积水沤根引发病害。

冬春苦瓜生长前期气温较低，应适当控制水分，以增强抗寒能力。开花至采收前的晴天，应适当浇水，一般每隔 2～3 天浇水一次。采收期间的需水量较大，应每天浇水 1～2 次。浇水应在日出后或日落前进行，浇水不能使土壤过湿。

夏秋苦瓜处在温度高、蒸发量大的环境中，应加强浇水或灌水。前期以浇为主，即以清净之水，浇足淋透。开花结果期，要及时淋水或灌水以保湿降温。平地栽培采取沟灌时，以灌满畦高 1/2～2/3 为宜，湿润畦面后立即排干沟水。在雨季则要及时做好排水工作，以免积水使畦面过湿而引起烂根发病。

97. 露地苦瓜标准化生产有哪几种搭架方式？

搭架的方式有"人"字架和平棚架两种。人字架主要特点是牢固，抗风能力强，操作方便，但后期顶部枝蔓密布容易形成郁蔽，通风不良。平棚架通风透光好、结瓜多、产量高。不管是平棚架还是人字架，搭架都要力求牢固，以免风吹倒塌而损伤瓜苗，影响产量。

98. 如何进行露地苦瓜标准化生产的中耕除草？

在生育前期要注意中耕松土，后期要注意拔除杂草。第一次中耕除草一般在浇过缓苗水之后，待表土稍干不发黏时进行。操作时要特别注意不要伤根，锄瓜苗根部附近时应该浅，千万不能松动幼苗基部，距离苗根远的地方可深耕 3～5 厘米，发现有缺苗或病、断苗，要及时补栽，以保全苗。第二次中耕可在第一次中耕后 10～15 天进行，如果地干，可先浇水后中耕，这次中耕应该保护新根，宜浅不宜深。当瓜蔓伸长到 0.5 米以上时，根系基本上布满了全行间，加上畦中已经插了架，就不适宜再中耕了，但要注意及时拔草，防止杂草丛生，以改善田间通风透光条件和减轻病虫害等。对于采用地膜覆盖栽培的苦瓜，在前期，只需除掉根际周边的草即可，后期主要去掉垄间小沟中的草，改善田间环境。

99. 如何进行露地苦瓜标准化生产的植株调整？

（1）插架引蔓　苦瓜定植缓苗后，当瓜秧开始爬蔓时，节间急剧加长，茎蔓不能直立生长，应及时插架。苦瓜的引蔓，在瓜苗未上架前要勤，每隔 2～3 天引绑一次。

（2）整枝打杈　苦瓜的分枝能力极强，如果植株基部的侧枝过多，或侧枝结果过早，会消耗大量的营养，妨碍植株主蔓的正常生长和开花结果。苦瓜由于生长势强，侧蔓较多，距离地面50 厘米以下的侧蔓以及过密的、衰老的枝叶应及时摘除，以便于通风透光，提高光能利用率，从而提高产量与商品性。当主蔓出现第一条小瓜后，开始整枝，将其基部侧枝一律剪去，等侧蔓出现连续几个小瓜时，把第一个小瓜摘去，保持小瓜间有 2～4 个空节；第二次采果后，看侧枝 1～3 节有无小瓜，有则保留，无则从基部剪除；当进入盛果后，再进行 1～2 次彻底整枝，剪除无瓜老蔓、细弱侧枝，选留生长势强的有瓜枝和嫩壮枝。在生长中期如果瓜蔓过于疯长，则要及时摘心打顶，以抑制其生长，促进结瓜。

100. 苦瓜人工辅助授粉有何好处？怎样进行人工授粉？

苦瓜为雌雄同株异花，虫媒花，单性结实能力差，苦瓜早熟栽培常先开雌花，后开雄花，且花粉少，加上空气流动小，温度较低、昆虫少，不利于花粉的传播及果实的授粉，影响坐果及果实发育。所以，生产中必须采取放蜂或人工辅助授粉，以提高坐果率和瓜条的商品性。具体方法是：在雄花不足期间，应选择当天开放的雄花和雌花，在上午 6～10 时进行授粉，先摘除雄花，去除花冠，将花药轻轻地涂在雌花的柱头上即可。

101. 大棚苦瓜标准化生产有哪些技术要点？

（1）栽培季节　华北地区苦瓜大棚春提早栽培一般在 1 月下旬至 2 月上旬播种，3 月底定植。东北地区 2 月中旬播种育苗，4 月上中旬定植。

（2）整地施肥　苦瓜喜肥，不耐瘠，充足的肥料是丰产的基础。苦瓜蔓叶茂盛、生长期较长，结果多，对水肥要求高，所以要施足基肥。一般每亩基肥用量为：有机肥 4 000～5 000 千克，三元复合肥 25～50 千克。施肥后要深翻 40～50 厘米。为提早上市，最好采用大棚加小拱棚及地膜覆盖栽培，大棚应在定植前 25 天扣膜以提高棚温，并及时整地作畦。

（3）品种选择与种苗准备

1）品种选择　目前适合大棚栽培的苦瓜品种主要有：滑身苦瓜（又称滑线苦瓜）、长身苦瓜、大顶苦瓜、夏丰苦瓜、蓝山大白苦瓜、北京大白苦瓜、槟城苦瓜、黑龙江白苦瓜、汉中长白苦瓜等。

2）种苗准备　北方春大棚苦瓜播种期一般为1月下旬至2月上旬。在温室、大棚或阳畦等保护设施内育苗，育苗用种量为200～250克，苗龄40天左右，苗高20厘米，4叶1心时便可进行定植。

（4）栽植　各地定植期因气候而不同，一般要求大棚中最低气温稳定在8℃，10厘米地温稳定在13℃以上时定植。苦瓜苗移植前一周，要除去苗床上的薄膜进行炼苗。移植前一天要适当喷水，让根系带土以便缓苗。在大棚中苦瓜苗的定植规格一般为大行距80厘米，小行距60厘米，株距35厘米，每亩栽植约2 700株。采用高畦起垄的栽培方式，每垄栽两行。苦瓜定植不要过深，因为苦瓜幼苗纤细，定植太深，容易造成根腐烂而引起死苗。定植后马上浇定苗水，然后覆盖地膜，在膜上开孔掏苗，促使苦瓜尽快缓苗。

（5）栽植后的管理关键技术

1）肥水管理　大棚苦瓜若定植水充分，可不浇缓苗水，若定植水浇的不大，缓苗后土壤较干，可用暗浇法浇缓苗水。然后进入蹲苗阶段，以中耕保墒为主，至第一瓜坐住后开始浇水和追肥。苦瓜进入开花结果期后，对肥水的需要量迅速增加，可在现蕾、开花结实和采收初期，每亩分别追三元复合肥10～15千克。在结果盛期追施2～3次过磷酸钙，每次每亩用量为10～15千克。结合追肥在上午浇小水，结果后每隔10天浇水一次。

2）环境调控　在整个生长期，大棚都要覆盖白色塑料薄膜，当棚内温度达到27～30℃时，要把棚架薄膜卷起进行通风。当棚内温度达33℃以上时，要加大通风量。阴雨天空气湿度大，要适当通风。在温度管理方面，苦瓜定植后5～7天，基本上都要封膜，晚上四周也要加围草帘防寒保温，以促进苦瓜迅速长出新根。在这段时期内，棚内温度白天应保持在20～30℃，夜间保持在15℃以上。如棚温太低，需加温保温；如棚温过高，也不能立即大通风，只能逐渐进行换气降温。幼苗成活后，要及时通风炼苗，这段时期温度一般维持在25℃左右，当棚内温度高于30℃时，通风势在必行，但要灵活掌握，应逐步揭去"裙膜"。定植30天后，对植株进行炼苗，除大风天、下雨天之外，白天都要全部揭"裙膜"，或将棚顶薄膜适当拉开，晚上再覆盖，以后晚上也逐步将大棚"裙膜"卸去。进入夏季，大棚塑料薄膜可全部揭除。如温度不过高，棚顶塑料薄膜可以保留至采收结束，可防雨，减少植株病害。

3）人工辅助授粉　苦瓜花为单性花，前期苦瓜是在大棚内形成的，由于气温较低，棚门开启较少，棚内空气流动小，几乎没有传粉昆虫活动，自然授粉困难，因此，人工辅助授粉是提高苦瓜坐果率、增加产量的有效措施。人工授粉时要在雌雄花开花的当天进行。据观察，气温达15～30℃时，每天早晨6～10时为开花盛期，午后基本不开花。一般1朵雄花可以配4朵雌花。在苦瓜开花时，摘下雄花，将雄花的花粉轻涂到雌花柱头上，受精后的雌花，子房慢慢膨大，20天左右就可采果。另外也可采用棚内放蜜蜂授粉，或采用防落素保花保果。

4）病虫害防治　反季节种植的苦瓜，其病害比正常季节种植的严重，主要有霜霉病、白粉病、立枯病、炭疽病、枯萎病等。虫害有地老虎、蚜虫、钻果虫等。病虫害发生与植株生长发育状况和气温关系极大，要勤查早防早治。

102. 苦瓜裂果是什么原因？如何防止？

(1) 苦瓜裂果的原因　苦瓜裂果原因主要有三种：生理性裂

果、病毒病造成的裂果和蔓枯病造成的裂果。

1）生理性裂果　苦瓜根系为须根系，吸收肥水能力较弱，加上苦瓜叶面积系数较大，叶面蒸腾量大，在降水量较少、空气湿度小的情况下很容易因生理性缺水而裂果。苦瓜从开花到收获，一般需要两周的时间，在此期间如果肥水供应不平衡，就造成大量的瓜条裂果。因此在苦瓜的开花结果期，要特别注意平衡肥水的供应。

2）病毒病造成的裂果　干旱时，白粉虱发生严重，易使苦瓜感染病毒病，感病植株生长不良，瓜条生产缓慢甚至畸形，遇到浇水或降雨，瓜条在第二天的早晨易出现集中裂果的现象。

3）蔓枯病造成的裂果　当苦瓜茎叶感染蔓枯病时，光合效率降低，光合产物转化和运输受阻，瓜条生长缓慢，造成瓜条短、粗，而且出现大量裂果。

（2）苦瓜裂果的防止措施

①适时浇水合理灌溉，适当增加磷、钾肥的用量，防止瓜苗的徒长，培育壮苗，增强瓜苗的抗病性。

②为避免重茬造成较严重的蔓枯病害，可以与非瓜类作物进行2～3年的轮作。

③用50%过氧化氢双氧水，浸种3小时，不仅对种子进行了消毒，而且有利于种子的快速萌发。

④在蔓枯病发病初期，可喷施70%甲基托布津500～800倍液，或75%百菌清可湿性粉剂600倍液，或80%炭疽福美600倍液，每隔7天喷施1次，连喷2次。在喷施时，可交互用药。

⑤注意防治传播病毒病的蚜虫、白粉虱，在喷洒农药时，要注意加强生防免疫剂和含氨基酸叶面肥的使用，促使植株健壮生长，使植株本身产生抗体，增强植株的抗病性。同时，拔除感病植株，减少传染源。

103. 怎样科学采收苦瓜？

　　苦瓜的嫩瓜发育快，一般花后 12 天果实即可长成。为了保证品质和增加后期结果数，提高产量，应多采收中等成熟的果实。开花后 12～15 天为适宜采收期，应做到及时采收。过早采收，瓜肉还未充实，影响产量；采收过晚，则瓜老熟转黄，肉质变软，降低品质，且不耐贮运，同时果实中的种子迅速发育，消耗养分多，也影响群体产量。果实的采收应掌握如下标准：青皮苦瓜果皮上的条纹和瘤状粒已迅速膨大并明显突起，显得饱满，有光泽，顶部的花冠变枯、脱落；白皮苦瓜除上述特征外，其果实的前半部分明显地由绿色转为白绿色，表面光亮。苦瓜的采收期因地区、品种、栽培季节而不同，因此要区别对待。

　　用于贮运的苦瓜果实，采收应选择晴天的早、晚进行，避免雨天和正午采收，一般以 7～9 时露水干后进行采收为宜。采收时应尽量减少人为损伤，采收人员事先应剪齐指甲或戴手套。采时要轻拿轻放，可用剪刀将果实从果柄上剪下，只保留 1 厘米长的果柄，以免运销过程中相互刮伤。采收顺序应由表及里，由下而上，防止粗放采摘，以确保采收质量优良。

第八章 冬瓜标准化生产关键技术

104. 冬瓜的植物学性状有哪些特点?

冬瓜属葫芦科冬瓜属一年生攀缘性草本植物。

(1) 根 冬瓜的根系强大,须根发达,主根和侧根构成强大的吸收系统,利用较深层土壤中的水分和养分,同时具有固定植物的功能。冬瓜在茎蔓的节上易发生不定根,在生产上充分利用这一特性,采取压蔓促进不定根生长,扩大冬瓜根的吸收面积,以保持蔓叶旺盛生长和果实发育的需要。

(2) 茎 冬瓜茎蔓性,分枝力强,每个茎节的腋芽均可抽发侧蔓。冬瓜的茎蔓只要生长条件适宜,可无限生长,但在实际生产中,采取人工摘心打顶方式控制生长,茎的长度一般控制在3.5～7米。

(3) 叶 叶为单叶,互生,无托叶。随着植株生长,叶片变宽大,叶形为掌状,5～7裂。叶脉明显,成网状,叶柄长14～18厘米。叶面、叶背和叶柄均着生茸毛,有减少水分蒸腾的作用。

(4) 花 雌雄同株异花,先发生雄花,后发生雌花。早熟品种雌花始花节位在第3～12节,中晚熟品种在第15节左右。雄花出现早,多出现于第10节左右,以后每隔5～6节出现1～2节雄花。夏天雌雄花一般在早晨7～8时露水干后开放,阴雨天延迟到10～11时仍有花开放。

（5）果实　冬瓜果实为瓠果。幼果具茸毛，成熟时无茸毛，果皮绿色，被白色蜡粉或无。小型冬瓜果实重量 3 千克以下，大型冬瓜重达几十千克。嫩果和老熟果均可实用。习惯上多食用老熟果，其皮色浅绿，覆一层蜡粉。

（6）种子　卵圆形或长卵圆形，扁平，无胚乳，由种皮、幼胚及子叶等部分组成。种皮比较坚硬，水分不易渗入，因此发芽时间较长。种子外皮黄白色，有棱或无。种子千粒重 50～100 克。

105. 冬瓜的生育阶段怎样划分？

冬瓜整个生育阶段可以分为四个时期。

（1）发芽期　种子吸水萌动至子叶开展为种子发芽期，约需 15 天左右。此时期要求温度在 30℃左右，而且水分应充足。

（2）幼苗期　自第一真叶开始抽出至具有 6～7 片真叶，抽出卷须，为幼苗期。在 20～25℃气温下，约需 25～30 天。气温越低，时间越长。

（3）抽蔓期　幼苗具 6～7 片真叶，抽出卷须后，茎开始伸长，从直立生长变为匍匐生长，直至植株现蕾，为抽蔓期。一般需 10～20 天。这个时期营养器官开始迅速生长，茎叶生长量加大，茎节上的腋芽抽出侧蔓，花芽迅速分化。此时期是进行植株调整的最佳时期。

（4）开花结果期　从植株现蕾至果实成熟采收，为开花结果期。此时期生殖生长与营养生长同时进行。因坐果迟早与采收标准不同，此时期约需 40～70 天。其茎叶继续生长，主蔓上先发育雄花，后发育雌花，雌雄花发生的迟早与顺序，不同品种存在差异。冬瓜花一般在晚上 10 时左右初开，次晨 7 时盛开，2 天后花瓣凋谢，因此，要抓住授粉时机。果实的生理成熟约需 30 天。

106. 冬瓜标准化生产对产地环境条件有何要求？

（1）对土壤条件的要求 在良好的农业生态环境区域中宜选择土层深厚疏松、有机质丰富、肥力较高、排灌方便、前茬未种植瓜类作物、无污染的沙壤至壤土。土壤有机质含量应在1％以上，土壤pH为5.5～7。

（2）对温度条件的要求 冬瓜属喜温耐热蔬菜，但对温度适应性较强，可以忍耐40℃高温，短时间15℃低温也能正常生长。在不同生育期对温度要求不同。种子发芽期，要求温度在30～35℃；营养生长期和开花坐果期，适宜温度为25～30℃。

（3）对光照条件的要求 冬瓜对日照长短要求不严格，属中光性作物。在正常生长发育条件下，要求10～12小时及以上日照。阳光充足、光照较强时，光合作用良好，光合产物多，茎叶生长健壮。开花结果期要求充足的光照条件。

（4）对水分条件的要求 冬瓜叶面积大，蒸发量也大，因此，对水分需求量很大。但冬瓜有较强大的根系，吸水能力强，故冬瓜也有较强的耐旱性。冬瓜适宜的土壤最大持水量为60％～80％，但在不同的生长期需水量也不同。种子发芽期要求土壤含水量80％左右，幼苗期要求60％～70％，果实发育期需水量最多，应保持土壤有充足的水分。冬瓜不耐涝，雨后要及时排水。

107. 冬瓜有哪些食用和药用价值？

冬瓜以嫩果或成熟的果实供人们食用，有佐餐、药用和加工制成糖果等多种用途。冬瓜可炒、可炖，也可做汤，食用方便。将冬瓜浸糖液中，然后晾晒，可制成爽脆美味的果脯，即冬瓜脯。还可制成冬瓜茶、冬瓜干、冬瓜酱等。冬瓜性凉、微寒、味甘、淡，具有清热解毒、利大小便、消肿定喘、止渴等功效。冬瓜皮入脾、肺，具有利水消肿功能，临床上常配合茯苓皮、泽泻、猪苓等药同用。冬瓜子即冬瓜的种子，性味甘寒，有清肺、化痰、排脓之功效，适用于肺热咳嗽、肺脓疡（肺痈）、阑尾炎（肠痈）等病症。此外，冬瓜还用于减肥及美容，常食冬瓜有利健康。

108. 冬瓜可分为哪几种类型？

冬瓜的类型，按栽培季节长短可分为早熟种、中熟种和晚熟种。按果实大小可分为小果型和大果型，小果型冬瓜多是早熟品种，单果重在 3 千克以下；大果型冬瓜多为中熟或晚熟品种，单果重在 5 千克以上。按果实颜色和被白粉情况可分为青皮和粉皮两类。

109. 冬瓜标准化生产有哪些优良品种？

（1）特选黑皮冬瓜　海南省农业科学院蔬菜研究所选育的优良黑皮冬瓜品种。晚熟，侧蔓多。主蔓第 11～18 节着生第一雌花或连续多节着生雌花。果实长圆柱形，瓜长 60 厘米，横径 25 厘米，墨绿色，肉厚 6 厘米，白色，肉质致密。耐贮运，味清淡，品质优。其产品适合北运及出口港澳地区。单果重 15 千克左右，每亩产量可达 4 000～6 000 千克。

（2）四季粉皮冬瓜　海南省农业科学院蔬菜研究所经多年系统选育而成的优良粉皮冬瓜品种。其植株长势强，叶色深绿。果实日字形，瓜长 40～50 厘米，横径宽 30～35 厘米，被白色蜡粉，肉厚 5～6 厘米，白色，单果重 15～25 千克，耐热、耐渍、耐日灼、耐贮运。每亩产量可超 5 000 千克。

（3）黑优大杂交冬瓜　广东省农业科学院蔬菜研究所育成的

黑皮冬瓜一代杂交种。生长旺盛，抗病、抗逆性强。果实炮弹形，瓜长约58厘米，横径23厘米左右，肉厚5.5厘米，肉质致密。果皮墨绿色，表皮光滑，浅棱沟，品质优良。最大单果重可达20千克以上，耐贮运中晚熟，高产栽培每亩产量可达6 000千克以上。

（4）杂交小冬瓜　广东省农科院蔬菜研究所育成的一代杂交小型冬瓜品种。瓜长35厘米左右，横径17～20厘米，肉厚4～4.5厘米，单果重5千克左右。植株生长势强，抗病性好，第一雌花着生节位第7节，瓜皮黑色，肉质好，无酸味，无籽或瘪籽，每亩产量达3 500千克。

（5）东莞黑皮冬瓜　该品种主要用于远销港澳。其皮色墨绿，光泽好，果实短圆柱形，单果重9千克左右，肉厚，耐贮运，每亩产量可达4 500千克。

（6）青杂1号冬瓜　湖南省农业科学院蔬菜研究所育成的一代杂交种。植株长势强，第一雌花着生在主蔓第20～22节，两雌花间隔6～7节。瓜呈圆柱形，单瓜重15～20千克，最大达30千克。瓜皮绿色，表皮光滑，被茸毛，肉厚，质地致密，空腔小，商品性好，品质佳，晚熟。一般每亩产量4 000～6 000千克，最高达12 000千克，比青皮冬瓜增产40%～60%。耐贮运、耐压、抗震，适应性广，抗病性强。

（7）黑先锋杂交冬瓜　广东省农业科学院蔬菜研究所最新育成的黑皮冬瓜一代杂交种。该品种生长旺盛，抗病、抗逆性强。果实炮弹形，瓜长约75厘米，横径23厘米左右，肉厚5.5～6.5厘米，肉质致密。果皮墨绿色，表皮光滑，浅棱沟，品质优。最大单果可达25千克以上，耐贮运，播种后约130天可收获，高产栽培每亩产量可达6 000千克以上。

（8）三水特长黑皮冬瓜　植株生长势强，叶色深绿，果实长圆柱形，长60厘米，横径宽22厘米，墨绿色，肉厚6.5厘米。肉质致密，白色，较耐贮运，单果重16千克左右，每亩产量可超 6 000 千克。

（9）黑优 2 号　广东省农科院蔬菜研究所培育的黑皮冬瓜一代杂交品种。瓜形匀称，长圆柱形，瓜长约 65 厘米，横径 21～24 厘米，肉厚约 6.2 厘米，肉质致密。皮墨绿色有光泽，浅棱沟。品质优，每亩产量达 5 500 千克以上，田间表现抗疫病、枯萎病、病毒病。

（10）黑优 1 号　广东省农科院蔬菜研究所培育的黑皮冬瓜一代杂交品种。瓜形匀称，整齐，果实长圆柱形，瓜长 58～75 厘米，横径 22～25 厘米，肉厚约 5.5～6.5 厘米，白色，肉质致密。皮墨绿色有光泽，浅棱沟。品质优，商品率高，高产栽培每亩产量达 6 500 千克以上。田间表现抗疫病、枯萎病、病毒病。目前已成为华南地区主栽品种。

（11）一串铃冬瓜　属早熟品种。植株生长势中等，叶面积较小。第一雌花于主蔓第 5～8 节出现。果实近圆形或扁圆形，果型指数为 1（长/宽）。果实成熟时表皮有白粉，单果重 1～2 千克，常以嫩果供食。

（12）兴蔬黑冠　湖南省农科院蔬菜研究所选育的品种。第一雌花节位 15 节左右，瓜长 60～65 厘米，横径 20～25 厘米，肉厚 5～6 厘米，表皮黑色，瓜形圆筒形，瓤腔小，肉质致密，商品性好，单果重 12～20 千克。风味佳，适应性广。

（13）兴蔬白星　湖南省农科院蔬菜研究所选育的品种。第 1 雌花节位 18 节左右，瓜长 60 厘米左右，横径约 25 厘米，肉厚 5～6 厘米。粉皮，瓜圆筒形，散瓤，商品性好，单果重 15～25 千克。耐日灼，耐瘠薄，适应性广。

（14）黑冠 101　湖南省农科院蔬菜研究所选育的杂交一代新品种。瓜长 65 厘米左右，横径约 22 厘米，肉厚 5～6 厘米。果实长炮弹形，表皮深墨绿色且光滑，无棱沟。瓜形好，空腔小，肉质致密，风味佳，耐贮藏，适宜加工和远距离运输。田间抗逆性强。

110. 冬瓜育苗应注意哪些事项？

（1）选择合适穴盘 冬瓜苗叶片较大，宜选择 50 孔（510）或 54 孔（69）的塑料软盘为育苗盘；苗床要求高度 20 厘米，宽度 120 厘米，长度不限。

（2）营养土配制 选用经过筛、无病虫源的田土，与腐熟农家肥、草木灰或椰糠，按 4∶3∶3 体积比混合而成，每立方米加入 1 千克的三元复合肥（N‐P‐K＝15‐15‐15）充分混匀，要求 pH6～7，且达到疏松、保肥、保水、营养全面的效果。

（3）种子质量 选用抗病、优质、丰产、耐贮运、商品性好、适合市场需求的品种，且要求种子出芽率≥80％、水分含量≤8％、纯度≥95％、净度≥98％。并符合 GB/T16715.1《瓜菜作物种子 第一部分：瓜类》中 2 级以上之规定。

（4）种子消毒及催芽 先用清水洗净种子，然后保持 55℃恒温水浸种 15 分钟，再用清水浸种 10 小时，捞出放入 10％磷酸三钠溶液浸泡 20 分钟，再捞出洗净，至少冲洗 3 次。种子洗净后，置于 28～30℃恒温条件（可用灯泡）下催芽。未出芽前，每天用清水漂洗种子 1 次，并及时将水分滤干，再继续催芽，直到种子露白，有条件的可用培养箱催芽。

（5）播种 把配制好的营养土装入育苗盘内，在播种前一天将营养土浇透备用。将 1 粒露白种子平推入穴孔 1～1.5 厘米，覆上薄土，轻轻压实，浇足底水。

111. 如何做好露地冬瓜标准化生产的土地准备工作？

冬瓜定植前首先要选地、整地、施足基肥。选择土层深厚、有机质丰富、pH 为 6～6.5、前茬未种植瓜类作物的沙壤土或黏壤土种植。同时，为了避免冬春季栽培的冬瓜苗期遇到寒潮和前期春旱，后期夏雨，以选择背北向南、排灌方便的田块为宜。瓜地选好后，将其深翻耕耙，其深度应达 30 厘米，晒白，再二犁三耙将其整平整细，若土壤 pH 偏酸，每亩可结合基肥撒施石灰氮 40～60 千克进行土壤改良。冬春季栽培的冬瓜，以排灌方便的晚稻田为好，在晚稻收割后应及早犁田晒白，植前再耕耙整细。开好种植沟，在种植沟里施基肥，基肥以腐熟农家肥为主，每亩用量 1 500～2 000 千克，并加入 30～50 千克饼肥和 40～50 千克过磷酸钙，充分拌匀一起堆沤 20 天以上。另外加三元复合肥 30～40 千克、尿素 10 千克进行沟施，并与土壤充分混匀，然后起畦盖膜。单行植，畦宽连沟 150～160 厘米；双行植，畦宽连沟 300～330 厘米。覆上黑色地膜，有条件的可用银灰色地膜，效果更佳，准备定植。

112. 露地冬瓜标准化生产应如何确定适宜的种植密度？

根据品种特性、栽培方式与栽培季节等不同，合理安排冬瓜的种植密度。搭"人"字架种植大冬瓜，一般每亩种植 600 株左右，行距 1.5 米，株距 0.7 米。爬地冬瓜各地种植规格差距大，每亩种植 120～400 株，其中海南、云南、广东地区每亩种植 300～400 株，行距 3 米左右，株距 0.5～0.6 米；广西等其他冬瓜产区，每亩种植 120～300 株，行距 3.5 米，株距 0.7～1.6 米。

113. 冬瓜标准化生产如何进行养分管理？

冬瓜生产中，下足基肥后，一般还需追肥 6 次。

（1）瓜苗长出新叶后和 5 片真叶时，用 10%～20% 人粪尿或尿素按 5 千克/亩对水施 1 次，每株约施水肥 0.5 千克。

（2）抽蔓期每亩施 20 千克三元复合肥，10 千克硫酸钾。

（3）开花后每亩施 10 千克三元复合肥，作为促花肥。

（4）定瓜后一般连续追肥 3 次。第一次施三元复合肥（N - P - K＝15 - 15 - 15），按 20 千克/亩左右干施或随灌水施。然后隔 7～10 天施 1 次，连续施 2 次，每次用量在 15～20 千克/亩，全部干施。

114. 冬瓜标准化生产如何进行水分促控管理？

冬瓜根系虽然发达，吸水能力也很强，但因茎叶繁茂、果实巨大而需消耗较多水分，因此冬瓜不耐干旱。特别是坐果后，果实迅速发育，必须供给充足的水分。一般水分以保持土壤湿润为原则。苗期浇过缓苗水后，保持土壤见湿即可，促使根系向深处生长，使瓜苗壮而不旺；抽蔓后至坐果前，如土壤不够湿润，就结合引蔓、压蔓浇水 1 次，至坐果前，若土壤不发白就不再浇水，避免徒长而影响坐果；坐果后，果实重 1.5 千克左右，结合追肥浇水一次，作为催瓜水，以后每隔 5～7 天，结合追肥进行灌溉，促进果实发育；果实成熟前则应减少水分，降低土壤湿度，以提高其耐藏性。生长期内水分过多时要及时排水。合理的灌溉方法是生长前期最好采取浇灌，也可视生产情况沟灌，倒蔓后沟灌，每次灌水以 1/2～2/3 沟深为宜，采收前 7～10 天停止灌水。

115. 露地冬瓜标准化生产有哪几种搭架方式？

搭架形式多种多样，其目的都是便于植株调整，又可较好利用空间，提高坐果率和促进果实均匀，从而提高冬瓜产量和质量。在生产中采取的搭架管理方式有"人"字架和平棚架。

目前各地多采用搭"人"字架方式。"人"字架又分为 2 行合垄"人"字架和单行"人"字架，后者比前者更有利植株采光和通风，产量更高。

116. 怎样进行露地冬瓜标准化生产的植株调整？

冬瓜主要靠主蔓结果，所以应培育健壮的主蔓，主蔓的每个茎节都可抽发侧蔓。随着主蔓的伸长，侧蔓不断发生，必须及时摘除侧蔓，才能培育健壮的主蔓。主要的整蔓方式有以下几种：①坐果前留一二个侧蔓，利用主、侧蔓结果，坐果后侧蔓任意生长，主要用于不搭架栽培的冬瓜。②坐果前摘除全部侧蔓，坐果后留三四个侧蔓。摘除其余侧蔓，主蔓打顶或不打顶，可用于架冬瓜。③坐果前、后均摘除侧蔓，坐果后主蔓不打顶。④坐果前、后均摘除全部侧蔓，坐果后主蔓保持若干叶数后打顶，多用于架冬瓜。⑤对于爬地的粉皮冬瓜采取只留主蔓，其余侧蔓全部打掉的整蔓方式，并将植株向爬蔓相反的方向压倒盘旋一周。整蔓的同时要做好引蔓和压蔓工作。架冬瓜上架以后一般按瓜蔓自然生长势引蔓，即一株一桩引蔓，在地面绕一圈后沿桩向上引蔓，利用卷须缠绕固定即可，也可间隔3节左右绑一次蔓，隔2~3天进行1次。压蔓是为了固定瓜蔓的走向，并促发不定根。特别是不搭架冬瓜，压蔓能促使其不定根的发生，从而增加营养吸收面积和改善通风透光的环境，并可防止瓜蔓大风刮断和相互纠缠。一般在坐果前后各压蔓一次。压蔓时要注意不可将着生雌花的茎节和顶端生长部分及叶片压入土中，不能损伤茎蔓和叶片。爬地冬瓜的种植管理，每亩种植 300~400 株的，每株留 3条蔓，其余全部打掉；种植 120~300 株的，不整枝，但必须引蔓，让其分布均匀，叶蔓不重叠。

117. 怎样进行冬瓜标准化生产的人工辅助授粉？

进行人工辅助授粉要根据品种、市场要求以及环境条件来确定授粉时期。大冬瓜以 29～30 节坐果产量最高，但如果为了赶早市，可在 20 节左右授粉留果，一般以 22～25 节授粉坐果为宜，因为此时授粉较为保险，如果受到不良环境条件影响，还可以补救。如果在 29～30 节授粉，遇到不良环境条件影响后，植株已开始衰老，就会影响再次授粉坐果。另外，授粉前后应注意防治蓟马，因蓟马为害，授粉果也不易坐果。授粉时间一般选在晴天上午 7：00～10：00 进行授粉。一般授第二、第三朵雌花，多数留第三雌花的授粉果。具体方法是：用松软的毛笔蘸上雄花花粉，或直接摘下雄花，将花粉轻轻地点触在雌花柱头上，每株授 2 个果。此外，应用生长调节剂处理，可提高坐果率，但激素处理后的瓜不宜留作种瓜。

118. 如何选留冬瓜商品果？

冬瓜自第一雌花出现后，每隔几节又可陆续着生雌花。大型冬瓜品种，一般每株仅留 1 个果，其余全部摘除，以争取结大果。因此每株要在理想节位范围内选择授粉 2 朵雌花，选留 2 个幼果，待幼果长至 0.3～0.5 千克时，再择优留取 1 个好瓜。即幼果上下均匀一致、肩宽而平、顶端圆钝、全身密被茸毛且具有光泽的为理想果形。

小型冬瓜可根据种植密度情况，选留 2 个以上果。

119. 怎样进行冬瓜采收和贮藏？

冬瓜的采收主要是根据市场的需求和果实的发育情况来决定的。如各地栽培的大冬瓜以采收老熟果为主，即果实坐果后约 40～50 天才能收获。老熟果从果皮看，青皮（黑皮）冬瓜的皮上茸毛渐稀，皮色为深绿色或墨绿色；粉皮类老熟果密披白色蜡粉。采收时注意应在植株大部分叶保持青绿而未枯黄之前进行，如大部分叶片干枯后采收，会降低产量和品质。雨后不宜立即采收，应选择晴天采收，且采收前 10 天不能灌水。采摘时提起果柄用剪刀连一小段茎蔓剪下，采收堆放时要轻提轻放且避免阳光暴晒。

贮藏冬瓜，一定要选老熟的果实，嫩果不耐贮藏。且要求瓜形匀称，无病虫害，皮色好。采收后装卸和运输过程要轻拿轻放，尤其不要滚动、抛掷，防止瓤受震动损伤而导致腐烂。贮藏时，可以在室内地面堆放，也可在库内架存。在地面堆放时，要先铺一层细沙或稻草，采用"品"字形堆放。长时间贮藏，最好采取库内架存方式，下面也铺一层稻草再摆放冬瓜，瓜蒂朝下，瓜脐向上，保持室内通风凉爽。贮藏期间要经常检查，及时清除烂瓜。有条件的可在温度为 $10\sim15{}^\circ\!\mathrm{C}$、相对湿度为 $70\%\sim75\%$ 的冷库内贮藏，可放置 3 个月以上。

第九章 瓠瓜标准化生产 关键技术

120. 瓠瓜的植物学性状有哪些特点？

瓠瓜，亦称瓠子、葫芦、扁蒲、蒲瓜、夜开花等，是葫芦科葫芦属的一个栽培种，为一年生攀缘性草本植物。

（1）根 瓠瓜根系发达，侧根多，水平伸展，主要分布在表土下20厘米的耕作层内，根群分布宽达150厘米以上。根系喜潮湿，但又不耐渍。

（2）茎 茎为蔓生，五棱，中空，上被白色茸毛，蔓长3～4米以上，卷须分杈，分枝力强。茎节可发生腋芽、雄花或雌花及不定根，第5～6节开始发生卷须、雄花，主蔓着生雌花较晚，侧蔓1～2节即可发生雌花。

（3）叶 叶互生，叶片心状卵圆形至肾状卵圆形，密生白色茸毛，前端短尖或钝圆，边缘具短齿，基部心形；叶柄长5～30厘米，顶端具腺齿2枚，被柔软茸毛。

（4）花 花单生，个别对生，花冠钟形，傍晚开放。雄花具长柄，比叶柄稍长；雌花柄较短。雄花有雄蕊3枚，花药结合，一药具1室，另两药各具2室；雌花子房椭圆形，有绒毛，花柱短，柱头3枚，各2裂。

（5）果实 果实为瓠果，有短圆柱形、长圆柱形或葫芦形。嫩果果皮淡绿色或具绿色斑纹，被茸毛；果肉白色而柔嫩，胎座发达。成熟时果肉变干，表皮茸毛脱落，果皮变硬，皮色转为黄褐色。

（6）种子 瓠瓜种子短矩形、扁平、淡灰黄色，边缘被茸毛，前端平截或有 2 角。千粒重 125～170 克，每亩用种量为200～300 克。

121. 瓠瓜的生育周期怎样划分？

瓠瓜的生育周期大致可分为种子发芽期、幼苗期、抽蔓期和开花结果期 4 个时期。

（1）种子发芽期 从种子萌动至子叶展开，称为种子发芽期。因品种和栽培季节的不同，一般需 7～15 天。瓠瓜种子种皮较厚，不易透水，出芽较为困难，宜用 55℃温水浸泡 15 分钟后，置于常温水中浸泡 24 小时，再行催芽。

（2）幼苗期 子叶展开至第 5～6 片真叶发生，开始抽出卷须为幼苗期。幼苗期植株直立，发生的叶片较小，但根系开始迅速生长，幼苗期结束时，根横向伸展已有 50 厘米以上，深度 15厘米，腋芽也开始萌动。这个时期在气温 20～25℃时，约需15～20 天。

（3）抽蔓期 幼苗具 5～6 片真叶，开始抽出卷须至植株现蕾为抽蔓期。这个时期，植株的茎叶生长加快，以后随着茎蔓生长，各个茎节的腋芽也陆续生长，发生大量子蔓，子蔓又抽生孙蔓，形成繁茂的茎叶系统。因此，栽培管理上应协调好营养生长和生殖生长的关系，切忌此时营养过旺，造成"疯蔓愁瓜"的不良后果。应及时采取有促有控、促控结合的措施，使植株根深苗壮，以利于花芽分化和孕蕾，为以后的茎叶生长和开花结果打下良好的基础。

（4）开花结果期 植株现蕾至生长结束为开花结果期。开花结果期生殖生长和营养生长同时进行，这个时期的长短，因品种和栽培季节的不同而异。

瓠瓜主蔓发生雌花较晚，一般 5～6 节即开始发生雄花，以后各节都发生雄花，但主蔓很高结位后才可能发生雌花，而子蔓 1～3 节即开始产生雌花，孙蔓产生雌花的节位更早。一般于主蔓 5～6 片叶时进行第一次摘心，当子蔓结果后进行第二次摘心，以促进孙蔓的抽生和结果，此后可任其自然生长或再行第三次摘心。瓠瓜雌花刚开放时，子房长 6～7 厘米，开花后 10～15 天即可达到果实的食用成熟期。

122. 瓠瓜标准化生产对环境条件有何要求？

（1）温度　瓠瓜原产于非洲，喜高温，较耐热，不耐低温。种子发芽适温为 30～35℃，温度在 20℃ 以下时，发芽缓慢，15℃ 以下发芽困难。生长和结果期适宜温度为 20～25℃，15℃ 以下则生长不良，5℃ 以下发生寒害。不同品种间存在差异，长瓠子不耐高温，而圆葫芦及腰葫芦比较耐高温。

（2）光照　瓠瓜属短日照植物，喜阳光而不耐阴。经过长期的栽培和选择，对光照长短的要求已不太严格，但苗期短日照有利于雌花的形成，低温加短日照的促雌效果更好。开花结果期对光照条件要求较高，阳光充足，病虫害少，有利于生长和结果，因此适宜搭架栽培，有利于通风透光。瓠瓜开花对光照强度比较敏感，多在弱光的傍晚开花，故俗称"夜开花"。

（3）水分　瓠瓜喜湿不耐涝。生长前期喜湿润环境，开花结果时，宜适当降低湿度。天气干旱，水分不足，植株生长受阻，产量和果实品质会降低；阴雨天多，空气湿度大，田间积水时，花、叶片和嫩果都易腐烂，轻则影响产量，重则造成植株发病致死。长瓠子属于浅根系，根系主要是水平伸展在表土 20 厘米以内，不耐干旱；而圆葫芦的根系入土较深，耐旱力较强。但二者都不耐涝。

（4）土壤　瓠瓜对土壤的适应性较广，从沙壤土到黏质壤土均可。但因种类的不同而有所差异，长瓠子不耐瘠，适宜在富于腐殖质的保肥保水能力强的土壤上栽培；圆瓠子的根系较深，耐旱、耐瘠能力较强，对土壤的要求不高，但因为生长期长，果实较大，对养分要求较高。瓠瓜生长全期需适量氮肥，结果期需要充足的磷肥和钾肥。

123. 瓠瓜的食疗价值如何？

瓠瓜含有蛋白质及多种微量元素，有助于增强机体免疫功能。同时，瓠瓜中含有丰富的维生素 C，能促进抗体的合成，提高机体抗病毒能力。

从瓠瓜中可分离出两种胰蛋白酶抑制剂，对胰蛋白酶有抑制作用，从而起到降糖的效果。

胡萝卜素在瓠瓜中含量较多，食后可阻止人体致癌物质的合成，从而减少癌细胞的形成，降低人体癌症的发病率。

中医认为，瓠瓜有清热解暑、止渴除烦和利水的功用，对各种类型的水肿，如心脏性水肿、肾炎水肿，肝硬化腹水等有一定辅助疗效。

124. 瓠瓜主要有哪几种类型？

中国瓠瓜的品种丰富，分类方式多样，一般按瓠瓜果实的形状和大小，可分为 5 个变种：

（1）瓠子　果实圆筒形，按果实长短可分为长圆筒形和短圆筒形两种，长圆筒形果实长达 50～60 厘米，最长达 100 厘米，横径 7～13 厘米；短圆筒形果实长 20～30 厘米，横径 13 厘米左右。果皮绿白色，柔嫩多汁，果肉白色。瓠子生长期短，结果较集中，生产所用品种多为此类型，是夏季早熟瓠瓜栽培的主要类型。

（2）长柄葫芦　果实棒形，下部圆大，近果柄处细而长，嫩果供食用，老熟果可作瓢。

（3）大葫芦　果实扁圆形，直径 20 厘米，果柄短小，果大。嫩果供食用，老熟果可作瓢用。

（4）细腰葫芦　果实下部大，近果柄部较小，中间缢细。嫩果供食用，老熟果可作容器、玩具或工艺品。

（5）观赏腰葫芦　果实细小，长度仅 10 厘米左右，中间缢细，下部大于上部。主要作观赏用，果实成熟后可制作玩具或工艺品。无食用价值。

125. 瓠瓜标准化生产有哪些优良品种？

瓠瓜在我国南方普遍栽培，主要栽培的是圆筒形瓠子，而葫芦只有少量栽培。主要品种有：

（1）长瓠子　果实长圆筒形，在长江流域栽培比较普遍。果实长 40～50 厘米，果皮淡绿色，果肉白色、柔软，品质优良，多以子蔓或孙蔓结果，早熟品种。

（2）孝感瓠子　湖北孝感市地方品种。果实长圆形，腰部稍细，先端较膨大，长达 60～70 厘米，横径 6～7 厘米。皮薄色绿，果肉厚，绿白色，种子少，品质好。单瓜重 1.0 千克左右。为早熟、高产品种。

（3）鄂瓠杂 3 号　湖北省农业科学院经济作物研究所选育。该品种早熟，从定植到始收 42～55 天。商品瓜单果重 400～500 克，瓜长 42～45 厘米，较耐白粉病，较抗霜霉病。瓜条粗细均匀，口感细嫩，味甜清香，商品性好。每亩产量达 3 000 千克。

（4）甬瓠 2 号　宁波市农业科学研究院选育的杂交种。早熟，一般大田每亩产量 3 000 千克。商品果表皮浅绿色，长棍棒形，下部略粗，果长约 50 厘米，横径约 5 厘米，单果重约 500 克，果脐部钝圆。果肉白色，口感细嫩，味甜，商品性好。抗病毒病能力较强。

(5)甬瓠3号 由宁波市农业科学研究院育成的杂交瓠瓜品种。植株蔓生,生长势强,以侧蔓结果为主,单株结果4~5个。第1雌花一般着生在主蔓4~6节位侧蔓的第1节位。雌花率高,坐果性能好。商品果表皮绿色,长棍棒形,上下粗细均匀,长约40厘米,横径约4厘米,单果重约500克,果脐部钝圆。果肉白色,口感细嫩,味甜,商品性佳。早春保护地栽培从移栽到始收需41~51天,花后10~15天采收。大田栽培每亩定植1 700~2 200株,产量3 000千克左右。适合春季和秋季设施栽培。

(6)华瓠杂3号 华中农业大学苦瓜瓠瓜课题组育成的瓠瓜新品种。商品果青绿色,味微甜,第一分枝在主蔓第四节左右,分枝上可连续着生3朵雌花,间隔1~2节后又可连续着生雌花。商品果长条形,整齐,商品性好。早熟,从播种到雌花开放约70天,早期产量高。平均果长53.8厘米,横径4.67厘米,单果重约450克,维生素C、蛋白质和含铁量均较高。

(7)浙蒲2号 由浙江省农业科学院蔬菜研究所选育。耐低温、弱光能力强,早熟性好,始收期提前2~5天,前期产量提高20%以上,总产量提高15%以上。嫩瓜皮色碧绿、有光泽,长度整齐适中,上下粗细均匀,畸形瓜比例低,品质优,肉质致密,口感佳,质嫩,味微甜,较抗病毒病、白粉病,综合性状好。

(8)美丰1号 由广东省农业科学院蔬菜研究所选育。具有生长势强、品质优的特点。果实圆筒形,长25厘米左右,横径6.5厘米,单果重550~600克。对白粉病和病毒病的抗性强于对照品种早瓠子。皮色淡绿,肉质嫩滑,味甜,一般每亩产量达4 000~5 000千克,适宜华南地区春、秋季种植。

(9)福州青口芋瓠 福州地区的优良品种。植株攀缘生长,分枝力强,侧蔓结瓜,第1雌花着生于侧蔓第1节。果呈棍棒形，长 50 厘米，横径 7 厘米。商品果皮色浅绿，老熟果皮土棕黄色。果实表面平滑，果肉白色。单瓜重 1.0 千克左右。属早熟品种，从定植至采收 48 天，延续采收 38 天。耐寒，肉致密而软，水分多，味微甜，品质佳。

（10）汉龙碧玉 系武汉汉龙种苗有限责任公司育成的早熟瓠瓜杂交一代新品种，具有早熟、高产、抗逆性强、前期产量高、品质好等特点。适宜长江中下游地区作早春保护地（大棚、温室）栽培、露地早熟栽培及秋延后栽培。主蔓结瓜较迟，以侧蔓结瓜为主。侧蔓从第一节开始，每节均发生雌花，常伴多雌花现象。早熟，春季从定植到采收 40 天左右。植株生长势强，耐低温，抗逆性好。商品果浅绿色，长圆筒形，长 50 厘米左右，横径 4.5～5 厘米，单果重 500～1 000 克，肉质柔嫩，品质微甜。每亩产量 3 500 千克以上，高产可达 4500 千克。保护地栽培 4 月上中旬可上市。

126. 瓠瓜标准化生产的主要季节和生产方式有哪些？

（1）大棚早熟栽培 采用多层覆盖，播种期为 1 月中下旬至 2 月上旬，南方地区可提前到 12 月中下旬。在雌花开放 15 天左右，瓠瓜皮色变淡而略带白色，肉质坚实而富有弹性时，是采收适宜期。

（2）露地栽培 长江流域及其以北地区，播种期从 3 月底持续到 5 月上旬。华南地区夏秋和冬春均可露地栽培，一般夏秋栽培于 6～7 月播种，冬春栽培于 9 月下旬至翌年 2 月均可播种。高山栽培时，选择海拔 500～1 000 米的田块或旱坡地种植，以 600～800 米最为适宜。一般于 5 月中下旬露地直播，海拔 500～600 米的山区可适当推迟到 6 月上旬播种。从播种到开花一般 40 天左右，谢花后 10 天左右采收，可采收 50 天左右。

（3）大棚秋延后栽培　8月初至8月中旬播种育苗，也可8月中旬点播。大棚瓠瓜生长快，通常头档瓜于谢花后7～10天即可上市。延秋瓠瓜在双层膜覆盖条件下，采收期可延至元旦前后。

（4）冬春季日光温室或大棚栽培　塑料大棚以多层覆盖栽培为主，产品可于春节前后上市。10月上中旬播种育苗，11月上中旬移栽，12月上中旬坐果，翌年1月前后开始采收上市。如日光温室栽培，可于11月下旬至12月上旬播种，翌年2月下旬至3月上旬进入结果盛期，结瓜期持续到6月中下旬。

127. 瓠瓜标准化生产育苗方式有哪些？

瓠瓜标准化生产育苗主要采取苗床育苗、营养钵育苗、穴盘育苗和营养块育苗等方式。

（1）苗床育苗　这是最传统的育苗方式。此法投入少，操作简单，易掌握，但容易出现苗不整齐现象，而且定植时需要人工切块起苗，容易伤根，定植后缓苗期长，不利于成活，而且种苗运输较困难。

苗床育苗需要配制培养土，要求床土具有高度的持水性和良好的透气性，富含矿质营养，不带病原菌和害虫等有害生物，pH6～7。配制床土的主要原料有两类：一是有机肥，二是未种过瓜类蔬菜的肥沃菜园土。比较理想的有机肥有草炭、鸡粪、牛粪、饼肥等，也可以是有机质含量较高、充分腐熟的其他厩肥或堆肥。无论使用哪种有机肥，均要求经过充分腐熟。菜园土要求取自未种过瓜类蔬菜的非重茬地，最好使用前茬为葱蒜类蔬菜的菜园土。育苗床土要求肥力较高，土质疏松，菜园土和有机肥的比例为6～7：3～4。床土配好后，必要时应进行消毒。如用0.5%福尔马林喷洒床土，拌匀后密封堆置5～7天，然后揭开薄膜待药味挥发完后再行使用，可防治猝倒病和菌核病等。

（2）营养钵育苗　此法的优点是不需要人工切块囤苗，方便移动幼苗，且幼苗较整齐一致，但是前期投入相对较大，税费管理相对严格。可采用苗床育苗的培养土，填充直径 6～8 厘米的营养钵，选择优质瓠瓜种子点播于营养钵中，每钵播催芽的种子 1～2 粒，覆土 1～1.2 厘米后，或可先苗床播种，待幼苗 1～2 片真叶时移苗入营养钵。

（3）穴盘育苗　将种子直接播入装有营养基质的育苗穴盘中，在穴盘中培育成半成苗或成龄苗。这是目前蔬菜育苗技术中一种较高层次的育苗方法，它可以在人工控制的最佳环境条件下，采用科学化、标准化技术措施，并可运用机械化、自动化手段，使蔬菜育苗实现快速、优质、高效的大规模生产；也可以在大田设施栽培条件下，应用育苗基质和穴盘，进行小规模育苗。此方法的主要优点是省工、省力，便于管理和种苗的运输。

（4）营养块育苗　是用一种新型高科技产品育苗。育苗营养块选择优质泥炭或枯树枝等为主要原料，采用先进科学技术压制而成，集基质、营养、控病、调酸、容器于一体，尤以苗龄较短的瓜类蔬菜品种为适宜。其主要优点是使用方便，且带基质定植，补苗少，整个苗期只需注意水分和温度；苗健壮，抗逆性强，发育快，移苗成活率高；微量元素齐全，硝酸盐含量低，不污染环境。

此外，还有纸袋育苗等方式。每种育苗方式各有其优缺点，生产中要结合实际情况灵活选择。

128. 育苗时如何处理瓠瓜种子？

瓠瓜种子种皮较厚，播种前最好先浸种催芽，以达到苗齐苗壮的效果。先将种子放入 50～60℃热水中，不断搅拌 15 分钟，待水温降至 30℃左右时，继续浸种 4～6 小时，洗净后晾干，用湿纱布包好，在 30～32℃条件下催芽。每天用温水冲洗 1～2

次，2～3 天后，当 75％种子露白时即可播种。也可在催芽种子有 1/3 露白时，将种子置于 2～4℃低温条件下处理 1～2 天，可提高瓠瓜的抗性和产量。

129. 瓠瓜标准化育苗如何进行播种？

瓠瓜播种前苗床或育苗基质应先浇透底水，冬季低温季节所用的水必须提前备入棚内或采用井水。瓠瓜种子大，播种时催芽露白的种子应平放，播种后撒盖配制好的过筛培养土或基质，培养土覆盖厚度 1～1.5 厘米，基质覆盖厚度 1.5～2.0 厘米，覆盖过深不利于种子发芽，覆盖过浅会导致幼苗"带帽"，然后平铺地膜等保温保湿材料。

130. 瓠瓜标准化生产的苗期管理有哪些措施？

（1）温度管理　瓠瓜播种后至出苗前，苗床温度白天应控制在 30～32℃，夜间 16～20℃，以利于尽快出苗；出苗至幼苗期，要降低苗床温度，白天控制在 23℃左右，夜间 12～16℃，防止幼苗徒长；需分苗的地区，在瓠瓜分苗前 2～3 天，要适当降低苗床温度，白天 20～25℃，夜间 8～12℃；分苗后 2 天，苗床内应加盖地膜，以保温、保湿，等秧苗心叶开始生长时，可通风降温、降湿，防止秧苗徒长；定植前，苗床温度应保持在白天 24～28℃，夜间 8～12℃。

（2）光照管理　瓠瓜幼苗期要保证充足的光照，尽量延长其光照时间，保温覆盖物在白天要揭开，让幼苗充分见光，促进其光合作用，培育壮苗。

（3）水分管理　瓠瓜出苗后，应合理通风，降低苗床的湿度，控制空气的相对湿度在 70％～80％。防止湿度过大，造成病虫害的发生流行，以及秧苗的徒长。

（4）追肥　幼苗生长期，应适当进行追肥，可喷施叶面微生物有机叶面肥或结合浇水追施 0.1%～0.3% 的三元复合肥，根据苗情，确定追肥次数，使秧苗健壮，增加抗病性和抗逆性。

（5）分苗　采用穴盘直接播种育苗时，可无需进行分苗，但苗床播种育苗时，则需要进行分苗。瓠瓜一般在两片子叶充分展开、心叶吐心或开展时即可分苗。分苗前先按要求提前做好分苗床，然后选在晴天进行分苗。分苗前 3～5 天应使幼苗经低温锻炼，分苗前 1 天或当天上午要浇水，使苗床湿度适宜。分苗时，要注意尽量少伤根，挖起后，按照秧苗大小进行分级，分别定植于分苗床上，便于管理。

131. 如何做好露地瓠瓜标准化生产的土地准备工作？

瓠瓜耐肥而不耐瘠，宜选择无遮阴、向阳、排灌方便、肥沃疏松的沙壤土至黏壤土种植。注意避免重茬。

选好地后即进行翻地晒白，然后耙碎整细，整地时需施足基肥，一般每亩施腐熟有机肥 2 000～3 000 千克、过磷酸钙 30～50 千克、复合肥 20～30 千克。基肥沟施时注意要与沟土混匀，并在覆土后再行播种或移栽，切忌种子或幼苗直接与肥料接触，以免烧伤种芽或幼根。整好地后，做成包沟宽 140～150 厘米的高畦或小高畦，畦面做成龟背形，便于排水。畦面覆盖地膜。

132. 瓠瓜露地标准化生产应何时定植？如何确定适宜的种植密度？

瓠瓜露地栽培，定植不宜过早，以免受冻、受寒造成茎空心，最好是在终霜后稳定 1 周左右或气温回升在 15℃以上定植。

定植时不宜栽植过密，一般支架栽培，畦宽 150 厘米包沟，按株行距 75 厘米×50 厘米双行定植，每亩定植 1 200 株左右；平棚架以畦宽 120～130 厘米、株距 60～70 厘米为宜，每亩定植 800～1 000 株。

133. 瓠瓜标准化生产对养分需求有何特点？如何进行养分管理？

瓠瓜不耐瘠薄，对养分需求较大。除施基肥外，还要注意巧施追肥，其追肥规律是："前轻后重，前淡后浓。"一般幼苗定植缓苗后，浇一次缓苗水，并随水追施 10% 的腐熟人粪尿，或每亩用尿素 5 千克加复合肥 10 千克，视土壤湿度采取深埋或兑水浇。摘心后施 1 次分蔓肥，可结合培土每亩施复合肥 10～15 千克或饼肥 30 千克；坐果后施 1 次壮果肥，每亩施复合肥 25～30 千克，采取深埋的方式；开始采收后再分期追肥 2～3 次，每次施 12～15 千克复合肥，最好对水浇施。

134. 如何进行露地瓠瓜标准化生产的水分管理？

瓠瓜植株茎叶繁茂，蒸腾量大，需水量较多。一般定植缓苗后，浇一次缓苗水；缓苗后到开花坐果前，应控制浇水，防止植株徒长，促进根系生长；进入结果期后，需水量增大，要及时浇水，必须保证充足的水分供应，这时如干旱可 1～2 天浇 1 次水，炎热天浇水应于清晨或傍晚进行，并注意雨季排涝，避免田间积水。

135. 如何进行露地瓠瓜标准化生产的植株调整？

瓠瓜主蔓发生雌花较晚，而侧蔓 1～2 节即着生雌花，为了促进侧蔓及早发生和结果，不论是爬地栽培、搭架栽培，都应进行植株调整。一般于主蔓6叶左右时进行第1次摘心，当侧蔓结果后进行第2次摘心，以促进第2次侧蔓的抽生和结瓜，此后可任其自然生长或再行第3次摘心。当植株生长势旺或结瓜中后期植株郁闭时，应适当剪除基部细弱的侧枝、老叶，以利通风透光，减少养分消耗和病虫害。另外，为了增加雌花数，幼苗4~6片真叶时，用乙烯利150毫克/升喷洒叶面，从主蔓的第8、9节开始，每节都可以发生1朵雌花。如果喷洒2次，连续着生的节数更多，雄花的发生大大减少。

136. 瓠瓜标准化栽培应注意什么？如何做？

（1）用乙烯利处理瓠瓜，可促使雌花数量增多，结果早且结瓜数量多，达到增产、早上市的目的。但是，乙烯利对雄花生长有抑制作用，所以在同一块田里应留一些植株不喷药，任其自然生长。一般在植株4~6片真叶期用150毫克/升的乙烯利溶液处理1~2次。

（2）瓠瓜是雌雄同株异花，虫媒花。早春栽培气温低，昆虫授粉受阻，开花结果期应进行人工辅助授粉，提高坐果率。授粉时间以早晨8~9时为宜，授粉最好是用当天正在开放的雄花，要先检查一下雄花是否有花粉。一般1朵雄花花粉可供2~3朵雌花授粉。授粉过程动作要轻，不要损伤雌花柱头和子房，以免影响坐果或成品瓜的外观。

（3）瓠瓜主蔓着生雌花迟，侧蔓1~2节就可着生雌花，结瓜以侧蔓为主。当主蔓6~8片叶时要进行摘心处理，留2~3条侧蔓。子蔓出现雌花后，在雌花以上留3~5片叶进行摘心，同时要绑蔓搭架，促进幼瓜生长。爬地栽培要进行压蔓。

（4）瓠瓜进入开花坐果期后，需要有足够的养分供给，才能促进果实膨大。所以在这个时期，要及时追肥，平均每亩施三元复合肥 25 千克以上，可根据当地土壤肥力情况因地制宜适当调整。每采 1～2 次瓜后都要追肥 1 次，确保获得优质高产。

（5）合理疏花疏果。瓠瓜开花结果期一般单株雌、雄花各保留 3～4 朵即可。冬季单株同时留果 1～2 条，春、夏季单株同时留果 2～3 条，多余幼果应及时疏去，防止养分供给不均衡，造成畸形瓜和化瓜。

（6）注意病虫害防治，把病虫为害程度控制到最低。坚持"以农业防治、物理防治、生物防治为主，化学防治为辅"的绿色无害化控制原则，不使用国家明令禁止的高毒、高残留、高生物富集性、高"三致"（致畸、致癌、致突变）农药及其混配农药。

137. 怎样进行瓠瓜采收和贮藏？

瓠瓜雌花开放时，子房长 6～7 厘米，经过 10 天左右的发育，便可达到 30～40 厘米，开花后 10～15 天，果实即可食用，此时果皮和胎座组织柔软多汁，品质最好。但是瓠瓜果实商品成熟期也因气候条件和品种而异，早熟栽培的瓠瓜第 1 瓜生长时期的温度低，植株的叶面积小，果实发育比较迟缓，一般谢花后 15～20 天收获，而旺果期谢花后 11～15 天即可收获。采收时，为避免破皮，影响贮运，必须用剪刀适当剪去瓠瓜的果柄，同时轻拿轻放。

138. 为什么有些瓠瓜果实有苦味？

瓠瓜的果实有时会有苦味，人食用后可能产生呕吐、头晕等症状，对健康有一定的影响。张谷曼研究认为，瓠瓜变苦，与栽培管理、使用农药、化肥无关，而是由其遗传因子决定的。是由显性的苦味基因促使果实产生一种糖苷——葫芦苷而使果实带有苦味。因此，防止瓠瓜发苦的措施是：栽培中发现苦味瓜的植株应立即拔除，选留无苦味的植株留种，新品种选育时杜绝选留有苦味的植株做亲本。

第十章 佛手瓜标准化生产关键技术

139. 佛手瓜的生育期如何划分？

佛手瓜〔*Sechium edule*（Jacq.）Swartz.〕又名佛掌瓜、合掌瓜、香橼瓜等，属葫芦科多年生宿根蔬菜。

佛手瓜在热带、亚热带作为多年生栽培，几乎全年均可开花结果，一般从初夏后至冬至陆续收瓜，或以4～7月、9～12月为两个明显的收瓜季节，生长周期不大明显。就一个生育期而言，大致可分为4个时期。

（1）幼苗期　种子萌芽到倒蔓所经历的时期。幼苗期一般为30～40天，视播种季节而定。

（2）抽蔓期　从幼苗上架到初花期。此期主、侧蔓几乎同时发生。主蔓伸长约50厘米后、基部长达1米以上出现花芽，分枝逐渐增多。抽蔓期要及时搭架（棚）、引蔓、疏芽，选留3～4条健壮的侧芽引蔓上架。铺地栽培，应及时全园铺盖稻草，并分布均匀地引蔓伸长，同时重施追肥。

（3）花果发育期　指开花至果实采收期。佛手瓜从开始着生雌花后，几乎每节均有雌花发生，但往往是间隔1～2节坐瓜。佛手瓜植株开花后10天内，子房增重缓慢；12～15天，果实开始迅速膨大；25～30天，果实生长逐渐减缓，可视为菜用采收适期。果实无后熟期。

（4）更新期　佛手瓜为多年生攀缘性宿根瓜类，由于栽培条件和栽培目的不同，大体上可分为 3 个基本栽培类型：周年持续生长和结果类型、季节性生长和结果类型、一平生栽培类型。

140. 佛手瓜标准化栽培对环境条件有何要求？

（1）光照　佛手瓜属于短日照作物，在长日照条件下开花结果差或不结果。高纬度地区，无霜期短，日照长，佛手瓜开花结果迟，产量低。而在断霜期早，冬季气温不太低的地区，佛手瓜越冬宿根萌芽早，春分前日照较短时就能开花结果。佛手瓜具有一定的耐阴性，强光对植株生长有抑制作用，而且延缓结瓜。故佛手瓜常可爬地生长或在向北山坡、山沟中正常生长结瓜。

（2）温度　佛手瓜喜温暖，忌严寒和炎热。故宜在热带、亚热带山区种植。海拔 300～800 米或坡地最适合其种植。7℃胚根即开始生长，10℃以上幼苗萌发。18～25℃最适合生长和结瓜。霜期，地上部受冻害会干枯，需注意防寒保温，宿根才能安全越冬。高温（>28℃）干旱植株生长停止且落花落瓜，持续时间长达 10 天以上，则叶片枯死。因此，宜选择冷凉的小气候环境栽培，或辅以降温措施，才能安全越夏。在亚热带山区，佛手瓜可以安全越夏，而要安全越冬，则需要有防寒措施。

（3）水分　佛手瓜生长旺盛，需水量很大，但因其根系发达，加上有硕大的块根形成。因此，仍较耐旱。但不耐涝，园地积水数日，即烂根死亡。佛手瓜不同生育期对水分的需求也不同。种子萌芽期，可不必另加水分，以免烂瓜、烂芽。幼苗期，需水量也不多，但对水分较敏感，一旦缺水，幼苗生长十分缓慢，叶片小而无光泽，节间密。植株旺盛生长期，特别是开花坐果期，需水量最大，此期应注意水分的供给，以免落花落瓜，特别是 7～9 月高温期间，一定要保持空气和土壤中有较高的湿度，否则，茎蔓停止生长，叶色变黄，影响果实的生长。因此，及时供足水分是佛手瓜高产优质的重要保证。

（4）土壤和养分　佛手瓜对土壤的要求不甚严格，但以土层深厚、疏松、排水良好、富含有机质、通透性好的中性沙壤和壤土、黏壤土为宜。

佛手瓜长势旺，结瓜多，需肥量较大。当植株进入旺盛生长期和结瓜期，需肥量达到最高峰，也是提高肥料利用率的最佳时期，应多施肥水。但氮肥施用量不宜过多，以免茎叶生长过旺而结果少，中后期应注重多施磷钾肥。

141. 佛手瓜有哪些食疗作用？

佛手瓜在瓜类蔬菜中营养全面丰富，常食有益增强人体抗疾病的能力。并且其维生素和矿物质含量高于其他瓜类蔬菜，热量低，又是低钠食品，是心脏病、高血压患者的保健蔬菜。经常食用，可利尿排钠，有扩张血管、降压之功效。佛手瓜中硒含量也较高，每 100 克鲜果中硒含量高达 30.58～53.01 微克，是多种蔬菜不能比拟的。此外，佛手瓜中还含有较多的锌元素，有助于儿童智力发育。中医认为佛手瓜具有理气和中、疏肝止咳的作用，适宜于消化不良、胸闷气胀、呕吐、肝胃气痛以及咳嗽多痰等症的食疗。

142. 佛手瓜标准化栽培可选用的优良品种有哪些？

我国普遍栽培的佛手瓜优良品种主要有 2 个。

（1）绿皮种　该品种植株生长势强健，蔓粗壮而长，分蔓较早，一般蔓长 15～20 厘米即可分枝，新梢多而脆嫩。叶色较浓绿，能形成块根。结瓜多，产量高。瓜形较长而大，单瓜重 300～400 克。果面上长有刺瘤且较粗硬，皮色浓绿。肉质较硬，淡绿色，略有清臭味，品质差。成熟瓜在植株上较易出现自然萌芽现象。广东、海南等地普遍栽培的多为无刺种，生长势较旺，可适宜采摘嫩蔓供食用。

（2）白皮种 该品种植株生长势较绿皮种弱，蔓较细短，很少形成块根，分蔓迟且少。叶淡绿色，叶柄淡白色，叶脉黄白色。结瓜较少，产量低。瓜较短肥，略扁，瓜横径为 8.5 厘米，纵径为 11.0 厘米，单瓜重 200~250 克。始花期较绿皮种迟 7~10 天。果面较光滑，白绿色，棱沟处浅，且不规则，无刺或少刺。肉白色，质地细软，含水分较少，煮食较软滑，略呈糯性，腥味淡，风味较好，品质好。在国际市场上，与奶油色品种一样，深受消费者青睐。台湾地区多以白皮种外销。

白皮种耐热性也较强，成熟果在植株上很少出现自然萌芽现象，贮藏期间也不易萌芽。目前，栽培面积不大。

此外，据报道，近年来还配制有杂交品种在生产上应用，即白皮种×绿皮种一代杂交（94 - 1）。适应性强，适合北方种植，是我国首次自行选育的佛手瓜新品种，值得推广。

143. 佛手瓜育苗繁殖方式有哪些?

佛手瓜繁殖方式有实生繁殖和无性繁殖两种。

（1）种瓜繁殖 以整个种瓜作为繁殖材料。这也是目前生产上普遍采用的一种繁殖方式。选择瓜大（单瓜重 150~200 克）、瓜形正、无虫害、瓜皮较硬且达到生理成熟度的瓜作种。一般在雌花开放后 50~60 天即可采收做种。以在植株上已自然萌芽而又较硕大的老瓜作种更好。如种芽未露出，宜平放在室内阴湿处催芽，约 10 天种芽开始露出、长根后再行种植。催芽时要注意防鼠或害虫咬食。

（2）光胚繁殖 从成熟的种瓜中剥除瓜肉取出其中的种胚后播种，称光胚或裸胚繁殖。光胚繁殖要因地制宜选择适宜的播种季节，出苗后幼苗长势也较弱，不利于安全越夏或越冬。因此，一般不宜夏播。另外，最好采用集中育苗，不宜直播于大田，否则成苗率不高。

（3）分株繁殖　佛手瓜分枝力强，每条分枝基部都有细根长出，可分割成若干小植株供繁殖用。一是切取带块根的芽苗，栽植后易成活，也易长成幼株。块根的大小要适宜，一般重50～70克。二是从不带块根的宿根植株上切取带须根的芽苗，种植后要浇水、遮阳，才易成活。

分株繁殖的优点是：一是取材容易，简便易行。二是成苗率高，一般可达80％～90％，并且可在短期内扩大繁殖系数。三是有利于保持优良种性。四是比用种瓜繁殖的采收期早45～60天。

（4）茎切段扦插繁殖　选择种瓜繁殖的最初长出的几批粗壮嫩蔓扦插，成苗率高，生长快。而开花后或盛收期的蔓用来扦插，出根慢，出根少，成苗弱，一般不宜采用。

扦插时期宜在春暖后进行，以清明、谷雨最适宜。选取粗壮枝蔓，从节基部下方约1厘米处剪下，每段长20～25厘米，含2～3节（叶），置于生根剂溶液中促进生根。可用萘乙酸（NAA）或吲哚乙酸（IAA）100～500毫克/升浸20～30分钟，或用ABT生根粉200～300毫克/升浸2～3小时。若将生根粉溶液加入黄泥粉调成糊状，再将插条蘸药浆后扦插，出根较好，一般可达70％以上。出根苗宜栽入营养袋，搭拱棚，加盖塑料薄膜，移栽5天内，最好加盖黑色遮阳网或黑色地膜，以减弱强光的照射，有利于生根。随后揭开覆盖物，以免光线不足而使叶片发黄或徒长。

（5）驳枝（圈枝）　在离花序着生部位30～40厘米处，用锐利小刀作轻度环割茎皮，长2～3厘米，晾干伤口后，用潮湿的肥泥包扎，外包树叶或用塑料薄膜包扎保湿。当5～6月气温适宜时，出根易，15～20天即能出根。再过10天便可割离母株而成为独立的幼苗。驳枝苗比种瓜繁殖的采收期要早4～5个月，当年 9 月便可结瓜。

（6）压蔓繁殖　爬地栽培时，选择粗壮的茎蔓，离顶芽约 50 厘米处，略用力扭伤后培上细碎的肥土，用塑料薄膜覆盖保湿，约 30 天出根后即可切取顶蔓栽植。

（7）组织培养　以 MS 培养基为基质，加入适量的 BA（激动素）、NAA（萘乙酸）等，在无菌条件下实现佛手瓜茎尖产生愈伤组织、生根，形成幼苗，达到短期内快速繁殖的目的。

144. 如何做好露地佛手瓜标准化生产的土地准备工作？

（1）选地　最适宜于土壤肥沃、排灌方便、避风的缓坡地种植。对于比较瘠薄的园地，应多施有机肥，合理施用化肥。

（2）整地　瓜地选好后，最好在定植前 15～20 天进行整地。先深翻耕耙，深度以 30 厘米左右为宜，然后挖定植穴。定植穴要求大而深，以利于佛手瓜根系生长。山地种植，定植穴深70～80 厘米，长宽各 1 米；平地种植，定植穴深 30～40 厘米，长宽各 1 米，定植培土后土墩略高出地面 20～30 厘米。由于佛手瓜不耐涝，因此，种植园地周围应挖排水沟，同时要求畦面要平坦以防积水。

（3）施基肥　佛手瓜生育期较长，需肥量大，因此，施足基肥是夺取高产的前提。一般每穴施入腐熟的猪牛粪 40 千克，过磷酸钙 1 千克，石灰 1 千克，肥土充分混匀，最好再加盖山地新土 20 厘米厚，以免种瓜或幼苗直接与肥料接触，造成烂种、烂根。

145. 如何确定佛手瓜标准化栽培的适宜种植密度？

佛手瓜的种植密度因品种、地形地貌而不同。坡地栽培宜稀植，一般株距 150 厘米、行距 400 厘米，或株距 200 厘米、行距 350 厘米，单株种植，每亩种植 80～120 株。园地种植面积不应小于 50 米²，以方形或近方形的地块为好，否则，因单株种植、长势旺、蔓叶生长过密、光线不足而导致大量的落花落瓜现象。大田栽培应适当密植，株距 150 厘米、行距 300 厘米，或株距 200 厘米、行距 250 厘米，每亩定植 100～150 株，若采用间作套种模式，每亩定植 30～50 株即可。

146. 如何做好佛手瓜标准化栽培的肥水管理？

佛手瓜根系发达，吸肥能力强，且由于生长期长、持续开花结果、产量高，因此，为达到高产、稳产、优质的目的，除了施足基肥外，还应该多次进行追肥。

施肥，以氮肥为主，磷钾肥配合施用。按每亩佛手瓜产量 4 000 千克计算，每亩需施入农家肥 3 000 千克、尿素 50 千克、钾肥（氯化钾或硫酸钾）30 千克、过磷酸钙 50 千克、三元复合肥 60 千克。幼苗期，常采用环状沟施，即在植株周围 50～60 厘米处挖一个环形的浅沟，深约 20 厘米，施入腐熟的农家肥约 20 千克和土杂肥 30 千克，然后盖土、覆草，保持土壤湿润和防止板结。开花坐瓜期，要多施肥料，以速效氮肥为主，每次每亩施用尿素 5～7 千克，加水溶解后施入，有滴灌条件的，可将肥料溶解在贮水池中，结合浇水，进行施肥，雨天撒施干肥时，注意不可触及蔓叶，以免产生肥害。开花后应多施磷钾肥，可显著提高植株的产量和品质，并有利于提高植株的抗逆性。越冬前，植株根际应覆盖一层稻草或塘泥，既可增加养分，又具有保湿防寒的作用，同时还可促进翌春植株的早生快发。

佛手瓜生长旺盛，需水量较大，但又极不耐涝，园地积水数日，即会烂根死亡。种子萌发期，依靠种瓜中的水分即可满足萌发的需要，此期可不必浇水，以免烂瓜、烂芽。幼苗期，需要水分也不多，但对水分较敏感，一旦缺水，幼苗生长十分缓慢，叶片小而无光，节间密。植株旺盛生长期，特别是开花坐瓜期，需水量大增，此期应保证充足的水分供应。

147. 佛手瓜标准化生产有哪些搭架方式？

佛手瓜单株结瓜多，侧蔓繁多，且又以孙蔓结瓜为主，因此采用搭架栽培较为理想。

（1）棚架式　按棚架的高度分为高架棚和矮架棚两种。

1）高架棚栽培　这种棚架高达 1.5 米以上，与栽培丝瓜和苦瓜的棚架一样。高架棚立柱所需的架材要求较粗，一般长 2.0～2.5 米（入土约 40 厘米），粗 10～15 厘米。每隔 2 米立 1 支柱，可用木桩、竹、松、杉等作为柱材，使用期 2～3 年，若选用水泥柱、角钢或白铁管作为主柱材，则使用寿命可长达 5～6 年。棚面横放架材，通常用竹、木或铁丝、尼龙网（大孔）。

高架棚栽培的优点是棚面宽，引蔓工作较省力，摘瓜方便，棚架下还可以间种一些矮生耐阴的作物，如白菜、菜心、芫荽、花卉等。其缺点是所需的架材成本较高且不耐大风。

2）矮架棚栽培　这种棚架较矮，一般棚高 0.7～1.5 米，棚架立柱较短，其他架材与高架棚相同。矮架棚棚面宽约 1.5 米，不宜太宽，否则不便于摘瓜和施肥，棚面太窄，架材利用不经济，引蔓工作量大。

其优点是节省材料，耐风，田间管理方便，适合于大田栽培。其缺点是引蔓多，不便于摘瓜和施肥。

（2）支架式　指利用一定架材交互立架、引蔓上架的方式。常见的有篱笆架、"人"字架、独立树桩架三种。

1）篱笆架　要求所用立柱较粗，通常用粗木条或水泥柱。立柱成行，每柱相距 3～5 米，高 1.5 米左右。每行柱之间按一定距离（约 40 厘米）横拉一根粗铁丝（或粗竹、木）成 4～5

道。佛手瓜引蔓上架，宛如葡萄架。篱笆架的优点是通风透气、便于管理。

2）"人"字架　与一般的瓜类、豆类所采用的搭架方式相似。通常采用蔓生瓜类、豆类的支架。当这些瓜类、豆类蔬菜（黄瓜、豇豆等）将要收完时，将早期间种在这类蔬菜畦旁的佛手瓜引蔓上架，而后将两畦支架间的横架竹木变成棚架。

3）独立树桩架　这种搭架方式是零星栽培时瓜农所常用的方式。方法是：砍一棵树，高 2.0～2.5 米，干粗 10～15 厘米，保留分枝叶，树立于佛手瓜穴旁，当瓜蔓约 50 厘米时引蔓上"树"。

佛手瓜粗放栽培时，也有不搭棚架的，俗称铺地（爬地）栽培。一般畦宽 4.0 米，穴距 3.0 米，单株栽于畦中央，每亩种植 50 株。生长前期可间种矮生菜豆、黄豆、茄子或辣椒、叶菜等。间作作物收完后，拔除前作植株，松土、除草，整成龟背形的畦面，随即铺草。铺草分 2～3 次进行，直至全园铺满为止。

铺地栽培的优点：一是节省架材；二是节省人工；三是可减轻风害；四是有利于水土保持，尤其是坡地或旱坡地栽培，铺地栽培更为常用。其缺点：一是通风透光性差，特别是佛手瓜生长中后期，枝叶繁盛，容易导致落花落瓜，而且受光不均匀，果皮着色也不均匀，皮面不鲜亮。二是果实着地，容易造成瓜形不正，有碍美观，降低商品价值。三是虫害多。因此，精细栽培不宜采用。

148. 如何进行露地佛手瓜标准化生产的植株调整？

佛手瓜主蔓长，一般可达 10 米以上，且分枝力强，侧蔓多达 40～50 条。种瓜萌芽后几乎同时长出芽条 3～5 条，宿根植株上更容易萌发众多的芽条，这样单株占地面积一般达 50～70 米^2。佛手瓜的主侧蔓均能结瓜，但以侧蔓结瓜为主。侧蔓十分发达，若任其自然生长，势必造成瓜棚过于荫蔽。因此，无论是搭架栽培或是铺地栽培，合理的植株调整是生产上应予以重视的措施。

一般当主蔓长出 10~15 节时应及时摘心，促生侧蔓。侧蔓长到 40~50 厘米时引蔓上架。上架后，主蔓 2 米以下长出的侧蔓均要剪除。上棚后的侧蔓，每条保留 8~10 条粗壮的下一级侧蔓。同时，及时引蔓，使其向四面八方均匀分布，以保证有良好的结瓜面积。伸出棚架外的分枝，要及时引回棚面，否则，下垂于棚面的瓜蔓生长缓慢，结瓜少而小。纤弱的侧蔓宜剪去。同时，在盛花期还要剪除部分雄花序、老叶、黄叶、过密叶、病虫叶及畸形瓜等。整个生长期，宿根植株上还会不断产生萌芽，也应及时疏除。

此外，结瓜节位上发生的侧芽，也应适当疏除，以免与该节位上所结的瓜争夺养分。华南地区秋季和初冬为佛手瓜的结瓜盛期，应及早在大暑前数日进行疏枝，这样可以防止落花落瓜，提高果实的质量，达到显著增产的目的。

149. 如何进行佛手瓜的老株护理？

（1）植株更新　佛手瓜植株栽植后从第二年起，部分蔓叶衰老、细弱，分枝过多，要根据栽培地区情况进行植株更新。山区，夏季（7 月），应进行疏剪；冬季（12 月），植株生长停滞，气温下降，适宜重剪，将离地面 1 米以上的分枝全部剪除，只保留 3~5 条粗壮的茎蔓，以利于做好保温防寒工作。平原地区，夏季（7 月），则要重剪，以利于做好降温越夏工作；冬季，适当疏剪便可。剪下的枝条等应集中烧毁，以防传播病虫害。

（2）开沟扩穴、施基肥　冬末，在老株周围开环状沟，深 40 厘米、宽 30 厘米。每年开环状沟位置要逐渐外移。沟内施入有机肥 20 千克，草木灰 5 千克，磷肥 1 千克，然后覆土，并铺草。

（3）客土　佛手瓜种植 3～4 年后，应在环状沟内填入新土，最好是腐殖质含量高的黄泥土，或塘泥、河泥等。每株填新土 50～100 千克，视老株浮蔸情况及栽植年龄而定。

（4）防寒降温　霜冻来临前，在老株根际要覆土、盖草，以起到防寒的作用；越夏困难的地区，中午之前要适当喷水，成片栽培的园地，可加盖遮阳网来减弱强光的照射。

（5）防治地下害虫　地下害虫主要有蚂蚁、蝼蛄、蟋蟀等。

150. 佛手瓜坐瓜率低的原因有哪些？如何提高坐瓜率？

（1）坐瓜率低的原因　佛手瓜雌雄花多，一般坐瓜不成问题，但在下列情况下，坐瓜率往往偏低：①雌花比雄花开放早。常见于初夏或初秋头批花缺乏授粉源。②开花期雨水多或冬季低温期，授粉昆虫活动力减弱，授粉不足。③田间栽培时，品种（品系）较单纯，甚至仅有几株栽植，授粉源不足。④开花时气温过高或过低，或遇久旱天气。

（2）提高坐瓜率的技术措施

1）生长调节剂处理　雌花开放时用 200 毫克/升的赤霉素或 20 毫克/升的 2，4 - D 药剂处理，可显著提高坐瓜率。另外，可在开花期使用 0.1% 的赤霉素羊毛脂，用毛笔涂在雌花柱头上，可得无籽（胚）果实，增进食用品质，且较耐贮藏。但经生长调节剂处理的雌花所形成的果实，胚不发育（无籽），不能留种。

2）辅助授粉　低温（15℃以下）或高温（30℃以上）以及阴雨天气，在雌花开放时，要及时进行人工辅助授粉。通常在上午 7:30 以前，搜集雄花花粉涂在雌花的柱头上，授完粉后，加盖瓜叶于授粉的雌花上以防花粉被雨水淋失。另外，也可在开花期每 10 亩瓜园放养蜜蜂 1 箱。放蜂期间，瓜园及其周围应停止使用农药，以免蜜蜂中毒死亡。

3）品种（品系）混种　佛手瓜不同品种，开花期有先后，可借此相互授粉，提高坐瓜率。一般绿皮品种开花早，可给开花迟的白皮品种初期出现的雌花授粉，提高白皮品种的早期产量。同时，不同品种，其花粉生活力也有所差异，互相授粉，可提高坐瓜率。因此，大面积生产栽培时，应注意品种（品系）的混植，以获得稳定的产量。

4）适时喷水　佛手瓜花期遇到干旱，对花粉发育不利，往往严重影响坐瓜率。宜于上午 10:00～11:00、下午 3:00～4:00 向植株喷水，既可提高瓜园的空气湿度，也可降低瓜园的温度，改善瓜园的小气候环境，有利于授粉受精和果实的发育，从而提高产量。若土壤干燥，每株浇水 50～100 千克。有条件的，可以实行漫灌，但应随灌随排，防止园地积水。

5）合理留瓜　佛手瓜花多，一旦雌花着生，几乎节节有雌花出现，只要环境条件适宜，往往能连续坐瓜。但若养分不足，则结的瓜小，畸形瓜多，商品率低，而且影响以后优质雌花的坐瓜。因此，栽培上应根据当时的气候条件和植株的营养状况合理留瓜。开花期，若发现 1 条分枝上连续几节着生的瓜大小不一时，应将小瓜、畸形瓜疏除，一般每隔 3～4 节留 1 个瓜较为理想。结瓜初期，植株营养状况不好时，尽量少留瓜；植株旺盛生长、大量坐瓜时期，营养充足时，可多留瓜。

6）合理施肥　佛手瓜开始结瓜后，连续收瓜期长，除施足基肥外，还应进行多次追肥，不断供给养分，以满足植株对养分的需求。大量坐瓜后氮、磷、钾三要素要配合，并以氮肥为主，磷钾肥配合施用。

151. 佛手瓜嫩蔓栽培有哪些技术要点？

近年来，我国台湾、广东、广西等省（自治区）已有佛手瓜嫩蔓批量生产，上市销售，颇受欢迎。其栽培技术要点主要有以下几点：

（1）品种选择　绿皮品种生长势旺，分枝早，分枝力强，主蔓长至 20 厘米左右即有分枝产生。尤其是绿皮有刺品种长势更旺，为首选品种。白皮种的嫩蔓产量低，颜色不够绿，商品外观稍逊。

（2）提早栽培　华南地区 2～3 月露地种植，可在 12 月至翌年 1 月进行保温催芽，初夏便可采摘嫩蔓。早采摘嫩蔓，可促进佛手瓜腋芽的早萌发，增加夏季嫩蔓的产量，还可以增加 5～6 月绿叶菜类蔬菜的供应，直至 7～8 月气温达 28℃左右仍可继续采摘嫩蔓。

（3）栽培方式　嫩蔓栽培一般有两种栽培方式：

1）铺地（爬地）栽培　畦宽 1.5 米，高 30～40 厘米，双行种植，株距 60 厘米。为减少搭架成本，不设支架，而采用畦面盖草，以提高早春的地温，有利于水土保持，减少杂草生长和泥土污染嫩蔓。此法的缺点是佛手瓜的嫩蔓常常附着缠绕覆盖的草料，并且往往或多或少地沾有污泥。

2）低架棚栽培　一般畦宽 3 米，高 30～40 厘米，沟宽 60 厘米，畦中央种植 1 株佛手瓜，株距 1 米，棚高 80 厘米。当蔓上棚后摘心，促进迅速抽生侧蔓。当侧蔓长 40～50 厘米时可采摘嫩蔓，或让部分侧蔓坐瓜。低架棚栽培，植株通风透光，蔓叶不沾泥，采摘方便。同时，比高架棚栽培节约架材成本，且不易被风吹倒。

（4）合理密植　佛手瓜的嫩蔓栽培，可适当密植，有利于集约化管理，并且可促进茎蔓的迅速生长，产生繁茂优质的嫩蔓。单作栽培，畦宽 1.5 米，双行种植，株距 50～60 厘米，每亩种植 740～880 株。或畦宽 1 米，株距 1 米，单行种植，每亩种植 600 株。

（5）多次摘心　当佛手瓜主蔓长 30～40 厘米时，摘除生长点，以促进侧芽的萌发。当侧蔓长约 30 厘米时再行摘心，让其大量抽发孙蔓，至第 3 次嫩蔓长 20～30 厘米时即可采收食用。摘心宜在晴天、露水干后进行。

（6）勤施肥水　为促使佛手瓜的嫩梢旺盛生长，提高嫩蔓的产量和品质，除施足基肥外，嫩蔓生长期，每采摘 1 次嫩蔓，需薄施肥水 1 次。肥料以速效氮为主，每 50 千克水加入尿素 0.1～0.15 千克，充分溶解后浇植株。也可施用腐熟的豆饼。方法是，在缸内加入豆饼至五六成满后，加水，让其发酵腐烂，15～20天即可施用。每 50 千克水加入腐熟的豆饼 2 千克左右，拌匀后施用。在佛手瓜植株旁边挖深 10～15 厘米的浅沟后施入，然后盖土。追肥时，切忌不要接触叶片，以免产生肥害，影响嫩蔓的品质。

嫩蔓栽培还要注意浇水，肥足水足，嫩蔓才能生长快且脆嫩。天气干燥时，每隔 3～5 天浇 1 次水。每次浇水量要大，要浇透土层至 30 厘米左右，最好实行漫灌，但要随灌随排，以免植株发生涝害，烂根死亡。

（7）嫩蔓采收　当佛手瓜的嫩蔓长 20～25 厘米时采收最适合。采摘太早，氨基酸含量低，嫩蔓产量低，对持续生长也不利；采摘过晚，产量虽高，但嫩蔓纤维化程度高，品质差。

152. 怎样进行佛手瓜的采收与贮藏?

佛手瓜以嫩瓜供食，其采收标准有以下几种。一是按开花的天数确定。一般谢花后 15～20 天，果实发育已达到一定程度，重 250～300 克，即可进行采收。二是按果实外部形态特征进行判别。即果皮颜色鲜绿（白皮种呈淡绿白色）、肉质硬化、果蒂表面较平整、皮面花纹淡、肉刺未硬化、无刺感，便可采收食用。三是按栽培目的来确定采收标准。供贮藏或加工用的，果实成熟度要求较高，即果沟明显、皮色略呈白色、肉质稍硬但未"露芽"时采收最好，一般在花后 25 天左右开始采收。

以嫩蔓供食，其采收标准以嫩蔓长 20～25 厘米时较适宜。采收太早，其嫩蔓中的氨基酸含量较低，产量也低，不利于植株的持续生长；采收过晚，产量虽高，但嫩蔓中的纤维化程度高、质硬、口感差。

佛手瓜花期长，结瓜有先后，要分批采收。采收次数要勤，可明显提高产量，增进品质，并延长果实的采收期。一般 2～3 天采收 1 次。采收时，用剪刀从果柄中部剪断，略带果柄，不可用力过猛，以免扯断瓜蔓。采收后的果实要轻拿轻放，不可弄伤瓜皮，以免汁液流出，如有汁液流出，要及时用湿布擦干净。

佛手瓜较耐贮藏，保鲜期也较长。在常温条件下，可贮藏 1 个月左右。

153. 如何进行佛手瓜的留种？

（1）隔离留种　佛手瓜为雌雄同株异花授粉植物，留种栽培时应注意将品种（品系）进行隔离。常采用的方法有地区隔离法和人工套袋隔离法。

1）地区隔离法　大规模留种时，品种间种植距离至少相隔 1 000 米，如有高山等天然隔离屏障，则可缩短至 500 米左右。

2）人工隔离法　少量留种时，可在雌雄花开放前 1～2 天，分别套上纸袋，或用保险丝、小塑料夹夹住花瓣，授粉时将刚开放的雄花花粉涂在雌花的柱头上，随即套回纸袋或夹住花瓣，不让昆虫传粉。人工辅助授粉宜在上午 6：00～8：00 进行。

（2）种瓜采收　种瓜必须达到生理成熟期才可采收，即果皮由绿色变淡黄色，或由白色变淡黄白色，皮面光滑、变硬，有刺种刺瘤刚硬，手摸有刺感。选用瓜型长、大、直，刺少，纵沟浅，无伤口的果实作种瓜。种瓜大小与出根、出芽有密切的关系，一般以单瓜重 150～200 克为宜。成熟度高，出芽快，若不立即播种，宜选择约有八成熟的瓜作种，并需在 12～15℃的条件下贮藏。

第十一章 瓜类蔬菜病虫害防治

154. 瓜类蔬菜标准化栽培有哪些主要病害？如何防治？

瓜类蔬菜标准化栽培中主要病害有猝倒病、立枯病、霜霉病、黑星病、白粉病、枯萎病、灰霉病、蔓枯病、疫病、绵腐病、炭疽病、褐斑病、菌核病、细菌性角斑病、病毒病和根结线虫病等。下面就这些主要病害的症状和防治方法进行系统介绍。

（1）猝倒病

症状：由真菌瓜果腐霉引起，是瓜类蔬菜苗期主要病害。此病自播种后即可发生，早期染病种子发芽即坏死腐烂，不能出土。出土幼苗受害，茎基部成水渍状，迅速软化腐烂并缢缩，随后幼苗倒伏。潮湿时病部产生少许絮状菌丝，病害严重时常造成幼苗成片死亡。

发病规律：该病菌在土壤中存活，可借助雨水或灌溉水溅到贴近地面的根上引起发病。幼苗期温度偏低、光照不足、湿度过大时，易诱导猝倒病的发生。

防治方法：

①严重的地区，采用育苗移植的方法。育苗基质中的有机肥必须经过充分堆沤腐熟，每立方米基质加入50％多菌灵可湿性粉剂或40％五氯硝基苯粉剂100克充分混匀。

②加强管理，底水浇足后注意控水，切忌浇大水或漫灌。

③药物防治。可选用 72％克露可湿性粉剂 600 倍液，或 72.2％普力克水剂 600 倍液，或 69％安克·锰锌可湿性粉剂 800 倍液，或 66.8％霉多克可湿性粉剂 800 倍液喷雾；也可选用 80％大生 M45 可湿性粉剂 500 倍液，或 72.2％霜霉威水剂 700 倍液，随后均匀撒干细土来降低苗床的湿度。施药后注意提高苗床温度。在发病初期喷淋 72.2％普力克水剂 400 倍液，每平方米喷淋对好的药液 2～3 升，或 15％恶霉灵（土菌消）水剂 450 倍液，每平方米 3 升。

（2）立枯病

症状：该病多在育苗中后期发生，主要为害幼苗茎基部或地下根部。初期在茎部出现椭圆形或不整形暗褐色病斑，逐渐向里凹陷，边缘较明显，扩展后绕茎一周，致茎部萎缩干枯，终致瓜苗死亡，但不折倒。根部染病多在近地表根颈处，皮层变褐色或腐烂。染病后，瓜苗开始白天萎蔫，夜间恢复，几天后病株萎蔫枯死。湿度大时，病部常具有轮纹或不明显的蛛丝网状褐色丝状霉，但不长出白色棉絮状物，可同猝倒病相区别。

发病规律：该病以菌丝体或菌核在土壤中存活，且可在土中腐生 2～3 年。菌丝能直接侵入引发病害，通过流水、农具传播。播种过密、温度过高、间苗不及时以及低温阴雨天气易发此病。

防治方法：

①加强苗床管理，注意通风透气，防止苗床或育苗盘温、湿度过高。

②苗期喷施植宝素、腐殖酸、磷酸二氢钾或海岛素、超敏蛋白等，可增强幼苗的抗病力。

③苗床或育苗盘药土处理。可用 40％五氯硝基苯可湿性粉剂或 50％多菌灵可湿性粉剂，每平方米苗床施药 8～10 克，或 15％恶霉灵水剂拌土，每立方米育苗基质用药 1.5～1.8 克。

④药剂防治。发病初期可选用 50％多菌灵可湿性粉剂 500 倍液，或 20％甲基立枯磷可湿性粉剂 1 200 倍液，或 70％五氯

硝基苯可湿性粉剂 500 倍液，或 30％恶霉灵水剂 1 500～1800 倍液，或 30％甲霜恶霉灵水剂 2 000 倍液，或立枯灵水悬剂 300 倍液，或 50％福美双可湿性粉剂 800 倍液加 70％甲基托布津可湿性粉剂 600 倍液，或 5％井冈霉素水剂 1 000 倍液加绿邦 98 可湿性粉剂 600 倍液喷淋，每平方米 2～3 升。每 10 天喷洒 1 次，连续喷打 2～3 次。

（3）霜霉病

症状：由真菌古巴假霜霉菌引起，苗期和成株期均可发病，主要为害叶片，茎、卷须及花梗也能受害。幼苗发病，子叶正面出现不均匀的黄化褪绿斑，然后变成不规则的枯萎斑；空气潮湿时，病斑背面产生紫灰色的霉层。成株期发病，多从下部的老叶开始，先在叶片上出现浅绿色小斑点，后扩大为多角形黄褐色病斑，湿度大时病斑背面长出紫灰色霉层，即病菌的孢囊梗及孢子囊。严重时，病斑联合成片，全叶黄褐色，干枯卷缩，除顶端新叶外，其他叶片均枯死。

发病规律：病菌主要靠气流和风雨传播。叶面有水滴或水膜持续 3 小时以上，病菌即可萌发和侵入，诱发病害。发病的适宜温度是 15～24℃，低于 15℃或高于 28℃则不利发病。早期中心病株多，菌源丰富，环境条件适宜时病势发展迅速。

防治方法：

①选用抗病品种。

②培育无菌壮苗，增施有机底肥，注意氮、磷、钾肥的合理搭配。

③合理密植，及时整枝打杈，防止植株生长过旺，改善通风透光条件。

④药物防治。发病初期选用 58％瑞毒霉锰锌可湿性粉剂 500～800 倍液，或 64％杀毒矾可湿性粉剂 400～600 倍液，或 69％安克·锰锌可湿性粉剂 100 倍液，或 60％氟吗锰锌可湿性粉剂 800 倍液，或 72％克露可湿性粉剂 800 倍液，或 72.2％普

力克水剂 800 倍液，或 80％大生可湿性粉剂 600 倍液，或 50％烯酰吗啉可湿性粉剂 1 500 倍液，或 72.2％霜霉威水剂 800 倍液，或 72％霜脲·锰锌可湿性粉剂 800 倍液喷雾防治保护。7～10 天防治 1 次，连续 2～3 次。

（4）黑星病

症状：可为害叶片、茎蔓、卷须和瓜条，幼嫩部分受害重。幼苗期发病，子叶上产生黄白色近圆形斑点，以后全叶干枯。成株期嫩茎染病，出现水渍状暗绿色梭形斑，以后变暗色，凹陷龟裂，湿度大时长出灰黑色霉层；卷须染病变褐腐烂；生长点染病，经两三天烂掉形成秃桩；叶片染病，开始为污绿色近圆形斑点，后期病斑扩大，形成星状破裂；叶脉受害后变褐色、坏死，使叶片皱缩；瓜条被害形成暗绿色、圆形至椭圆形病斑，直径2～4 毫米，中央凹陷，龟裂成疮痂状，溢出琥珀色胶状物。

发病规律：该病菌以菌丝体随病残体在土壤或保护地中存活，或以分生孢子及菌丝附着在种子表面及种皮内越冬。种子带菌是该病远距离传播的重要途径，带菌率最高可达 37％。该病菌对温度的适应范围较广，条件适宜可从叶片、果实和茎蔓的表皮直接侵入，也可从气孔或伤口侵入。相对湿度达 93％以上，气温 15～30℃时易产生分生孢子，饱和湿度下产孢最多，分生孢子在 5～30℃以下均可萌发。降水量大，次数多，田间湿度大，昼夜温差大的气候发病重。

防治方法：

①选用抗病品种。从无病株上留种，温水浸种，药剂浸种。

②轮作倒茬。重病地应与非瓜类作物轮作。

③加强栽培管理，科学控制温湿度，采用地膜覆盖、滴灌等技术。

④温室、大棚定植前 10 天，每 55 米^3 空间用硫黄粉 0.13 千克，锯末 0.25 千克混合后分放数处，点燃后密闭大棚，熏 1 夜。

⑤药剂防治。发病初期用 10％苯醚甲环唑可分散粒剂 2 000

倍液，或 60％百泰可分散粒剂 1 500 倍液，或 43％好力克悬浮剂 3 000 倍液，或 12.5％腈菌唑乳油 2 500 倍液，或 25％醚菌酯悬浮剂 1 000 倍液，或 50％异菌脲可湿性粉剂 1 000 倍液，或 52.5％抑快净可分散粒剂 2 000 倍液等喷雾防治，特别注意喷幼嫩部分，每隔 7～10 天喷 1 次，交替选用农药，连续防治 3～4 次。

（5）白粉病

症状：由真菌单丝菌侵染引起，主要为害叶片，严重时亦为害叶柄和茎蔓。叶片发病，初期在叶正、背面出现白色小粉点，逐渐扩展呈白色圆形粉斑，多个病斑相互连接使叶面布满白粉。随着病害发展，粉斑颜色逐渐变为灰白色，后期偶在粉层下产生黑色小点。最后病叶枯黄坏死。

发病规律：该病以菌丝或分生孢子借气流或雨水传播落在寄主叶片上，从叶片表皮侵入，5～7 天后再度产生分生孢子形成再侵染。雨量偏少，气温在 16～24℃，如遇到连续阴天，光照不足，天气闷热或雨后放晴，但田间湿度仍大时，病害极易流行。此外，栽培管理粗放，肥水不足，或浇水过多，偏施氮肥，植株徒长，通风不良以及光照不足，生长衰弱的地块发病重。

防治方法：

①选择地势较高、通风、排水良好的地块种植，适当增施磷钾肥，及时整枝，保持瓜棚通风透气。

②药物防治。发病初期选用 2％农抗 120 水剂或 2％武夷菌素水剂 200～300 倍液，或 10％苯醚甲环唑水分散粒剂 8 000 倍液，或 40％福星乳油 8 000 倍液，或 30％特富灵可湿性粉剂 4 000 倍液，或 12.5％腈菌唑乳油 2 500 倍液，或 40％氟硅唑乳油 8 000 倍液，或 15％粉锈宁可湿性粉剂 1 000～1 500 倍液，或 50％醚菌酯水分散粒剂 4 000 倍液喷雾。每隔 7～10 天 1 次，连续 3～4 次。白粉病菌极易产生抗药性，各种药剂应交替使用。

（6）枯萎病

症状：苗期至成株期均可发病。苗期染病，幼茎、叶片、叶柄和生长点萎蔫或根颈基部变褐色，缢缩或猝倒。成株染病，被害植株最初表现为茎基部纵裂或部分叶片中午萎蔫下垂，似缺水状，但萎蔫叶片早、晚可以恢复，随后萎蔫叶片不断增多，逐渐遍及全株，致整株枯死。湿度大时病部产生白色或粉红色霉状物，纵切病茎，可见维管束变褐。茎基部、节和节间出现黄褐色条斑，常有黄色胶状物流出，根系呈褐色腐朽，植株易被拔起。

发病规律：病菌以菌丝体、菌核或后垣孢子在土壤、病残体、种子或未腐熟的有机肥中存活。条件适宜时，病菌从根部的伤口或直接从根毛的顶端细胞间侵入，在根部和茎部的薄壁组织中繁殖蔓延，后进入木质部和维管束，在导管中发育并堵塞导管，使植株萎蔫或枯死。连茬种植、土壤偏酸、土质黏性重、地势低、有机肥不腐熟、土壤过分干旱及地下害虫为害严重等，均是引发该病的主要条件。

防治方法：

①果实收获后及时清除病残体，同时对土壤进行消毒，并配合喷施新高脂膜增强药效，提高药剂有效成分利用率。

②选用无病新土育苗，采用营养钵或塑料套分苗；药剂浸种消毒；嫁接育苗防病。

③与非瓜类作物实行 5 年以上的轮作。

④加强田间管理，提高植株抗病能力。应合理施肥（特别是氮肥），改善透光强度，及时开沟排水；培土不可埋过嫁接切口，栽前多施基肥，收瓜后应适当增加浇水，成瓜期多浇水，保持旺盛的长势。

⑤药剂防治。发病初期灌根。发现零星病株时，用 50％施保功可湿性粉剂 800 倍液，或 60％百泰可分散粒剂 1 500 倍液，或 43％好力克悬浮剂 3 000 倍液，或 50％异菌脲可湿性粉剂 1 000倍液加 20％地菌灵可湿性粉剂 500 倍液，或 50％福美双可湿性粉剂 600 倍液，或 70％甲基硫菌灵可湿性粉剂 600 倍液，

或 10％苯醚甲环唑可分散粒剂 1 500 倍液等灌根，每株灌 250～500 毫升药液，每隔 5～7 天灌一次，连灌 2～3 次。必须掌握在发病初期，同时喷施新高脂膜增强药效，否则效果差。

（7）灰霉病

症状：由半知类真菌侵染引起，此病在瓜类蔬菜的全生育期都可发生。幼苗染病，病菌从子叶开始侵染，受害部呈水渍状，软化、萎缩、腐烂，在病组织表面产生灰色霉层，即病菌分生孢子梗和分生孢子。严重时引起茎部腐烂，植株死亡。叶片染病，初期多发生在叶部边缘并呈 V 形斑，后病部腐烂或长出灰色霉状物。花期染病，多从开败的雌花开始侵入，初始在花蒂产生水渍状病斑，逐渐长出灰褐色霉层，引起花器变软、萎缩和腐烂，并逐步向幼瓜扩展，瓜条病部先发黄，后期产生白霉并逐渐变为淡灰色，导致病瓜生长停止，变软、腐烂和萎缩，最后腐烂脱落。

发病规律：病菌以菌丝体或分生孢子及菌核附着在病残体上，或存活于土壤中，分生孢子存活期较短，仅 4～5 个月。可借助雨水、气流或农事操作进行传播和蔓延。低温、高湿条件下易发生此病。

防治方法：

①前茬拉秧后彻底清除病残叶和残体，并集中烧毁或深埋。采用高垄地膜覆盖栽培，阴雨天注意排水。

②加强田间管理。合理灌水，切忌大水漫灌；加强田间通风透气。

③药物防治。要在苗期和花果期这两个阶段，交替使用或混合使用不同类型的杀菌剂。发病初期可用 50％农利灵可湿性粉剂 1 000 倍液，或 50％速克灵可湿性粉剂 1 200 倍液，或 50％扑海因可湿性粉剂 1 000 倍液，或 50％敌菌灵可湿性粉剂 500 倍液，或 65％抗霉威可湿性粉剂 1 000～1 500 倍液，或 45％特克多悬浮剂 800 倍液喷雾，7～10 天 1 次，连续 2～3 次。设施栽

培可用烟雾法防治：用 10％速克灵烟剂每 667 米²200～250 克，或用 45％百菌清烟剂，每 667 米²250 克，熏 3～4 小时。还可粉尘法防治：傍晚喷洒 10％灭克粉尘剂，或 5％百菌清粉尘剂，或 10％杀霉灵粉尘剂，每 667 米²1 千克，9～11 天 1 次，连续使用或与其他防治方法交替使用 2～3 次。

④生物防治。木霉可以寄生在灰霉病菌的菌核上，具有很好的生防作用。可喷施每克含 2 亿活孢子的木霉菌可湿性粉剂 500 倍液。

（8）蔓枯病

症状：由真菌小双胞腔菌引起，主要为害茎蔓，也可为害叶片和果实。茎蔓病斑椭圆形至棱形，边缘褐色，中部灰褐色，有时患部溢出琥珀色树脂状胶质物，终至茎蔓枯死。叶片染病，病斑近圆形，直径 10～20 毫米，褐色或黑褐色，微具轮纹。果实染病，近圆形或不定形病斑，边缘褐色，中部灰白，斑下面的果肉多呈"黑腐"。

发病规律：病菌以分生孢子器附于病残体或土壤中存活，借助灌溉水和雨水传播，从伤口或自然孔口侵入。土壤含水量高，气温 18～25℃，相对湿度 85％以上易发病。重茬地，植株过密，通风透光差，生长势弱，则发病重。

防治方法：

①实行轮作。与非瓜类蔬菜轮作 2～3 年。

②加强田间排水与通风透光。

③提倡施用海藻肥或活性有机肥。加强肥水管理，增施磷钾肥，避免偏施氮肥，施足充分腐熟有机肥。

④药物防治。发病初期选用 65％甲基硫菌灵可湿性粉剂 600 倍液，或 50％扑海因可湿性粉剂 800 倍液，或 10％苯醚甲环唑水分散粒剂 3 000 倍液，或 25％醚菌酯悬浮剂 1 000 倍液，或 12.5％腈菌唑乳油 1 000 倍液，或 25％培福朗水剂 800 倍液，或 40％多硫悬浮剂 500 倍液，或 80％大生可湿性粉剂 600 倍液喷

雾，重点喷洒植株中下部。隔 3~4 天后再防治 1 次。

（9）疫病

症状：主要为害果实、茎蔓或叶片也受害。近地面的果实先发病，出现水浸状暗绿色圆形斑，扩展后呈暗褐色，病部凹陷，由此向果面四周作水渍状浸润，上面生出灰白色霉状物，即病菌孢囊梗及孢子囊。湿度大时，病瓜迅速软化腐烂。茎蔓染病部初呈水渍状，扩展后整段软化湿腐，病部以上的茎叶萎蔫枯死。叶片染病，病斑呈黄褐色，湿度大时生出白色霉层腐烂。苗期染病，幼苗根茎部呈水浸状湿腐。

发病规律：病菌以卵孢子形式在病残体、土壤、种子上存活，其中土壤中病残体带菌率高，是主要的初侵染源。形成的游动孢子可借助风雨、灌溉水传播进行再侵染。高温多雨、湿度大是该病流行的条件。地势低洼、土壤黏重及雨后水淹、管理粗放和杂草丛生的地块，发病严重。

防治方法：

①施充分腐熟的有机肥作基肥，适当增施磷、钾肥和微肥。

②对病残体、病叶、病瓜、病秧要及时清出田外，集中深埋或烧毁。

③加强田间管理。合理灌溉，切忌大水漫灌。暴雨后及时排除积水，雨季应控制灌水，防止田间湿度过大。

④药物防治。发病初期选用 58% 瑞毒霉锰锌可湿性粉剂 500~800 倍液，或 64% 杀毒矾可湿性粉剂 400~600 倍液，或 72% 杜邦克露可湿性粉剂 600~800 倍液，或 72.2% 普力克水剂 600~700 倍液，或 60% 氟吗锰锌可湿性粉剂 800 倍液，或 69% 烯酰吗啉·锰锌可湿性粉剂 800 倍液喷雾。如喷洒和灌根同时进行，则效果更好。每株灌药液约 300 毫升，隔 7 天左右 1 次，连续防治 2~3 次，效果明显。

（10）绵腐病

症状：主要为害瓜类蔬菜的果实，有时也为害叶、茎和其他部位。三叶以前染病症状同猝倒病。果实染病时，初现椭圆形水渍状绿色斑点。干燥条件下，病斑稍凹陷，扩展缓慢，仅皮下果肉变褐腐烂，表面生白霉。高温高湿时，病斑迅速扩展为黄色或褐色水渍状大病斑，整个果实腐烂，并在外部长出一层茂密的白色棉絮状菌丝体，一般果实多从脐部或伤口感染。叶片染病，初期呈暗绿色、圆形或不定形水浸状病斑，湿度大时似开水煮过状软腐。

发病规律：以卵孢子在土壤中存活，适宜条件下萌发，产生孢子囊和游动孢子，或直接长出芽管侵入寄主。可借助雨水或灌溉水传播，侵害果实。病菌主要分布在表土层，雨后或湿度大时，病菌迅速增加。土温低、高湿利于发病。

防治方法：

①农业防治。实行轮作；选择高低适中、排灌方便的地块种植；采用高畦深沟种植，畦面可做成龟背形，防止雨后畦面积水，农家肥要充分腐熟，及时中耕除草，摘除病果和病叶，增施磷钾肥。同时注意通风，防止湿气滞留。

②药剂防治。发病初期可喷施 75％敌克松 800 倍液，或 30％土菌消 500 倍液，或 72.2％普力克水剂 600 倍液，或 80％大生可湿性粉剂 600 倍液，或 58％甲霜灵锰锌 500 倍液，或 65％安克可湿性粉剂 800 倍液，或 47％加瑞农 800 倍液等，雨季隔 10 天 1 次，连续 3 次。

（11）炭疽病

症状：主要为害叶片、叶柄及果实。苗期至成株期均可受害。叶片病斑近圆形，边缘分界不明晰，黑褐色，具轮纹。后期病斑常扩展成不规则形。叶柄、茎蔓病斑黄褐色，椭圆或近圆形，稍凹陷。果实病斑初呈水浸状，圆形或不定形，凹陷。湿度大时，各病部可溢出近粉红色黏液，即病菌分生孢子盘和分生孢子。

发病规律：病菌以菌丝体或拟菌核在种子、病残体、土壤中存活。条件适宜时，产生大量分生孢子，成为初侵染源。主要通过雨水或灌溉水传播。湿度是诱发该病害的重要因素，在适宜温度范围内，相对湿度低于54％则不能发病。此外，氮肥过多，大水漫灌，土壤通风透气性差，植株衰弱，均发病重。

防治方法：

①实行与非瓜类作物3年以上轮作。

②采用无病种子播种，播种前用60℃温水浸种5～10分钟，或用种子重量的0.3％的25％炭特灵可湿性粉剂，或25％施保克可湿性粉剂，或50％多菌灵可湿性粉剂拌种。

③药物防治。发病初期选用25％炭特灵可湿性粉剂600倍液，或25％施保克可湿性粉剂1 200倍液，或50％咪鲜胺可湿性粉剂1 500倍液，或80％炭疽福美可湿性粉剂800倍液，或10％世高水分散粒剂6 000倍液，或25％醚菌酯悬浮剂2 000倍液，或65％甲基托布津可湿性粉剂600倍液，或80％大生可湿性粉剂600倍液，或70％百菌清可湿性粉剂600倍液喷雾防治。每隔5～7天1次，连续2～3次。

（12）褐斑病

症状：由半知菌亚门真菌侵染致病，主要为害叶片。病斑褐色至灰褐色，圆形或长形至不规则形，直径0.5～13毫米。病斑边缘明显或不明显，有时现褪绿至黄色晕圈，霉少见。早晨日出或晚上日落时，病斑上可出现银灰色光泽，即病原体反射所致。

发病规律：以菌丝体或分生孢子在土中病残体上越冬。翌年以分生孢子梗进行初侵染和再侵染，借气流传播蔓延。温暖高湿、偏施氮肥，或连作地发病率高。

防治方法：

①清洁田园，做好菜田开沟排水工作，防止积水。

②药物防治。发病初期开始喷洒12％松脂酸铜乳油500倍液，或47％加瑞农可湿性粉剂600倍液，或27％铜高尚悬浮剂500～600倍液，或50％多菌灵可湿性粉剂600倍液，或40％百

菌清（达克宁）悬浮剂 600 倍液，或 1∶1∶240 倍式波尔多液，隔 10 天左右 1 次，防治 1～2 次。

（13）菌核病

症状：主要为害果实和茎蔓。果实染病，多在近残花的果端先出现症状，呈黑褐色湿腐，发病部位表面被白色菌丝体所缠绕，并有菌丝纠结而成的灰白色幼嫩菌核，以后转化成老熟的菌核，呈黑色老鼠屎状。茎蔓染病，初呈水浸状，病部变褐，后长出白色菌丝和黑色菌核，病部以上叶片和茎蔓枯死。

发病规律：病菌主要以菌核存活种子、病残体和土壤中，定植作物后，环境条件适宜时菌核萌发，产生的子囊孢子随气流传到寄主上，侵入后诱发病害。发病适温为 15～20℃，相对湿度 95%～100%。因此，低温高湿条件下易发病。

防治方法：

①选用无病种子，并进行种子处理。可用 10% 盐水浸种，汰除菌核，再用清水洗净后晾干播种。

②发病地区瓜类播种移栽前要深翻土壤，把子囊盘埋入土中 6 厘米以下，使孢子不能正常萌发。

③清洁田园，及时清除田间的病残株和枯枝烂叶，并集中深埋或烧毁。

④合理密植，施足腐熟基肥，勿偏施氮肥，增施磷、钾肥，增强植株抗病能力。

⑤药剂防治。发病初期选用 40% 菌核净可湿性粉剂 1 000～1 500 倍液，或 40% 施佳乐悬浮剂 800 倍液，或 36% 粉霉灵可湿性粉剂 600 倍液，或 50% 扑海因（异菌脲）＋25% 甲霜灵＋70% 硫菌灵（0.5∶1∶1）1 000～1 500 倍液，可与叶面营养剂混合喷施，交替或轮换使用。隔 10～20 天 1 次，连喷 3～4 次。

（14）细菌性角斑病

症状：主要为害叶片，叶柄、卷须和果实也可为害。叶片染病初生针头大水渍状斑点，病斑扩大受到叶脉的限制而呈多角形、黄褐色，湿度大时叶背面病斑上产生乳白色黏液，干后形成一层黄白色菌膜，病部质脆易穿孔。茎、叶柄及幼果上病斑也为水渍状，近圆形至椭圆形，后呈淡灰色，病斑常开裂，湿度大时可见菌脓。

发病规律：病菌在种子内或随病残体在土壤中存活。通过伤口或气孔、水孔和皮孔等侵入，发病后可通过雨水、气流、灌溉水、昆虫及其他农事操作等传播。病菌的生长温度为 1～35℃，发育适温为 18～26℃，39℃停止生长，49～50℃10 分钟可致死。地势低洼、排水不良、通风透气差、重茬或钾肥不足的地块发生严重。空气湿度高、多雨、夜间结露等也有利于发病。

防治方法：

①选用无病种子，播种前用 50～52℃温水浸种 30 分钟后催芽播种。或选用种子重量 0.3％的 47％加瑞农可湿性粉剂拌种。

②用无病土育苗，拉秧后彻底清除病残体落叶，与非瓜类作物实行 2 年以上轮作。

③合理浇水，防止大水漫灌，保护地注意通风降湿，缩短植株表面结露时间，注意在露水干后进行农事操作，及时防治田间害虫。

④药物防治。发病前可选用 78％科博可湿性粉剂 600 倍液，或 25％铜高尚悬浮剂 500 倍液等喷雾预防。发病初期可选用 47％加瑞农可湿性粉剂 600 倍液，或 53.8％可杀得干悬浮剂 1 000 倍液，或 25％二噻农加碱性氯化铜水剂 500 倍液，或 25％噻枯唑 1 000 倍液，或用新植霉素 5 000 倍液，或 72％农用链霉素可溶性粉剂 4 000 倍液，或 3％中生菌素可湿性粉剂 600 倍液喷雾防治，每隔 7～10 天喷 1 次，连续 3～4 次。

（15）病毒病

症状：由多种病毒侵染引起，主要有黄瓜花叶病毒（CMV）及甜瓜花叶病毒（MMV）。全株均可发病。幼嫩叶片感病呈浅绿与深绿相间斑驳或褪绿色小环斑。老叶染病现黄色环斑或黄色相间花叶，叶脉抽缩致叶片歪扭或畸形。发病严重的叶片变硬、发脆，叶缘缺刻加深，后期产生枯死斑。果实发病，病果呈螺旋状畸形，或细小扭曲，其上产生褪绿色斑。

发病规律：黄瓜花叶病毒可寄生和存活于菜田多种寄主和杂草上，瓜类作物生长期间，除蚜虫、白粉虱传毒外，农事操作和汁液接触也可以传播蔓延。甜瓜花叶病毒除种子带毒外，其他传播途径与黄瓜花叶病毒类似。

防治方法：

①进行种子消毒，播种前用10%磷酸三钠浸种20分钟，然后洗净催芽播种。也可用55～60℃温水浸种15分钟，或干种子70℃恒温热处理3天。

②施足底肥，适时追肥，前期少浇水，多中耕，促进根系生长发育。及时防治蚜虫和白粉虱，早期病苗尽早拔除，中后期注意适时浇水、施肥，加强田间管理。

③物理防治。每667米^{2}挂黄板20～30块，以防治蚜虫、白粉虱等传播病毒病。

④生物防治。用0.5%氨基寡糖素（海岛素）1 000倍液，或2%宁南霉素水剂500倍液浸种15～20分钟；发病初期喷施2%氨基寡糖素300～450倍液和5%除虫菊素乳油1 000倍液，或10%宁南霉素可溶性粉剂1 000倍液，或菇类蛋白多600倍液。

⑤化学防治。发病前期至初期可用20%病毒A可湿性粉剂500倍液，或1.5%植病灵乳剂1 000倍液，或NS-83增抗剂100倍液，或抗毒1号水剂250倍液喷洒叶面，每10天1次，连续喷2～3次。

（16）根结线虫病

症状：只为害根部，受害处形成瘤状的根结。根结初为白色，表面较光滑，以后由于受土壤中某些病原菌的复合侵染而逐渐变褐。受害的植株地上部生长缓慢，影响生长发育，致植株发黄矮小，气候干燥或中午前后地上部打蔫，拔出病株，可见根部产生大小不等的瘤状物或根结。

发病规律：根结线虫以卵或幼虫随病残体在土壤中存活，寄主存在时孵化出二龄幼虫侵入为害。线虫在土壤中的移动距离非常有限，一般多分布在 10～30 厘米的土层中，主要靠流水和人为农事操作进行再侵染。土壤较干燥、通气性好、结构疏松的沙质土壤适宜病原线虫的活动，发病重。

防治方法：

①选用无病土育苗。与非寄主或抗性作物轮作 2 年以上，或水旱轮作 1 年。施用不带病原线虫的有机肥。收获后及时清除病残体，集中烧毁，高畦、地膜覆盖栽培。

②棚室用液氨熏。每 667 米² 用液氨 30～60 千克，于播种或定植前用机械施入土中，经 6～7 天后深翻，并通风，把氨气放出 2～3 天后再播种或定植。

③定植前 15～20 天，每亩用 50％氰氨化钙颗粒剂 50 千克撒施到土壤中，灌水覆膜消毒，或每亩用 35％威百亩水剂 4～6 千克撒施土壤中，覆膜熏蒸。移栽时每亩用 10％噻唑膦（福气多）颗粒剂 1.5～2.0 千克或 5％丁硫克百威颗粒剂 5～7 千克，于定植前撒施在畦面上，并与土壤充分拌匀，深度15～20 厘米。

（17）黑斑病

症状：发病时，植株的中下部叶片先发病，然后逐渐向上扩展。病斑一般呈圆形或不规则形，中间黄白色，边缘黄绿或黄褐色，其上可见病原菌的分生孢子梗和分生孢子。叶面病斑稍隆起，表面粗糙，叶背病斑呈水渍状，边缘明显，且出现褪绿的晕圈，病斑大多出现在叶脉之间，条件适宜时病斑迅速扩大连接。

发病规律：以菌丝体或分生孢子着生在病残体上，或以分生孢子在病组织外越冬。可借助气流或雨水传播，分生孢子萌发可直接侵入叶片，条件合适时，3 天即显症状，形成的分生孢子可行再侵染。坐瓜后如遇高温、高湿时该病易发生。

防治方法：

①增施充分腐熟的有机肥和适量的磷、钾肥，提高植株的抗病力。

②采用高垄地膜覆盖栽培，控制浇水量，防止大水浸灌。与非瓜类作物实行 2～3 年轮作。

③药剂防治。发病初期选用 75％百菌清可湿性粉剂 500～600 倍液，或 50％异菌脲可湿性粉剂 800～1 000 倍液，或 80％大生可湿性粉剂 500～600 倍液，或 40％克菌丹可湿性粉剂 500～600 倍液，7～9 天喷 1 次，药剂交替使用，连续 3～4 次。当病情迅速扩展时，可用 20％施宝灵胶悬剂 1 000～1 500 倍液喷 1 次后，再用其他药剂连续防治。

155. 瓜类蔬菜标准化栽培有哪些主要虫害？如何防治？

瓜类蔬菜标准化栽培的常见虫害有瓜蚜、瓜蓟马、瓜绢螟、瓜实蝇、黄守瓜、美洲斑潜蝇、斜纹夜蛾、白粉虱、朱砂叶螨和地下害虫等。

（1）瓜蚜

为害特点：以成虫及若虫在叶背和嫩茎上吸取作物液汁。瓜苗嫩叶及生长点被害后，叶片卷缩，瓜苗萎蔫，甚至枯死。老叶受害，提前枯落，缩短结瓜期，造成减产。

防治方法：

①在瓜蚜点片发生时，喷洒 0.2％蚜螨敌（苦参碱）水剂，或 0.3％绿灵（苦参碱）水剂 500～1 000 倍液，或 99.1％敌死虫乳油 300 倍液，或 0.5％印楝素（楝素·蔬果净）乳油 800 倍液，或 1％苦参碱醇溶液 500 倍液，可持效 10 天。

②选用 3％啶虫脒（莫比郎）乳油 1 500 倍液，或 10％吡虫啉（大功臣、蚜虱净、蚜克西）可湿性粉剂 2 000 倍液，或 50％

抗蚜威可湿性粉剂 4 000 倍液，或 2.5％高效氯氟氰菊酯可湿性粉剂 1 500～2 000 倍液，或 25％阿克泰水分散粒剂 2 500 倍液喷雾防治，视虫情每隔 7～10 天 1 次，并注意对准叶背和嫩梢喷施，将药液喷到虫体上，以确保防效。

（2）瓜蓟马

为害特点：成虫、若虫以锉吸式口器取食心叶、嫩芽、花器和幼果汁液，嫩叶嫩梢受害，组织变硬缩小，茸毛变灰褐或黑褐色，植株生长缓慢，节间缩短，幼瓜受害，果实硬化，瓜毛变黑，造成落瓜。被害果实表皮粗糙有斑痕，布满锈状物，对产量和品质影响较大。

防治方法：

①早春清除田间杂草和枯枝残叶，集中烧毁或深埋，消灭越冬成虫和若虫。加强肥水管理，促使植株生长健壮，减轻为害。

②利用蓟马趋蓝色的习性，在田间设置蓝色黏板，诱杀成虫，一般每 667 米^2 张挂 20～30 张，黏板高度与作物持平。

③药剂防治：可选择 10％吡虫啉可湿性粉剂 2 000 倍液，或 5％啶虫脒可湿性粉剂 2 500 倍液，或 10％虫螨腈（除尽）乳油 2 000 倍液，或 20％丁硫克百威乳油 600～1 000 倍液，或 2.5％多杀菌素悬浮剂 1 000 倍液，或 20％毒·啶乳油 1 500 倍液喷雾。为提高防效，药剂要交替轮换使用。在喷雾防治时，应全面细致，减少残留虫口。

（3）瓜绢螟

为害特点：幼龄幼虫在叶背啃食叶肉，呈灰白斑。3 龄后吐丝将叶或嫩梢缀合，匿居其中取食，致使叶片穿孔或缺刻，严重时仅留叶脉。幼虫常蛀入瓜内，影响产量和品质。

防治方法：

①清洁田园，减少越冬虫源。幼虫初发期，可依被害状——卷叶予以捏杀。

②加强瓜绢螟的预测预报，采用性诱剂或黑光灯预测预报发生期和发生量。

③利用瓜绢螟成虫的趋光性，在田间安装太阳能杀虫灯进行诱杀。

④药剂防治。在种群主体处在1～3龄时，用25％杀虫双水剂500倍液，或20％氰戊菊酯（杀灭菊酯）乳油2 000倍液，或5％氯氰菊酯（阿锐克）乳油1 000倍液，或48％毒死蜱（乐斯本）乳油1 000倍液，或1％阿维菌素（农哈哈）乳油2 000倍液喷杀。

（4）瓜实蝇

为害特点：成虫以产卵管刺入幼瓜表皮内产卵，幼虫孵化后即钻进瓜内取食，受害瓜先局部变黄，而后全瓜腐烂变臭。即使不腐烂，刺伤处凝结着流胶，畸形下陷，果皮硬实，瓜味苦涩，品质下降。

防治方法：

①加强巡查，及时清除虫害瓜和收集落地瓜深埋或烧毁，有助于减少虫源。

②毒饵诱杀成虫。利用成虫对糖醋等芳香气味有明显趋性的习性，于成虫盛发期配毒饵诱杀成虫。用香蕉皮或菠萝皮（也可用南瓜、番薯煮熟经发酵）40份，90％敌百虫晶体0.5份（或其他农药），香精1份，加水调成糊状毒饵，直接涂在瓜棚篱竹上或装入容器挂于棚下，每667米² 20个点，每点放25克，能诱杀成虫。

③利用蘸有实蝇性诱剂和马拉硫磷农药混合物的棉芯置于诱捕器内，诱杀雄虫和监测虫情。

④药剂防治。在成虫盛发期，选中午或傍晚喷洒1％甲氨基阿维菌素1 500倍液，或10％顺式氯氰菊酯乳油2 500倍液，或20％杀灭菊酯乳油3 000倍液，或2.5％溴氰菊酯乳油3 000倍液，或48％毒死蜱乳油1 000倍液等，均有效。因成虫出现期

长，需 3～5 天喷 1 次，连续 2～3 次。

（5）黄守瓜

为害特点：成虫取食瓜苗的叶和嫩茎，把叶片食成环或半环形缺刻，咬食嫩茎造成死苗，还为害花及幼瓜。虫在土中咬食根茎和瓜根，常使瓜秧萎蔫死亡。也可蛀食贴地面生长的瓜果。如防治不及时，往往造成较大幅度减产和降低瓜果品质。

防治方法：

①阻隔成虫产卵。采用全田地膜覆盖栽培，并在瓜苗茎基周围地面撒布草木灰、麦芒、麦秆、木屑等，以阻止成虫在瓜苗根部产卵。或清晨露水未干时，人工捕杀成虫。

②与十字花科蔬菜、莴苣、芹菜等蔬菜套种、间作，瓜类蔬菜苗期适当种植一些高秆作物。

③药剂防治。防治成虫可用 90％晶体敌百虫 1 000 倍液，或 80％敌敌畏乳油 1 000 倍液，或 50％辛硫磷乳油 1 000 倍液，或 50％马拉松乳油 1 000 乳液，或 48％毒死蜱乳油 1 000 倍液，或 2.5％溴氰菊酯乳油 3 000 倍液，或 10％氯氰菊酯乳油 3 000 倍液喷雾。防治幼虫可用 50％辛硫磷乳油 1 000 倍液，或 90％晶体敌百虫 1 000 倍液，或 80％敌敌畏乳油 1 000 倍液，或 5％鱼藤精乳油 500 倍液灌根，可杀死土中幼虫。

（6）美洲斑潜蝇

为害特点：成虫、幼虫皆可为害，吸食叶片汁液，产卵时还会刺伤叶片，形成褪色斑点。幼虫在叶片和叶柄内蛀食叶肉，形成不规则蛇形白色虫道，初期虫道呈不规则线状伸展，虫道终端常明显变宽，破坏叶绿素和叶肉细胞，使光合作用受阻，严重时叶片枯死脱落，甚至成片死亡毁苗，造成减产、绝产。

防治方法：

①考虑蔬菜布局，把斑潜蝇嗜好的瓜类、茄果类、豆类与其不为害的作物进行套种。及时清洁田园，把被斑潜蝇为害作物的残体集中深埋、沤肥或烧毁。

②在害虫发生高峰时，摘除带虫叶片销毁。依据其趋黄习性，利用黄板诱杀。利用寄生蜂防治，在不用药的情况下，寄生蜂天敌寄生率可达 50％以上。采用灭蝇纸诱杀成虫。在成虫始盛期至盛末期，每 667 米^2 设置 15 个诱杀点，每个点放置 1 张诱蝇纸诱杀成虫，3～4 天更换一次。

③药剂防治。喷洒 1.8％阿维菌素乳油 2 000～2 500 倍液，或1％增效 7051 生物杀虫素 2 000 倍液，或 48％毒死蜱乳油1 000倍液，或 10％灭蝇胺悬浮剂 800 倍液，或 20％灭蝇·杀单可溶性粉剂 1 000～1 500 倍液，或 40％绿菜保乳油 1 000～1 500倍液。幼虫高峰期 5～7 天喷施 1 次，连续 3 次。

（7）白粉虱

为害特点：成虫和若虫群集在叶背面，吸食汁液，使植株生长不良，被害叶片褪色、变黄、萎蔫，造成全株枯死。白粉虱繁殖力强，繁殖速度快，因此，田间种群数量很大。其分泌的蜜露可导致煤污病的发生，通过其取食，还可以传播病毒病。

防治方法：

①培育"无虫苗"。尽量避免混栽，特别是黄瓜、番茄和菜豆等不能混栽。摘除老叶、杂草进行深埋或烧毁。

②黄板诱杀。利用其趋黄性，悬挂黄板在行间或植株间诱杀，每 667 米^2 悬挂 20～30 张，悬挂高度要高过植株顶端 10 厘米左右。

③棚室内白粉虱发生严重时，可用 22％敌敌畏烟剂，每 667米^2 用药 300～400 克，于傍晚收工前将保护地密闭熏烟，可杀成虫。

④药剂防治。选用 25％噻嗪酮（扑虱灵）可湿性粉剂 1 500倍液，或 1.8％阿维菌素乳油 2 500～3 000 倍液，或 2.5％高效氯氟氰菊酯（功夫）乳油 2 000 倍液，或 10％吡虫啉可湿性粉剂2 000倍液，或 3％啶虫脒乳油 1 500 倍液，或 20％氰戊菊酯（速

灭杀丁）2 000 倍液等喷雾。

（8）朱砂叶螨

为害特点：苗期至成熟期均可发生，成虫及幼、若虫在叶背吸食汁液，使叶面的水分蒸腾增强，叶绿素受损，叶片变色，光合作用受到抑制，影响植株正常生长，对瓜类蔬菜产量的影响较大。

防治方法：

①清除田埂、路边和田间的杂草及枯枝落叶，耕整土地以消灭越冬虫源。合理灌溉和施肥，促进植株健壮生长，增强抗虫能力。

②利用有效天敌如：长毛钝绥螨、德氏钝绥螨、异绒螨、塔六点蓟马和深点食螨瓢虫等，有条件的地方可保护或引进释放。当田间的益害比为 1∶10～15 时，一般在 6～7 天后，害螨将下降 90％以上。

③加强田间监测，在点片发生阶段注意防治。轮换施用化学农药，尽量使用复配增效药剂或一些新型的特效药剂。效果较好的药剂有：40％菊杀乳油 2 000～3 000 倍液，或 20％螨卵脂 800 倍液，或 73％克螨特乳油 2 500 倍液，或 5％噻螨酮（尼索朗）乳油 1 500 倍液，或 15％哒螨灵乳油 2 000～3 000 倍液，或 10％浏阳霉素乳油 2 000 倍液。施药时必须注意叶面、叶背均匀喷到，才能保证药效和防效。

（9）斜纹夜蛾

为害特点：幼虫咬食植物叶部，也为害花和果实。常蛀入幼瓜果内为害，导致果实腐烂和污染，失去商品价值。1～2 龄幼虫常群集，仅食叶肉，呈白纱状。4 龄后进入暴食期，种群密度大时，能将田间的作物吃成光秆或仅留叶脉，且幼虫还可以转移为害，造成严重减产或毁产。

防治方法：

①诱杀成虫。采用黑光灯或糖醋液等进行诱杀成虫。

②摘除卵块。成虫高峰期结合田间农事操作，及时摘除卵块和初孵幼虫着生叶片，以减小虫口密度。

③药剂防治。药剂防治幼虫必须掌握在 3 龄以前，进行点片防治。4 龄后的幼虫夜出活动，应在傍晚前后施药。药剂可选用 2.5％高效氯氟氰菊酯（功夫）水乳剂 2 000 倍液，或 20％甲氰菊酯乳油 2 000 倍液，或 1.5％甲胺基阿维菌素苯甲酸盐乳油 1 500 倍液，或 52.25％农地乐乳油 1 500 倍液，或 10％虫螨腈悬浮剂 1 500 倍液等。

（10）地下害虫

瓜类蔬菜的主要地下害虫包括蛴螬、地老虎、蝼蛄、金针虫、黄瓜象甲、守瓜幼虫等。

为害特点：主要咬食根部或咬断幼苗的茎基部，造成田间缺苗。

防治方法：

①清洁田园。冬季清除田间的病残蔓叶，并集中烧毁，田间铺盖的干草要烧掉，可较彻底地消灭地上害虫的成虫和卵。

②施用充分腐熟的有机肥。

③黑光灯诱杀。利用金龟子、地老虎的成虫对黑光灯有强烈的趋向性，可于成虫盛发期用黑光灯诱杀。

④撒施毒土。整畦前，每 667 米^2 用 50％辛硫磷乳油 100～150 克拌细沙或细土 25～30 千克撒入畦上，然后整地成畦。

⑤毒草诱杀。将新鲜的草或菜切碎，用 50％辛硫磷乳油 100 克加水 2～2.5 千克，喷在草或菜上，于傍晚分成小堆放置田间，以诱杀地老虎幼虫。

⑥药剂防治。定植前，每 667 米^2 穴施 5％辛硫磷颗粒剂 1.0～1.5 千克，或每 667 米^2 沟施 5％丁硫克百威颗粒剂 5～7 千克。害虫为害初期用 50％辛硫磷乳油 1 000 倍液灌根，或 48％毒死蜱乳油 800～1 000 倍液灌根，或 80％敌百虫可湿性粉剂 800 倍液灌根，每株灌对好的药液 500 克。

参 考 文 献

陈绵才.2007.瓜类豆类蔬菜病虫害防治［M］.2版.海口：海南出版社.

高芳华.2009.南瓜西葫芦高产栽培技术［M］.海口：海南出版社.

高丽红.2007.黄瓜栽培技术问答［M］.北京：中国农业出版社.

葛晓光.2004.新编蔬菜育苗大全［M］.北京：中国农业出版社.

郭彦彪，邓兰生，张承林.2007.设施灌溉技术［M］.北京：化学工业出版社.

胡永军，赵明会，刘银炜.2009.大棚苦瓜高效栽培技术［M］.济南：山东科学技术出版社.

黄道明.2001.专家教你种蔬菜 佛手瓜 南瓜 白瓜［M］.广州：广东科技出版社.

黄循精，林日健.1997.反季节瓜菜生产实用技术［M］.北京：中国农业出版社.

李红岭.2009.丝瓜 苦瓜生产关键技术百问百答［M］.北京：中国农业出版社.

梁振深.1998.冬瓜、苦瓜、黄瓜和节瓜栽培技术［M］.海口：海南出版社.

刘宜生.2007.冬瓜南瓜苦瓜高产栽培［M］.北京：金盾出版社.

刘正坪.2007.蔬菜病虫害防治技术问答［M］.北京：中国农业出版社.

吕家龙.2001.蔬菜栽培学各论［M］.3版.北京：中国农业出版社.

吕佩珂.2004.中国蔬菜病虫原色图谱［M］.北京：学苑出版社.

孟焕文，程智慧.2009.温室大棚佛手瓜丝瓜苦瓜栽培新技术［M］.杨凌：西北农林科技大学出版社.

孟雷，韩振亚，杨光峰，等.2010.葱蒜类蔬菜标准化生产实用新技术疑难解答［M］.北京：中国农业出版社.

司力珊.2009. 南瓜 西葫芦生产关键技术百问百答 [M]. 北京：中国农业出版社.

汪炳良.2009. 蔬菜制种百问百答 [M].2版. 北京：中国农业出版社.

汪炳良.1999. 蔬菜育苗技术问答 [M]. 北京：中国农业出版社.

汪胜德.2006. 现代园艺栽培介质 [M]. 北京：中国林业出版社.

王长林，等.2008.西葫芦南瓜栽培技术问答 [M]. 北京：中国农业大学出版社.

王久兴，等.2009. 瓜类蔬菜病虫害诊断与防治原色图谱 [M]. 北京：金盾出版社.

王三根.2008. 蔬菜调控与保鲜实用技术 [M]. 北京：金盾出版社.

王秀峰，陈振德.2000. 蔬菜工厂化育苗 [M]. 北京：中国农业出版社.

王秀峰.2002. 保护地蔬菜育苗技术 [M]. 济南：山东科学技术出版社.

吴震，翁忙玲，蒋芳玲.2010. 蔬菜育苗实用新技术百问百答 [M]. 北京：中国农业出版社.

杨维田，刘立功.2011. 嫁接育苗 [M]. 北京：金盾出版社.

杨先芬.2000. 瓜菜施肥技术手册 [M]. 北京：中国农业出版社.

张承林，郭彦彪.2005. 灌溉施肥技术 [M]. 北京：化学工业出版社.

张学军，王慧梅.2002. 薄壁多孔管微灌技术指南 [M]. 北京：中国科学技术协会普及部，中国农业工程学会.

赵冰，郭仰东.2008. 黄瓜生产百问百答 [M]. 北京：中国农业出版社.

浙江农业大学.2000. 蔬菜栽培学各论 [M]. 北京：中国农业出版社.

中国农业科学院蔬菜花卉研究所.2010. 中国蔬菜栽培学 [M].2版. 北京：中国农业出版社.

周长吉.2007. 温室灌溉原理与应用 [M]. 北京：中国农业出版社.

附　　录

附录1　农产品安全质量　无公害蔬菜安全要求
（GB 18406.1—2001）

1　范围

GB 18406 的本部分规定了无公害蔬菜的定义、要求、试验方法、检验规则及标签标志、包装、贮存。

本部分适用于无公害蔬菜的生产、加工和销售。

2　规范性引用文件（略）

3　术语和定义

下列术语和定义适用于 GB 18406 的本部分。

无公害蔬菜

蔬菜中有毒有害物质控制在标准规定限量范围之内的商品蔬菜。

4　要求

4.1　重金属及有害物质限量

无公害蔬菜的重金属及有害物质限量应符合表1规定。

表1　重金属及有害物质限量

项　　目	指标（mg/kg）
铬（以 Cr 计）	≤0.5

（续）

项　目	指标（mg/kg）
镉（以 Cd 计）	≤0.05
汞（以 Hg 计）	≤0.01
砷（以 As 计）	≤0.5
铅（以 Pb 计）	≤0.2
氟（以 F 计）	≤1.0
亚硝酸盐（NaNO$_2$）	≤4.0
硝酸盐	≤600（瓜果类） ≤1 200（根茎类） ≤3 000（叶菜类）

4.2　农药最大残留限量

无公害蔬菜的农药最大残留限量应符合表2规定。

表2　农药最大残留限量

通用名称	英文名称	商品名称	毒性	作物	最高残留限量 mg/kg
马拉硫磷	malathion	马拉松	低	蔬菜	不得检出
对硫磷	parathion	一六〇五	高	蔬菜	不得检出
甲拌磷	phorate	三九一一	高	蔬菜	不得检出
甲胺磷	methamidophos	—	高	蔬菜	不得检出
久效磷	monocrotophos	纽瓦克	高	蔬菜	不得检出
氧化乐果	omethoate	—	高	蔬菜	不得检出
克百威	carbofuran	呋喃丹	高	蔬菜	不得检出
涕灭威	aldicarb	铁灭克	高	蔬菜	不得检出
六六六	BHC	—	高	蔬菜	0.2
滴滴涕	DDT	—	中	蔬菜	0.1
敌敌畏	dichlorvos	—	中	蔬菜	0.2
乐果	dimethoate	—	中	蔬菜	1.0

（续）

通用名称	英文名称	商品名称	毒性	作物	最高残留限量（mg/kg）
杀螟硫磷	fenitrothion	—	中	蔬菜	0.5
倍硫磷	fenthion	百治屠	中	蔬菜	0.05
辛硫磷	phoxim	肟硫磷	低	蔬菜	0.05
乙酰甲胺磷	acephate	高灭磷	低	蔬菜	0.2
二嗪磷	diazinon	二嗪农，地亚农	中	蔬菜	0.5
喹硫磷	quinalphos	爱卡士	中	蔬菜	0.2
敌百虫	trichlorphon	—	低	蔬菜	0.1
亚胺硫磷	phosmet	—	中	蔬菜	0.5
毒死蜱	chlorpyrifos	乐斯本	中	叶类菜	1.0
抗蚜威	pirimicarb	辟蚜雾	中	蔬菜	1.0
甲萘威	carbaryl	西维因，胺甲萘	中	蔬菜	2.0
二氯苯醚菊酯	permetthrin	氯菊酯，除虫精	低	蔬菜	1.0
溴氰菊酯	deltamethrin	敌杀死	中	叶类菜	0.5
				果类菜	0.2
氯氰菊酯	eypermethrin	灭百可，兴棉宝，塞波凯，安绿宝	中	叶类菜	1.0
				番茄	0.5
氰戊菊酯	fenvalerate	速灭杀丁	中	块根类	0.05
				果菜类	0.2
				叶类菜	0.5
氟氰戊菊酯	flucythrinate	保好鸿，氟氰菊酯	中	蔬菜	0.2
顺式氯氰菊酯	alphacypermethrin	快杀敌，高效安绿宝，高效灭百可	中	黄瓜	0.2
				叶类菜	1.0
联苯菊酯	biphenthrin	天王星	中	番茄	0.5
三氟氯氰菊酯	cyhalothrin	功夫	中	叶类菜	0.2
顺式氰戊菊酯	esfenvaerate	来福灵，双爱士	中	叶类菜	2.0

（续）

通用名称	英文名称	商品名称	毒性	作物	最高残留限量 mg/kg
甲氰菊酯	fenpropathrin	灭扫利	中	叶类菜	0.5
氟胺氰菊酯	fluvalinate	马扑立克	中	蔬菜	1.0
三唑酮	triadimefon	粉锈宁，百理通	低	蔬菜	0.2
多菌灵	carbendazim	苯并咪唑 44 号	低	蔬菜	0.5
百菌清	chlorothalonil	Danconi12787	低	蔬菜	1.0
噻嗪酮	buprofezin	优乐得	低	蔬菜	0.3
五氯硝基苯	quintozene	—	低	蔬菜	0.2
除虫脲	diflubenzuron	敌灭灵	低	叶类菜	20.0
灭幼脲	—	灭幼脲三号	低	蔬菜	3.0

注：未列项目的农药残留限量标准各地区根据本地实际情况按有关规定执行。

5　试验方法

5.1　重金属及有害物质的测定

5.1.1　铬的测定按 GB/T 14962 的规定执行。

5.1.2　镉的测定按 GB/T 5009.15 的规定执行。

5.1.3　汞的测定按 GB/T5009.17 的规定执行。

5.1.4　砷的测定按 GB/T5009.11 的规定执行。

5.1.5　铅的测定按 GB/T5009.12 的规定执行。

5.1.6　氟的测定按 GB/T5009.18 的规定执行。

5.1.7　硝酸盐及亚硝酸盐的测定按 GB/T5009.33 的规定执行。

5.2　农药残留量的测定

5.2.1　色谱测定法

5.2.1.1　六六六、滴滴涕的测定按 GB/T 5009.19 的规定执行。

5.2.1.2　马拉硫磷、对硫磷、甲拌磷、久效磷、氧化乐果、敌敌畏、乐果、杀螟硫磷、二嗪磷、喹硫磷、敌百虫、倍硫磷的测定按 GB/T 5009.20 的规定执行。

5.2.1.3　甲胺磷、乙酰甲胺磷的测定按 GB 14876 的规定执行。

5.2.1.4 辛硫磷的测定按 GB 14875 的规定执行。

5.2.1.5 亚胺硫磷的测定按 GB/T 16335 的规定执行。

5.2.1.6 毒死蜱的测定按 GB/T 17331 的规定执行。

5.2.1.7 涕灭威的测定按 GB/T14929.2 的规定执行。

5.2.1.8 克百威、抗蚜威、甲萘威的测定按 GB 14877 的规定执行。

5.2.1.9 顺式氯氰菊酯、顺式氰戊菊酯的测定按 GB/T 14929.4 的规定执行。

5.2.1.10 二氯苯醚菊酯、溴氰菊酯、氯氰菊酯、氰戊菊酯、氟氰戊菊酯、联苯菊酯、甲氰菊酯、三氟氯氰菊酯、氟胺氰菊酯的测定按 GB/T17332 的规定执行。

5.2.1.11 三唑酮的测定按 GB/T14973 的规定执行。

5.2.1.12 多菌灵的测定按 GB/T5009.38 的规定执行。

5.2.1.13 百菌清的测定按 GB14878 的规定执行。

5.2.1.14 噻嗪酮的测定按 GB14970 的规定执行。

5.2.1.15 五氯硝基苯的测定按 GB/T16341 的规定执行。

5.2.1.16 除虫脲的测定按 GB/T17333 的规定执行。

5.2.1.17 灭幼脲的测定按 GB/T16340 的规定执行。

5.2.2 简易测定法（酶抑制法）

有机磷或氨基甲酸酯类农药对乙酰胆碱酯酶等的活性具有抑制作用，通过测定乙酰胆碱酯酶的活性被抑制的程度，比较不同样品与乙酰胆碱酯酶作用后的显色反应，确定被测样品中的农药残留情况。

6 检验规则

6.1 检验分类

无公害蔬菜的检验分为产地检验（采摘上市前检验）和市场（批发或零售）检验。

6.2 货批

产地检验以同一品种、同一田块、同期采收的蔬菜，以 1hm^2 为一抽样批次，不足 1hm^2 也视为一个货批。

市场检验以同一产区、同一品种、同一销售单位为一个货批。

6.3 抽样方法

产地检验对每一货批按 5 点抽样法取样，将样品缩分后抽取 2kg。取

1kg 样品作为制备实验室样品，1kg 样品作为备样。备样应低温冷冻保存。

市场检验从每一货批中随机抽取 2kg 样品。取 1kg 样品作为制备实验室样品，1kg 样品作为备样。备样应低温冷冻保存。

6.4　检验项目

产地检验或申请使用无公害蔬菜标志时，应对 4.1 和 4.2 所列项目做全项检验。

市场检验根据各地蔬菜病虫害发生情况，农药使用特点等情况对 4.2 所列项目做抽样检验，其中 4.2 中"不得检出"的农药品种为必检项目。

6.5　判定规则

6.5.1　按本标准规定的色谱测定方法进行测定时，测定的结果符合 GB18406 的本部分要求的，则判该批产品为合格品，测得的结果不符合本部分要求的，允许对不合格项目进行加密取样复测，复测仍不合格的，则判该批产品为不合格品。

6.5.2　农药残留量按简易测定方法进行测定时，从每一货批中随机抽取 3 个样品进行现场测定。对于一次检验出现阳性时允许进行复测。若复测仍呈阳性者，应进行色谱测定，以色谱测定法测定的结果为判定依据。

7　包装、标签标志、运输、贮存

7.1　包装

无公害蔬菜的包装应采用符合食品卫生标准的包装材料。

7.2　标签标志

有包装的无公害蔬菜的标签标识应标明产品名称、产地、采摘日期或包装日期、保存期、生产单位或经销单位。经认可的无公害蔬菜可在产品或包装上加贴无公害蔬菜标志。

7.3　运输

无公害蔬菜的运输应采用无污染的交通运输工具，不得与其他有毒有害物品混装混运。

7.4　贮存

贮存场所应清洁卫生，不得与有毒有害物品混存混放。

附录2 农产品安全质量 无公害蔬菜 产地环境要求

(GB/T 18407.1—2001)

1 范围

GB/T 18407 的本部分规定了无公害蔬菜产地环境质量要求、试验方法及监测规则等内容。

本部分适用于无公害蔬菜产地的选择和建立。

2 规范性引用文件（略）

3 要求

3.1 无公害蔬菜产地生态环境

3.1.1 无公害蔬菜产地应选择不受污染源影响或污染物含量限制在允许范围之内，生态环境良好的农业生产区域。

3.1.2 土壤重金属背景值高的地区，与土壤、水源环境有关的地方病高发区不能作为无公害蔬菜产地。

3.2 无公害蔬菜产地环境要求

3.2.1 灌溉水质量标准应符合表 1 要求。

表 1 灌溉水质量指标

项 目		指 标
氯化物，mg/L	≤	250
氰化物，mg/L	≤	0.5
氟化物，mg/L	≤	3.0
总汞，mg/L	≤	0.001
砷，mg/L	≤	0.05
铅，mg/L	≤	0.1
镉，mg/L	≤	0.005

（续）

项　目		指　标
铬（六价），mg/L	≤	0.1
石油类，mg/L	≤	1.0
pH		5.5～8.5

3.2.2　环境空气质量指标应符合表2要求。

表2　空气环境质量指标

项　目		指　标	
		日平均	1h平均
总悬浮颗粒物（标准状态），mg/m³	≤	0.30	
二氧化硫（标准状态），mg/m³	≤	0.15	0.50
氮氧化物（标准状态），mg/m³	≤	0.10	0.15
氟化物，μg/（dm²·d）	≤	5.0	
铅（标准状态），μg/m³	≤	1.5	

3.2.3　土壤环境质量指标应符合表3要求。

表3　土壤环境质量指标

项　目		指　标		
		pH<6.5	pH6.5～7.5	pH>7.5
总汞，mg/kg	≤	0.3	0.5	1.0
总砷，mg/kg	≤	40	30	25
铅，mg/kg	≤	100	150	150
镉，mg/kg	≤	0.3	0.3	0.6
铬（六价），mg/kg	≤	150	200	250
六六六，mg/kg	≤	0.5	0.5	0.5
滴滴涕，mg/kg	≤	0.5	0.5	0.5

4　试验方法

4.1　灌溉水质

4.1.1　氯化物的测定按 GB/T 11896 执行。

4.1.2　氰化物的测定按 GB/T 7486 执行。

4.1.3　氟化物的测定按 GB/T 7484 执行。

4.1.4　总汞的测定按 GB/T 7468 执行。

4.1.5　总砷的测定按 GB/T 7485 执行。

4.1.6　总铅的测定按 GB/T 7475 执行。

4.1.7　总锡的测定按 GB/T 7475 执行。

4.1.8　六价铬的测定按 GB/T 7467 执行。

4.1.9　石油类的测定按 GB/T 16488 执行。

4.1.10　pH 的测定按 GB/T 6920 执行。

4.2　环境空气质量

4.2.1　总悬浮颗粒物的测定按 GB/T 15432 执行。

4.2.2　二氧化硫的测定按 GB/T 15262 执行。

4.2.3　氮氧化物的测定按 GB/T 15436 执行

4.2.4　氟化物的测定按 GB/T 15433 执行。

4.2.5　铅的测定按 GB/T 15264 执行。

4.3　土壤环境质量

4.3.1　总汞的测定按 GB/T 17136 执行。

4.3.2　总砷的测定按 GB/T 17134 执行。

4.3.3　总铅的测定按 GB/T 17141 及 GB/T 17140 执行。

4.3.4　总镉的测定按 GB/T 17141 及 GB/T 17140 执行。

4.3.5　总铬的测定按 GB/T 17137 执行。

4.3.6　六六六的测定按 GB/T 14550 执行。

4.3.7　滴滴涕的测定按 GB/T 14550 执行。

5　监测规则

5.1　灌溉水质监测

　　灌溉水质量应定期进行监测和评价；采样点应选在灌溉进水口上。氰化物的标准数值为一次测定的最高值，其他各项标准数值均指灌溉期多次测定平均值。

5.2　监测点数量

5.2.1　监测区域采样点数量的确定，要根据监测目的、可代表面积的大小、分析测试能力和实际工资条件（如交通和电源）等，同时考虑数理统计和环境空气质量评价质量评价精度的要求。

5.2.2　农业生产基地大气环境质量监测，面积较小，布局相对集中，布设3个点；布局比较分散，面积较大适当增加点数；空旷地带和边远地区适当减少点数。同时还要考虑大气质量的稳定性以及污染物对农作物生长的影响适当增减。

5.2.3　污染源对农业生产基地大气质量的影响监测，视污染源种类、废气排放方式、排放量而定。监测点一般控制在5～7个。

5.3　监测点布设方法和具体要求

5.3.1　监测点位置的确定应先进行周密的调查研究，采用间断性监测等方法对监测区域内环境空气污染状况有粗略的了解后，再选择确定监测点的位置。

5.3.2　监测点的周围应开阔，采样口水平线与周围建筑物高度的夹角应不大于30°，测点周围无局部污染源并避开树木及吸附能力较强的建筑物。距装置5m～15m范围内不应有炉灶、烟囱等，远离公路以消除局部污染源对监测结果代表性的影响。采样口周围（水平面）应有270°以上的自由空间。

5.3.3　监测点的数据一般应满足方差、变异系数较小的条件，对所测污染物的污染特征和规律较明显，数据受周围环境因素干扰较小。同时也要选择一个方差较大、影响因素主要来源于大区域污染源，非局部地影响的点。

5.3.4　监测农区环境空气污染的时空分布特征及状况，用网格布点法。对于空旷地带和边远地区应适当降低布点的空间密度，在污染源主导风向下风方位应适当加大布点的空间密度。

5.3.5　污染事故应急监测布点方法，参照GB 16297和GB/T 16157。烟囱或排气管道排出的气态或气溶胶污染物对农区环境空气产生的影响，用同心圆轴线法或扇形法进行布点。对于污染因素复杂的区域，应采用随机布点法。

5.3.6　采样高度如下：

a）二氧化硫、氮氧化物、总悬浮颗粒物的采样高度一般为3m～15m，以5m～10m为宜，氟化物采样高度一般为3.5m～4m，采样口与基础1.5m以上的相对高度，以减少扬尘的影响。

b）农业生产基地大气采样高度基本与植物高度相同。

c）特殊地形地区可视情况选择适当的采样高度。

5.4 采样周期与频率

5.4.1 全面了解农田大气环境质量状况，根据不同的采样目的而定。每日采样时间均以 8 时为起始时间。

a）二氧化硫：隔日采样，每日采样 24h±0.5h，每月 14～16 天，每年 12 个月。

b）氮氧化物：同二氧化硫。

c）总悬浮颗粒物：隔双日采样，每天 24h±0.5h 连续监测，每月监测 5～6 天，每年 12 个月。

d）氟化物：

1）石灰滤纸法：每次采样 24 天±5 天，每月 1 次，每年 12 个月。

2）滤膜法：1h 平均：每小时至少有 45min 采样时间；

日平均：每日至少有 12h 的采样时间；

月平均：每月至少采样 15 天以上；

植物生长季平均：每个生长季至少有 70% 个月平均值。

e）臭氧：1h 平均：每小时至少有 45min 采样时间。

5.4.2 污染事故等采样频率：如遇特殊情况（污染事故等）根据具体情况，应随时增加采样频率进行应急监测，以了解污染状况。

5.5 土壤环境质量检测

5.5.1 采样原则

5.5.1.1 土壤采样点应选择在有利于该土壤类型特征发育的环境，如地形平坦、稳定、自然植被良好。

5.5.1.2 不宜在住宅周围、路旁、沟渠、粪坑及坟堆附近等人为干扰很明显而缺乏代表性的地点挖掘土样。

5.5.1.3 一般的采样点应距离铁路或主要公路 300m 以上。

5.5.1.4 不宜在水土流失严重，表土破坏很明显的地点采样。

5.5.1.5 在坡脚、洼地等具有从属景观特征的地点，不宜作采样点。

5.5.1.6 若发现布点图上标明的母质母岩、土壤类型等规定的因素与实际不相符合时，则应改变采样点或标注清楚而并入其他采样单元。

5.5.1.7 农业耕作土壤采样，应在了解该地点作物栽培史及农药化肥的施用情况后。设置采样点。

5.5.1.8 其他原则可根据具体的调查目的或分析项目情况作适当的增补或变动。

5.5.2　采样方法

5.5.2.1　柱状采样法

在已经整理好的土壤剖面中间划两条相距 5cm～10cm 左右从上到下相互平行的直线，刮去表层，自上而下在每一个土层内挖取一定量的土（一般为 1kg 左右），装入袋中以备使用。

5.5.2.2　典型取样法

在土壤剖面中有代表性的典型部位取样，刮去表层，自上而下逐层取样。

5.5.2.3　盐分动态取样

自地表起每 10cm 或 20cm 采集一个样品。取样后按层次标明，一式两份，分别放在袋内、外备查。

5.5.2.4　耕作层取样

根据产地条件及面积确定采样的多少，推荐 $1hm^2～2hm^2$ 为一个采样单元，采样深度为 $0～20cm$，多点混合（5 个点）为一个土壤样品。样品量多时，采用四分法将多余的土壤弃去，留 1kg 左右供分析检测。

附录3 无公害食品 黄瓜生产技术规程

(NY/T 5075—2002)

1 范围

本标准规定了无公害食品黄瓜的产地环境要水和生产管理措施。

本标准适用于无公害食品黄瓜生产。

2 规范性引用文件（略）

3 产地环境

应符合 NY 5010 的规定，选择地势高燥，排灌方便，土层深厚、疏松、肥沃的地块。

4 生产技术管理

4.1 保护设施

包括日光温室、塑料大棚、连栋温室、改良阳畦、温床等。

4.2 多层保温

棚室内外增设的二层以上范盖保温措施。

4.3 栽培季节的划分

4.3.1 早春栽培

深冬定植，早春上市。

4.3.2 秋冬栽培

秋冬定植，初冬上市。

4.3.3 冬春栽培

秋冬定梢，春节前上市。

4.3.4 春提早栽培

终霜前天左右定植，初夏上市。

4.3.5 秋延后栽培

夏末初秋定植，9月末10月初上市。

4.3.6 长季节栽培

采收期 8 个月以上。

4.3.7　春夏栽培

晚霜结束后定植，夏季上市。

4.3.8　夏秋栽培

夏季育苗定植，秋季上市。

4.4　品种选择

选择抗病、优质、高产、商品性好、适应市场需求的品种。冬春、早春、春提早栽培选择耐低温弱光、对病害多抗的品种；夏春、夏秋、秋冬、秋延后栽培选择抗病毒病、耐热的品种；长季节栽培选择高抗、多抗病害，抗逆性好、连续结果能力强的品种。

4.5　育苗

4.5.1　育苗设施选择

根据季节不同选用温室、塑料大棚、阳畦、温床等育苗设施，夏秋季育苗应配有防虫、遮阳设施。有条件的可采用穴盘育苗和工厂化育苗，并对育苗设施进行消毒处理，创造适合秧苗生长发育的环境条件。

4.5.2　营养土配制

4.5.2.1　营养土要求：pH 5.5～7.5，有机质 2.5%～3.0%，有效磷 20～40mg/kg，速效钾 100～140mg/kg，碱解氮 120～150mg/kg，孔隙度约 60%，土壤疏松，保肥保水性能良好，配制好的营养土均匀铺于播种床上，厚度 10cm。

4.5.2.2　工厂化穴盘或营养钵育苗营养土配方为 2 份草炭加 1 份蛭石，以及适量的腐熟农家肥。

4.5.2.3　普通苗床或营养钵育苗营养土配方：选用无病虫源的田土占 1/3，炉灰渣（或腐熟马粪，或草炭土，或草木灰）占 1/3，腐熟农家肥占 1/3。不适宜使用未发酵好的农家肥。

4.5.3　育苗床土消毒

按照种植计划准备足够的播种床。每平方播种床用福尔马林 30～50mL，加水 3L，喷洒床土，用塑料薄膜闷盖 3 天后揭膜，待气体散尽后播种。或 72.2% 霜霉威水剂 400 倍液或按每平方米苗床用 15～30mg 药土做床面消毒。方法：用 8～10g 50% 多菌灵与 50% 福美双混合剂（按 1：1 混合），与 15～30kg 细土混合均匀撒在床面。

4.5.4　种子处理

4.5.4.1 药剂浸种。用 50% 多菌灵可湿性粉剂 500 倍液浸种 1h 或用福尔马林 300 倍液浸种 1.5h 捞出洗净催芽可防治枯萎病，黑星病。

4.5.4.2 温汤浸种。将种子用 55℃ 的温水浸种 20min，用清水冲净黏液后晾干再催芽（防治黑星病，炭疽病，病毒病，菌核病）。

4.5.5 催芽

消毒后的种子浸泡 4～6h 后捞出洗净，置于 28℃ 催芽。包衣种子直播即可。

4.5.6 播种期

根据栽培季节，育苗手段和壮苗指标选择适宜的播种期。

4.5.7 种子质量

种子纯度 95%，净度 98%，发芽率 95%，水分 8%。

4.5.8 播种量

根据定植密度，每 667m² 栽培面积育苗用种量 100～150g，直播用种量 200～300g。每平方米播种床播种 25～30g。

4.5.9 播种方法

播种前浇足底水，湿润至深 10cm。水渗下后用营养土找平床面。种子 70% 破嘴均匀撒播，再盖营养土 1.0～1.5cm。每平方米苗床再用 50% 多菌灵 8g，拌上细土均匀撒于床面上，防治猝倒病。冬春播种育苗床面上覆盖地膜，夏末床面要盖遮阳网或稻草，70% 幼苗顶土时撤除床面铺盖物。

4.5.10 苗期管理

4.5.10.1 温度：夏秋育苗主要采用遮阳降温。冬春育苗温度管理见表 1。

表 1 苗期温度调节表　　　　　　　　　单位：℃

时　　期	白天适宜温度	夜间适宜温度	最低夜温
播种至出苗	25～30	16～18	15
出土至分苗	20～25	14～16	12
分苗或嫁接后至缓苗	28～30	16～18	13
缓苗后到炼苗	25～28	14～16	13
定植前 5～7 天	20～23	10～12	10

4.5.10.2　光照：冬春育苗采用反光幕或补光设施等增加光照。苗要适当遮阳降温。

4.5.10.3　水肥：分苗时水要浇足，以后视育苗季节和墒情适当浇水。苗期以控水控肥为主在秧苗 3 或 4 叶时，可结合苗情追加 0.3％尿素。

4.5.10.4　其他管理

4.5.10.4.1　种子拱土时撒一层过筛床土加快种壳脱落。

4.5.10.4.2　分苗：当苗子叶展开，真叶显现，按株行距 10cm 分苗，最好采用直径 10cm 营养钵分苗。

4.5.10.4.3　扩大营养面积：秧苗 2 或 3 叶时加大苗距。

4.5.10.4.4　炼苗：冬春育苗，定植前一周，白天 20～23℃，夜间 10～12℃。夏秋育苗逐渐撤去遮阳网，适当控制水分。

4.5.10.5　嫁接

4.5.10.5.1　嫁接方法：靠接法，黄瓜比南瓜早播种 2 或 3 天，在黄瓜有真叶显露时嫁接，插接，南瓜比黄瓜早播种 3 或 4 天。在南瓜子叶展平有第 1 片真叶，黄瓜两叶一心时嫁接。

4.5.10.5.2　嫁接苗的管理：将嫁接苗栽入直径 10cm 的营养钵中，覆盖小拱棚遮光 2 或天，提高温湿度，以利伤口愈合。7～10 天接穗长出新叶时撤除小拱棚，靠接要断接穗根。其他管理参见 4.5.10.1～4.5.10.4。

4.5.10.6　壮苗的标准：子叶完好，茎基粗，叶色浓绿，无病虫害，冬春育苗，株高 15cm 左右，5 或 6 片叶。夏秋育苗，2 或 3 片叶，株高 15cm 左右，苗龄 20 天左右。长季节栽培根据栽培季节选择适宜的秧苗。

4.6　定植前准备

4.6.1　整地施基肥

根据土壤肥力和目标产量确定施肥总量。磷肥全部作基肥，钾肥 2/3 作基肥，氮肥 1/3 作基肥。基肥以优质农家肥为主，2/3 撒施，1/3 沟施，按照当地种植习惯做畦。

4.6.2　棚室消毒

棚室在定植前要进行消毒，每 667m² 设施用 80％敌敌畏乳油 250g 拌上锯末，与 2 000～3 000g 硫黄粉混合，分 10 处点燃，密闭一昼夜，放风后无味时定植。

4.7　定植

4.7.1　定植时间

10cm 最低土壤温度稳定通过 12℃后定植。

4.7.2 定植方法及密度

采用大小行栽培，覆盖地膜。根据品种特征，气候条件及栽培习惯，一般每 667m² 定植 3 000～4 000 株，长季节大型温室，大棚栽培每 667m² 定植 1 800～2000 株。

4.8 田间管理

4.8.1 温度

4.8.1.1 缓苗期：白天 28～30℃，晚上不低于 18℃。

4.8.1.2 缓苗后采用四段变温管理：8～14 时，25～30℃；14～17 时 20～25℃；17～24 时 15～20℃；24 时至日出，10～15℃。地温保持 15～25℃。

4.8.2 光照

采用透光性良好的耐候功能膜，保持膜面清洁，白天揭开保温覆盖物。日光温室后部采用反光幕，尽量增加光照强度和时间。夏秋季节适当遮阳降温。

4.8.3 空气湿度

根据黄瓜不同生育阶段对湿度的要求和控制病害的要求，最佳空气相对湿度的调控指标是缓苗期 80%～90%，开花结果期 70%～85%，生产上要通过地膜覆盖、滴灌或是暗灌，通风排湿，温度调控等措施控制在最佳指标范围。

4.8.4 二氧化碳

冬春季节补充二氧化碳。使设施内的浓度达到 800～1 000mg/kg。

4.8.5 肥水管理

4.8.5.1 采用膜下滴灌和暗灌：定植后及时浇水，3～5 天后浇缓苗水，根瓜坐住后，结束蹲苗。浇水追肥，冬春季节不浇明水，土壤相对湿度保持在 60%～70%，夏秋季节保持在 75%～85%。

4.8.5.2 根据黄瓜长相和生长期长短，按照平衡施肥要求施肥，适时追施氮肥和钾肥。同时应有针对性地喷施微量元素肥料，根据需要可喷施叶面肥防早衰。

4.8.5.3 不允许使用的肥料：在生产中不应使用未经无害化处理和重金属元累含量超标的城市垃圾、污泥和有机肥。

4.8.6 植株调整

4.8.6.1 吊蔓或插架绑蔓：用尼龙绳吊蔓或用细竹竿插架绑蔓。

4.8.6.2　摘心，打底叶：主蔓结瓜，侧枝留一瓜一叶摘心。25～30片叶时摘心，长季节栽培不摘心，采用落蔓方式病叶、老叶、畸形瓜要及时打掉。

4.8.7　及时采收

适时早采摘根瓜，防止坠秧。及时分批采收，减轻植株负担，以确保商品果品质，促进后期果实膨大。产品质量应符合无公害食品的要求。

4.8.8　清洁园田

将残枝败叶和杂草清理干净，集中进行无害化处理，保持田间清洁。

4.8.9　病虫害防治

4.8.9.1　主要病虫害

4.8.9.1.1　苗期主要病虫害：猝倒病、立枯病、蚜虫。

4.8.9.1.2　田间主要病虫害：霜霉病、细菌性角斑病、炭疽病、黑星病、白粉病、疫病、枯萎病、蔓枯病、灰霉病、菌核病、病毒病、蚜虫、烟粉虱、根结线虫病、茶黄螨、潜叶蝇。

4.8.9.2　防治原则

按照"预防为主，综合防治"的植保方针。坚持以"农业防治、物理防治、生物防治为主，化学防治为辅"的无害化治理原则。

4.8.9.3　农业防治

4.8.9.3.1　抗病品种：针对当地主要病虫控制对象，选用高抗多抗的品种。

4.8.9.3.2　创造适宜的生育环境条件：培育适龄壮苗。提高抗逆性，控制好温度和空气湿度，适宜的肥水，充足的光照和二氧化碳。通过放风和辅助加温，调节不同生育时期的适宜温度，避免低温和高温伤害深沟高畦，严防积水，清洁田园。做到有利于植株生长发育，避免侵染性病害发生。

4.8.9.3.3　耕作制度：与非瓜类作物轮作3年以上。有条件的地区实行水旱轮作。

4.8.9.3.4　科学施肥：测土平衡施肥，增施充分腐熟的有机肥，少施化肥，防止土壤盐渍化。

4.8.9.4　物理防治

4.8.9.4.1　设施防护：在放风口用防虫网封闭，夏季覆盖塑料薄膜、防虫网和遮阳网。进行遮雨、遮阳、防虫栽培，减轻病虫害的发生。

4.8.9.4.2　黄板诱杀：设施内悬挂黄板诱杀蚜虫等害虫。黄板规格

25cm×40cm，每 667m² 悬挂 30～40 块。

4.8.9.4.3　银灰膜驱避蚜虫：铺银灰色地膜或张挂银灰膜膜条避蚜。

4.8.9.4.4　高温消毒：棚室在夏季宜利用太阳能进行土壤高温消毒处理。

　　高温闷棚防治黄瓜霜霉病：选晴天上午，浇一次大水后封闭棚室，将棚温提高到 46～48℃，持续 2h。然后从顶部慢慢加大放风口。缓缓使室温下降。以后如需要每隔 15 天闷棚 1 次。闷棚后加强肥水管理。

　　温汤浸种。

4.8.9.4.5　杀虫灯诱杀害虫：利用频振杀虫灯、黑光灯、高压汞灯、双波灯诱杀害虫。

4.8.9.5　生物防治

4.8.9.5.1　天敌：积极保护利用天敌，防治病虫害。

4.8.9.5.2　生物药剂：采用浏阳霉素、农抗 120、农用链霉素、新植霉素等生物农药防治病虫害。

4.8.9.6　主要病虫害的药剂防治

　　使用药剂防治应符合 GB 4285、GB/T 8321（所用部分）的要求。保护地优先采用粉尘法、烟熏法。注意轮换用药，合理混用，严格控制农药安全间隔期。

4.8.9.7　不允许使用的剧毒、高毒农药：甲胺磷、甲基对硫磷、对硫磷、久效磷、磷胺、甲拌磷、甲基异柳磷、特丁硫磷、甲基硫环磷、治螟磷、内吸磷、克百威、涕灭威、灭线磷、硫环磷、蝇毒磷、地虫硫磷、氯唑磷、苯线磷等剧毒、高毒农药。

附录4　蜜本南瓜栽培技术规程
（DB46/T 101—2007）

1　范围

本标准规定了蜜本南瓜的产地环境要求和生产管理措施。
本标准适用于海南省蜜本南瓜的生产。

2　规范性引用文件（略）

3　术语和定义

下列术语和定义适用于本标准。
3.1　蜜本南瓜
蜜本南瓜又叫狗肉南瓜，属葫芦科、葫芦亚科、南瓜属，为杂交一代南瓜种，蔓生，分枝性较强，主侧蔓均能结果，单果重1.5～3千克，果实先端膨大，近似木瓜形，老熟果皮橙黄色，果肉橙红色，质粉细腻，味甜。
3.2　带帽
瓜苗出土时有部分种壳仍夹在子叶上未脱落的现象，称为带帽。
3.3　安全间隔期
最后一次施药至采收时允许的间隔天数。

4　产地环境

应符合GB/T 18407.1的要求，宜选择地势平坦，排灌方便，土层深厚、疏松、肥沃，pH5.5～6.8的地块为佳。灌溉水质应符合GB 5084。

5　生产技术管理

5.1　栽培季节
最佳播种季节9～12月。
5.2　品种选择
选择抗病、优质、高产、耐贮运、商品性好、适合市场需求的品种。

5.3 育苗

5.3.1 育苗方式

采用穴盘育苗，亦可直播。

5.3.2 育苗设施的要求

育苗盘：50 孔（5 厘米×10 厘米）或 54 孔（6 厘米×9 厘米）的塑料软盘。

苗床：高度 20 厘米，宽度 120 厘米，整平，并覆盖地膜。

材料：遮阳网（45%～50%）、塑料薄膜、稻草、铁丝、竹片等。

5.3.3 营养土

5.3.3.1 营养土配制

因地制宜地选用经过筛的表土（或无病虫源的田土）与腐熟农家肥，草木灰（或谷壳灰）按体积比为 5∶3∶2 混合而成，每立方米加入 1 千克的三元复合肥（N-P-K＝15-15-15）充分混匀，要求 pH6～7，且达到疏松、保肥、保水、养分全面的效果。

5.3.3.2 营养土消毒

每 1 000 千克营养土，用 40%福尔马林 250 克，对水 60 千克喷洒拌匀后堆放，用塑料薄膜盖 7 天，揭开薄膜后 10～15 天再播种。

5.3.4 种子质量

种子质量应符合 GB/T 16715.1 中 2 级以上。要求纯度≥95%，净度≥98%，发芽率≥90%，水分≤8%。

5.3.5 种子用量

每亩用种量 75～100 克。

5.3.6 种子处理

先用清水洗净种子，然后保持 55℃恒温水浸种 15 分钟，再用清水浸种 3～4 小时，捞出洗净黏液。

5.3.7 催芽

种子洗净后，置于 28～30℃恒温条件（可用灯泡）下催芽。未出芽前，每天用清水漂洗种子 1 次，并及时将水分滤干，再继续催芽，直到种子露白，有条件的可用培养箱催芽。

5.3.8 播种

5.3.8.1 育苗移栽

将催芽后的种子均匀点播于穴盘，穴盘每穴 1 粒，并注意将种子平放，深度 1~1.5 厘米，用消毒后的营养土盖种防治苗床病害。穴盘整齐排放于 1.2 米宽的苗床上，并在穴盘上覆盖遮阳网或稻草，低温阴雨要加盖塑料薄膜。

5.3.8.2　直播

按确定的密度穴播 1 粒催芽后的种子，再盖上稻草或其他干杂草等。

5.3.9　苗期管理

5.3.9.1　撤除覆盖物

种子开始破土后撤除覆盖物。

5.3.9.2　环境调控

5.3.9.2.1　温度：苗期温度主要靠塑料薄膜和遮阳网调节，烈日高温可用遮阳网覆盖降温；遇低温则搭小拱棚覆盖塑料薄膜保温。温度管理见表 1。

表 1　苗期温度管理表

时　　期	白天适宜温度（℃）	夜间适宜温度（℃）
出土前	25~30	15~25
出苗后	20~25	15~20
定植前 5~7 天	20~23	15~18

5.3.9.2.2　水分：出土前至子叶微展要保持土壤湿润（湿度应为 60~80%）；子叶微展后土壤以干湿结合为佳（湿度控制在 60% 左右）。塑料薄膜可防雨，遮阳网可缓冲雨水冲击幼苗。每次浇水必须浇透。

5.3.9.3　摘帽

播种过浅时易带帽，应在瓜苗出土时对部分种壳未脱落的进行人工摘帽，应在早上浇水后种壳未干时用手轻轻将其摘除，尽量避免弄伤子叶。

5.3.9.4　炼苗

定植前 3 天适当控制水分。

5.3.9.5　壮苗标准

苗龄 15 天左右，株高 8～10 厘米，茎粗 0.3 厘米左右，两叶一心，子叶完好，叶色浓绿，无病虫害。

5.4 整地作畦

蜜本南瓜地要求深翻 30 厘米，至少一犁二耙，把地整平整细。单行植按畦宽连沟 2.5～2.8 米起畦，双行植按畦宽连沟 5～5.5 米起畦。

5.5 施基肥

根据土壤肥力确定基肥总量。可在定植畦条施，也可穴施。

5.5.1 定植畦条施

一般每亩施腐熟农家肥 1 500 千克，三元复合肥（N - P - K＝15 - 15 - 15）25 千克，或用过磷酸钙 25 千克，钾肥 15 千克。

5.5.2 穴施

一般每亩施腐熟农家肥 1 000 千克，三元复合肥（N - P - K＝15 - 15 - 15）25 千克，或用过磷酸钙 25 千克，钾肥 15 千克。

5.6 定植

5.6.1 定植时间

苗龄 15 天左右，两叶一心时定植。定植应在傍晚或阴天进行，雨天不宜定植。

5.6.2 定植密度

株距 50～55 厘米，每亩栽 450～550 株。

5.6.3 定植方法

定植前 2 天可用 53％金雷多米尔分散剂 500 倍液等喷雾保护瓜苗。每穴定植 1 株，植时将瓜苗从育苗盘中取出，连同营养土植于定植穴，扶正、培土、稍压实于穴中，深度以子叶略高于地面为佳。定植后及时浇水，以提高成活率。

5.7 田间管理

5.7.1 肥水管理

5.7.1.1 水分

缓苗后选晴天上午浇一次缓苗水，然后蹲苗；倒蔓后结束蹲苗，浇一次透水，以后 5～10 天浇一次水；伸蔓期应少浇水，促进发根，利于壮秧；结瓜盛期加强浇水。蜜本南瓜不耐涝，多雨季节应及时排除积水。

5.7.1.2 追肥

5.7.1.2.1　发棵肥：在缓苗后，追一次发棵肥，一般采用 1∶3～1∶4 的淡粪水或 0.4%～0.5%三元复合肥（N-P-K=15-15-15）。

5.7.1.2.2　膨果肥：在植株进入生长中期坐稳 1～2 个幼瓜时进行，一般每次每亩追施 1∶2 的粪水 500 千克，或尿素 5 千克，三元复合肥（N-P-K=15-15-15）15 千克，每 10 天 1 次，连 2～3 次。

5.7.2　不允许使用的肥料

不应使用工业废弃物、城市垃圾和污泥。不应使用未经发酵腐熟、未达到无害化指标的人畜粪尿等有机肥。

5.7.3　植株调整

5.7.3.1　整枝

幼苗长到 6 片叶左右时，进行摘心（短尖），促进侧蔓抽生，然后除保留 2～3 条强壮的侧蔓外，其余全部摘除，利用侧蔓结果。

5.7.3.2　压蔓

当蔓长 7～9 节时，引蔓压蔓一次，最好于雨过天晴后，将蔓引向空行，用湿软土块在节位处把瓜蔓压在地面，使瓜顶端半节露出土面，以后每隔 3 节压蔓一次，共压 2～3 次，使其分布均匀，避免植株之间互相拥挤和遮阴，促使蔓节长出不定根，增加根系吸收面，并固定植株。

5.7.4　人工辅助授粉

授粉在晴天上午 7～9 时进行，将开放的雄花花瓣去掉，然后将花粉轻轻涂抹在雌花柱头上，每朵雄花可授 1～3 朵雌花。

5.7.5　留瓜

每株第一个瓜开花前摘除；每蔓只选留 1 个发育正常的瓜，每株留瓜 2～3 个。

5.8　采收

在谢花后 40 天左右果实老熟即可采收。采收选择晴天露水干后进行，果柄基部应剪平，避免伤害其他果皮，以利贮藏。

5.9　清洁田园

将南瓜田间的残枝败叶和杂草清理干净，集中进行无害化处理，保持田间清洁。

5.10　病虫害防治

5.10.1　主要病虫害

5.10.1.1　主要病害有：猝倒病、立枯病、疫病、白粉病、霜霉病、病毒病等。

5.10.1.2　主要虫害有：蚜虫、美洲斑潜蝇、蓟马、黄守瓜、地老虎、根结线虫等。

5.10.2　防治原则

　　按照"预防为主，综合防治"的植保方针，坚持以"农业防治、物理防治、生物防治为主，化学防治为辅"无害化治理原则。

5.10.3　农业防治

5.10.3.1　针对当地主要病虫控制对象，选用高抗多抗品种。

5.10.3.2　严格进行种子消毒，减少种子带菌传病。

5.10.3.3　培育适龄壮苗，提高抗逆性。

5.10.3.4　采用深沟高畦栽培，严防积水，及时清除田间的残枝败叶和杂草，集中进行无害化处理，保持田间清洁。

5.10.3.5　实行田间轮作制度，与非瓜类作物轮作，有条件的田园实行水旱轮作。

5.10.3.6　科学施肥，增施腐熟有机肥，平衡施肥。

5.10.4　物理防治

5.10.4.1　设施防护

　　进行避雨、遮阳、防虫栽培。

5.10.4.2　诱杀与驱避

　　铺银灰地膜或悬挂银灰膜条驱避蚜虫；设置频振式杀虫灯诱杀害虫。

5.10.5　生物防治

5.10.5.1　天敌

　　积极保护利用天敌，防治病虫害。

5.10.5.2　生物药剂

　　采用微生物制剂如苏云金杆菌、棉铃虫核多角体病毒；微生物源农药如阿维菌素、农用链霉素及植物源农药如藜芦碱、苦参碱、印楝素等生物农药防治病虫害。

5.10.6　主要病虫害的药剂防治

　　使用药剂防治应符合 GB 4285 和 GB/T 8321（所有部分）的要求。严格控制农药使用浓度及安全间隔期。主要病虫害防治用药表 2。

表2　主要病虫害防治用药表

主要防治对象	农药名称	稀释倍数	使用方法	最多使用次数	安全间隔期(天)
猝倒病立枯病	70%甲基托布津可湿性粉剂	800～1 000倍	喷淋	3	7
	75%百菌清可湿性粉剂	500倍	土壤消毒	1	10
	20%地菌灵可湿性粉剂	400～600倍	灌根	2	10
白粉病	10%世高水分散粒剂	1 200倍	喷雾	3	7
	15%三唑酮粉剂	1 500倍	喷雾	2	7
	50%翠贝干悬浮剂	3 000倍	喷雾	3	7
疫病霜霉病	72.2%普力克水剂	600～800倍	喷雾	2	7
	58%雷多米尔锰锌	500～600倍	喷雾	2	7
	64%杀毒矾可湿性粉剂	600～800倍	喷雾	3	5
	72%克露可湿性粉剂	600～800倍	喷雾	3	5
病毒病	1.5%植病灵乳剂+植物动力2003	1 000倍+800倍	喷雾	3	7
	20%病毒A粉剂+"83"增抗剂	500倍+100倍	喷雾	3	7
	72%病毒必克+云大120	600倍+800倍	喷雾	3	7
蚜虫蓟马	10%蚜虱净可湿性粉剂	1 500～2 000倍	喷雾	2	7
	5%吡虫啉水剂	1 000～1 500倍	喷雾	2	7
	20%好安威乳油	800～1 000倍	喷雾	2	5
黄守瓜	40%氰戊菊酯水剂	8 000倍	喷雾	3	5
	90%敌百虫乳剂	1 500～2 000倍	灌根	3	7
	52.25%农地乐乳油	1 150～2 000倍	喷雾	3	7
地老虎根结线虫病	10%地虫克粉粒剂	2～2.5千克/亩	穴施	1	10～15
	10%福气多粉粒剂	1.5～2千克/亩	穴施	1	10～15
	1.5%菌线威	3 500～7 000倍	灌根	2	10～15
美洲斑潜蝇	75%倍潜克可湿性粉剂	4 000～6 000倍	喷雾	2	5
	1.8%绿维虫青乳油	2 000～3 000倍	喷雾	1	7
	1%农哈哈乳油	1 500～2 000倍	喷雾	1	7

5.10.7　不允许使用的高剧毒高残留农药

生产上不允许使用杀虫脒、氰化物、磷化铝、六六六、滴滴涕、氯丹、甲胺磷（多灭磷）、甲拌磷（3911）、对硫磷（1605）、内吸磷、甲基对硫磷（甲基 1605）、苏化 203、杀螟磷、磷胺、异丙磷、三硫磷、氧化乐果（氧乐果）、磷化锌、克百威、水胺硫磷、久效磷（纽瓦克、铃杀）、杀扑磷（速扑杀）、特丁硫磷（特丁磷）、灭线磷（益舒宝、丙线磷）、硫丹（硕丹、赛丹、安杀丹）、甲基异柳磷、地虫硫磷（大风雷、地虫磷）、三氯杀螨醇、涕灭威、灭多威、氟乙酰胺、有机汞制剂、砷制剂、西力生、赛力散、溃疡净、五氯酚钠等和其他高毒、高残留农药。

附录5　丝瓜生产技术规程
(DB44/T 172—2003)

1　范围

本标准规定了丝瓜生产的术语和定义、产地环境要求、生产管理技术。本标准适用于广东省丝瓜生产。

2　规范性引用文件（略）

3　术语和定义

下列术语和定义适用于本标准。

3.1

丝瓜　sponge gourd

包括两个栽培种，即普通丝瓜 [*Luffa cylindrica* (L.) Roem.] 和有棱丝瓜 [*L. acutangula* (L.) Roxb.]。在广东普通丝瓜一般称水瓜，有棱丝瓜一般称丝瓜。

3.2

短日照　short day length

一般指日照在 12h~14h 以下。

3.3

安全间隔期　safe distance

最后一次施药至商品瓜收获时允许的间隔天数。

4　产地环境

要选择排灌方便，土层深厚、疏松、肥沃的壤土的地块，并符合 NY 5010 的规定。

5　生产管理技术

5.1　栽培季节
5.1.1　春季栽培

2~4月上旬播种,有保护设施的也可提早在1月播种,4月至7月采收。

5.1.2　夏季栽培

4月中旬至7月中旬播种,6~9月采收。

5.1.3　秋季栽培

7月下旬至8月播种,9~11月采收。

5.2　品种选择

选用适应栽培季节、适应市场要求、商品性好的优质、抗病、丰产品种。早春、晚秋栽培选择对短日照要求严格,在短日照下发生雌花较迟,生长势壮旺的品种。夏秋栽培,特别是5~6月播种,选择对短日照要求不严格,在长日照下容易发生雌花的品种。

5.3　播种育苗

5.3.1　1~3月和5~6月栽培的,宜育苗后移栽,其他时间栽培宜浸种催芽后直播。

5.3.2　播种前的准备

5.3.2.1　育苗设施

用营养杯或营养袋等有保护根系措施的方法育苗。根据季节、气候条件的不同选用塑料棚或小拱棚育苗,有条件的可选用工厂化育苗。

5.3.2.2　营养土

要求富含有机质,结构疏松但又不易松散,具有良好的保水性和透气性,微酸性或中性,无病虫害的营养土。因地制宜地选用塘泥、水稻田土、腐熟农家肥、火烧土、复合肥等,按一定比例配制营养土。有条件的用1:50甲醛对营养土进行消毒。

5.3.3　种子用量

每66m^{2}的用种量:有棱丝瓜育苗移栽200g~300g,露地直播300g~400g。普通丝瓜育苗移栽50g~100g,露地直播150g~200g。

5.3.4　播种期

根据品种特性、栽培季节、气候条件和栽培措施选择适宜的播种期。

5.3.5　种子处理

5.3.5.1　消毒处理

用温汤浸种,把种子放入55℃恒温热水中浸泡15min~20min。

5.3.5.2　浸种催芽

消毒后的种子浸泡 3h～6h 后洗净沥干，置于 30℃～33℃：条件下保温保湿催芽。70％种子露芽即可播种。

5.3.6　播种

5.3.6.1　育苗移栽

将催芽后的种子点播于营养杯或营养袋中。

5.3.6.2　露地直播

将催芽后的种子按确定的栽培方式和密度穴播 2 粒种子。

5.3.7　苗期管理

5.3.7.1　温度

丝瓜喜温、较耐热，不耐寒。早春育苗要保温。

5.3.7.2　水分

视育苗季节和墒情适当浇水。

5.4　定植前准备

5.4.1　地块选择

前茬非瓜类作物，有条件的地方采用水旱轮作。

5.4.2　整地施基肥

起高畦深沟，一般畦宽 1.5m～2.0m（包沟），畦高 0.3m。春秋栽培在整地起畦时施入充足基肥。以优质有机肥为主。夏栽培不施或少施基肥。

5.5　定植

5.5.1　定植适期的确定

气温稳定在 15℃以上适宜定植。5～6 月栽培的播种育苗在子叶展开时定植。

5.5.2　定植规格

根据品种特性、栽培季节及栽培习惯，单或双行植。一般有棱丝瓜双行植株距 30cm～60cm，行距 60cm～80cm，单行植株距 20cm～30cm，保苗株数 1 000～2 000 株。普通丝瓜单行植株距 60cm～100cm，保苗株数 500～1 000 株。

5.6　田间管理

5.6.1　肥水管理

5.6.1.1　追肥

追肥宜以优质有机肥和无机肥配合施用。春、秋栽培在插竹前及第一雌花开花时结合培土培肥各一次，一般每 667m² 施用花生麸 25kg～30kg，复合肥 20kg～30kg，采收 1 次～2 次后再培土培肥一次，每 667m² 施用花生麸 25kg～30kg，复合肥 20kg～30kg，夏栽培植株容易徒长，结果前不施或少施肥，开花结果后才施重肥。采收期间每采收 1～2 次要追肥一次。

5.6.1.2 水分管理

春、夏：栽培前期应控制水分，以土壤保持湿润为宜。其他时间应保证供应充足水分。雨季做好排水的工作。

5.6.2 支架

支架的形式主要有人字架、平棚架和篱笆架。

5.6.3 植株调整

5.6.3.1 引蔓

一般在植株发生雌花时才引蔓上架。蔓上架后"之"字形引蔓，使瓜蔓均匀分布于支架上，避免蔓叶互相缠绕。引蔓宜在晴天的下午进行，以免折断茎蔓。夏栽培植株常出现徒长，若雌花发生较迟，需培土压蔓，在上架前让瓜蔓盘卷在畦面生长，蔓长 40cm～50cm 时培土压蔓一次，以后视生长情况决定是否进行第二次压蔓，压蔓时注意勿损伤茎蔓表皮组织。

5.6.3.2 整枝

通常在主蔓坐果前摘除基部侧蔓，生长中期按去弱留强的原则摘除侧蔓，后期一般不摘蔓。夏栽培可利用侧蔓发生雌花较早的特性适当保留侧满，以提早坐果。

5.6.4 理瓜

雌花或幼瓜常受到卷须、茎叶或支架等阻碍而形成畸形瓜或弯曲瓜，因此要及时理瓜。若幼瓜只是轻微弯曲，可在瓜蒂部挂一个 40g～50g 的小重物，以使其恢复正常。对于严重的畸形幼瓜应及时摘除。

5.6.5 人工辅助授粉

取雄花（或花粉）与雌花相对轻轻摩擦，让柱头粘上花粉。

5.6.6 采收

及时采收根瓜，以保证品质和增加坐果。按市场要求适期采收上市。

5.6.7 田园清洁

采收结束后将丝瓜田间的残枝败叶和杂草洁除干净，保持田间清洁。

5.6.8 病虫害防治

5.6.8.1 主要病虫害

5.6.8.1.1 主要病害包括：猝倒病、疫病、霜霉病、枯萎病、蔓枯病、

线虫。

5.6.8.1.2　主要虫害包括：黄（黑）守瓜、斑潜蝇、烟粉虱、瓜实蝇等。

5.6.8.2　防治原则

按照"预防为主，综合防治"的植保方针，以"农业防治、物理防治、生物防治为主，化学防治为辅"的无害化原则。

5.6.8.3　农业防治

5.6.8.3.1　因地制宜选用抗（耐）病优良品种。

5.6.8.3.2　严格进行种子消毒，减少种子带病虫。

5.6.8.3.3　合理布局，严格实行轮作，加强中耕除草，摘除被害果实和叶，清洁田园，降低病虫源数量。

5.6.8.3.4　培育无病虫害壮苗，提高抗逆性。

5.6.8.3.5　科学施肥，增施优质有机肥，平衡施肥，少施化肥。

5.6.8.4　物理防治

利用黄板诱杀蚜虫、斑潜蝇等，每 $667m^2$ 悬挂 30 块～40 块黄板（$25cm \times 40cm$）；每 $2hm^2$～$4hm^2$ 设置一盏频振式杀虫灯诱杀害虫；在果实上套袋防止瓜实蝇等病虫侵袭等方法。

5.6.8.5　生物防治

积极保护利用天敌防治病虫害。选择对天敌杀伤力低的农药，创造有利于天敌生存的环境条件。采用抗生素（农用链霉素、新植霉素等）及生物源农药（印楝素、苦参碱等）防治病虫害。

5.6.8.6　化学防治

农药使用执行 GB 4285 和 GB/T 8321 的规定。合理混用、轮换交替使用不同作用机制或具有交互抗性的药剂。严格控制农药用量和安全间隔期。

5.6.9　不允许使用的高毒高残留农药

生产上不应使用杀虫脒、氰化物、磷化铝、六六六、滴滴涕、氯丹、甲胺磷、甲拌磷、对硫磷（1605）、甲基对硫磷（甲基1605）、内吸磷（1059）、苏化203、杀螟磷、磷胺、异丙磷、三硫磷、氧化乐果、磷化锌、克百威、水胺硫磷、久效磷、甲基硫环磷、硫环磷、灭线磷、蝇毒磷、地虫硫磷、氯唑磷、涕灭威、灭多威、氟乙酰胺、西力生、赛力散、五氯酚钠、有机汞制剂、砷制剂和其他高毒、高残留农药。

附录6 无公害食品 苦瓜生产技术规程
(NY/T 5077—2002)

1 范围

本标准规定了无公害食品苦瓜的产地环境要求和生产管理措施。

本标准适用于无公害食品苦瓜生产。

2 规范性引用文件（略）

3 产地环境

应符合 NY5010 的规定，并选择地势高燥，排灌方便，土层深厚、疏松、肥沃的地块。

4 生产技术管理

4.1 保护设施

包括日光温室、塑料棚、连栋温室、改良阳畦、温床等。

4.2 栽培季节

4.2.1 春提早栽培

终霜前 30 天左右定植，初夏上市。

4.2.2 秋延后栽培

夏末初秋定值，9 月底 10 月初上市。

4.2.3 春夏栽培

晚霜结束后定植，夏季上市。

4.2.4 夏秋栽培

夏季育苗定植，秋季上市。

4.2.5 秋冬栽培

秋季定植、初冬上市。

4.3 品种选择

选择抗病、优质、高产、耐贮运、商品性好、适合市场需求的品种。

4.4 育苗

4.4.1　育苗设施

根据季节不同，选用温室、塑料棚、温床等设施育苗；夏秋季育苗应配有防虫、遮阳、防雨设施。有条件的可采用穴盘育苗和工厂化育苗。

4.4.2　营养土

4.4.2.1　营养土要求

pH5.5～7.5，有机质 2.5g/kg～3g/kg，有效磷 20mg/kg～40mg/kg，速效钾 100mg/kg～140mg/kg，碱解氮 120mg/kg～150mg/kg，养分全面。孔隙度约 60%，土壤疏松，保肥保水性能良好。配制好的营养土均匀铺于播种床上，厚度 10 厘米。

4.4.2.2　营养土配方

无病虫源菜园土 50%～70%、优质腐熟农家肥 50%～30%，三元复合肥（N－P－K＝15－15－15）0.1%。

4.4.2.3　苗床表面消毒

按每平方米苗床用 15kg～30kg 药土作床前消毒。方法：用 8g～10g50% 多菌灵与 50% 福美双等量混合剂，与 15kg～30kg 营养土或细土混合均匀撒于床面。

4.4.3　种子质量

种子纯度≥95%，净度≥98%，发芽率≥90%。

4.4.4　种子用量

每 667 米^2 栽培面积的用种量：育苗移栽 350g～450g，露地直播 500g～650g。

4.4.5　种子处理

采用温汤浸种，将种子投入 55℃ 热水中，维持水温均匀稳定浸泡 15min，然后保持 30℃ 水温继续浸泡 10h～12h，用清水洗净黏液后即可催芽。

4.4.6　催芽

浸泡后的种子在 30℃～35℃ 条件下保湿催芽，70% 左右的种子露白时即可播种。

4.4.7　播种期

根据栽培季节、育苗手段和壮苗指标选择适宜的播种期。

4.4.8　苗床准备

4.4.8.1　苗床设置

冬春季节采用日光温室、塑料棚或温床育苗。电热温床育苗，按 $100W/m^2 \sim 120W/m^2$ 功率标准铺设电加温线。

4.4.8.2 苗床消毒

将配制好的营养土均匀铺于播种床上，厚度10cm。按每平方米用福尔马林30mL～50mL，加水3L，喷洒床上，用塑料膜密闭苗床5天，揭膜15天后再播种。

4.4.9 播种

4.4.9.1 育苗移栽

将催芽后的种子均匀撒播于苗床（盘）中，或点播于营养钵中，播后用毒土盖种防治苗床病害。

4.4.9.2 露地直播

按确定的栽培方式和密度穴播2粒干种子。

4.4.10 苗期管理

4.4.10.1 温度管理

苦瓜喜温、较耐热，不耐寒。冬春育苗要保暖增温，夏秋育苗要遮阳降温。温度管理见表1。

表1 苗期温度管理表

时期	白天适宜温度/℃	夜间适宜温度/℃
出土前	30～35	20～25
出苗后	20～25	15～20
定植前5～7天	20～23	15～18

4.4.10.2 水分

视育苗季节和墒情适当浇水。

4.4.10.3 分苗

当幼苗子叶展平至初生叶显露时，移入直径10cm营养钵中；也可在育苗床上按10cm×10cm划沟、分苗。

4.4.10.4 炼苗

早春定植前7天适当降温通风，夏秋逐渐撤去遮阳网，适当控制水分。

4.4.10.5 壮苗标准

株高10cm～12cm，茎粗0.3cm左右，4片～5片真叶，子叶完好，叶色浓绿，无病虫害。

4.5　定植前准备

4.5.1　地块选择

应选择三年以上未种植过葫芦科作物的地块，有条件的地方采用水旱轮作。

4.5.2　整地施基肥

根据土壤肥力和目标产量确定施肥总量。磷肥全部作基肥，钾肥三分之二做基肥，氮肥三分之一做基肥。基肥以优质农家肥为主，三分之二撒施，三分之一沟施，按照当地种植习惯做畦。

4.5.3　棚室消毒

棚室栽培定植前要进行消毒，每667m² 用敌敌畏乳油200g拌上锯末，与2kg~3kg硫黄粉混合，分10处点燃，密闭一昼夜，放风后无味时定植。

4.6　定植

4.6.1　定植适期确定

10cm最低土温稳定在15℃以上为定植适期，此时也是春夏露地直播苦瓜的播种适期。

4.6.2　定植密度

4.6.2.1　保护地栽培

行距80cm，株距35cm~40cm，每667m² 保苗2 000~2 300株。

4.6.2.2　露地栽培

行距80cm~100cm，株距35cm~45cm，每667m² 保苗1 600~2 300株。

4.7　田间管理

4.7.1　棚室温度

4.7.1.1　缓苗期

白天25℃~30℃，晚上不低于18℃。

4.7.1.2　开花结果期

白天25℃左右，夜间不低于15℃。

4.7.2　光照调节

苦瓜开花结果期需要较强光照，设施栽培宜采用防雾流滴性好的耐候功能膜，保持膜面清洁，日光温室后部张挂反光幕。

4.7.3　湿度管理

苦瓜生长期间空气相对湿度保持 60%～80%。

4.7.4　二氧化碳

设施栽培可补充二氧化碳，浓度 800mg/kg～1 000mg/kg。

4.7.5　肥水管理

4.7.5.1　浇水

4.7.5.1.1　缓苗后选晴天上午浇一次缓苗水，然后蹲苗；根瓜坐住后结束蹲苗，浇一次透水，以后 5d～10d 浇一水；结瓜盛期加强浇水。生产上应通过地面覆盖、滴灌（暗灌）、通风排湿、温度调控等措施，尽可能使土壤湿度控制在适宜范围。

4.7.5.1.2　苦瓜不耐涝，多雨季节应及时排除田内积水。

4.7.5.2　追肥

4.7.5.2.1　根据苦瓜长相和生育期长短，按照平衡施肥要求施肥，适时追施氮肥和钾肥。同时，应有针对性地喷施微量元素肥料，根据需要可喷施叶面肥防早衰。

4.7.5.2.2　在生产中不应使用未经无害化处理和重金属含量超标的城市垃圾、污泥、工业废渣和有机肥。

4.7.6　插架或吊蔓

保护地宜吊蔓栽培，露地可采用人字架或搭平棚栽培。

4.7.6.1　整枝

保护地栽培摘除侧蔓，以主蔓结瓜；露地栽培视密度大小整枝。

4.7.6.2　打底叶

及时摘除病叶和老化叶。

4.7.7　人工授粉

保护地苦瓜栽培需要进行人工授粉，下午摘取第二天开放的雄花，放于 25℃ 左右的干爽环境中，第二天 8～10 时去掉花冠，将花粉轻轻涂抹于雌花柱头上，每朵雄花可用于三朵雌花的授粉。

4.7.8　采收

及时摘除畸形瓜，及早采收根瓜，以后按商品瓜标准采收上市。

4.7.9　清理田园

将苦瓜田间的残枝败叶和杂草清理干净，集中进行无害化处理，保持田间清洁。

4.7.10　病虫害防治

4.7.10.1　主要病虫害

4.7.10.1.1　主要病害包括：猝倒病、立枯病、枯萎病、白绢病、白粉病、灰霉病、病毒病、根结线虫病等。

4.7.10.1.2　主要害虫包括：美洲斑潜蝇、蚜虫、白粉虱、烟粉虱等。

4.7.10.2　防治原则

按照"预防为主，综合防治"的植保方针，坚持以"农业防治、物理防治、生物防治为主，化学防治为辅"的无害化治理原则。

4.7.10.3　农业防治

4.7.10.3.1　选用抗病品种，针对当地主要病虫控制对象，选用高抗多抗的品种。

4.7.10.3.2　严格进行种子消毒，减少种子带菌传病。

4.7.10.3.3　培育适龄壮苗，提高抗逆性。

4.7.10.3.4　创造适宜的生育环境，控制好温度和空气湿度、适宜的肥水、充足的光照和二氧化碳，通过放风和辅助加温，调节不同生育时期的适宜温度，避免低温和高温障害；深沟高畦，严防积水。

4.7.10.3.5　清洁田园，将苦瓜田间的残枝败叶和杂草清理干净，集中进行无害化处理，保持田间清洁。

4.7.10.3.6　耕作改制，与非葫芦科作物实行三年以上轮作，有条件的地区实行水旱轮作。

4.7.10.3.7　科学施肥，增施腐熟有机肥，平衡施肥。

4.7.10.4　物理防治

4.7.10.4.1　设施防护

大型设施的放风口用防虫网封闭，夏季覆盖塑料薄膜、防虫网和遮阳网，进行避雨、遮阳、防虫栽培，减轻病虫害的发生。

4.7.10.4.2　诱杀与驱避

保护地栽培运用黄板诱杀蚜虫、美洲斑潜蝇，每 $667m^2$ 悬挂 30 块～40 块黄板（$25cm \times 40cm$）。露地栽培铺银灰地膜或悬挂银灰膜条驱避蚜虫，每 $2hm^2$～$4hm^2$ 设置一盏频振式杀虫灯诱杀害虫。

4.7.10.5　生物防治

4.7.10.5.1　天敌

积极保护利用天敌，防治病虫害。

4.7.10.5.2　生物药剂

采用抗生素（农用链霉素、新植霉素）和植物源农药（印楝素、苦参碱等）防治病虫害。

4.7.10.6　药剂防治

使用药剂防治应符合 GB 4285 和 GB/T 8321（所有部分）的要求。严格控制农药使用浓度及安全间隔期。

4.7.10.7　不允许使用的剧毒高度农药

生产上不允许使用甲胺磷、甲基对硫磷、对硫磷、久效磷、磷胺、甲拌磷、甲基异柳磷、特丁硫磷、甲基硫环磷、治螟磷、内吸磷、克百威、涕灭威、灭线磷、硫环磷、蝇毒磷、地虫硫磷、氯唑磷、苯线磷等剧毒、高度农药。

附录7　无公害食品　黑皮冬瓜生产技术规程
(DB46/T 54—2006)

1　范围

本标准规定了无公害食品黑皮冬瓜的术语定义、产地环境要求及生产管理措施。

本标准适用于海南省无公害食品黑皮冬瓜的生产。

2　规范性引用文件（略）

3　术语和定义

下列术语和定义适用于本标准。

3.1　黑皮冬瓜

系葫芦科冬瓜属的一个栽培种，其果皮为墨绿色，无白色蜡粉。

3.2　无公害黑皮冬瓜

黑皮冬瓜中有毒有害物质含量在无公害蔬菜的质量标准限量范围之内的商品冬瓜。

3.3　病虫害损伤

指冬瓜由于病虫为害造成表面出现病斑、凹陷等损伤。

3.4　带帽

瓜苗出土时有部分种壳仍夹在子叶上未脱落的现象，称为带帽。

3.5　安全间隔期

最后一次施药至采收时允许的间隔天数。

4　产地环境

无公害黑皮冬瓜生产的产地环境条件应符合 GB/T18407.1 的要求。在良好的无公害农业生态环境区域中宜选择土层深厚疏松、有机质丰富、地力较高、排灌方便、前茬未种植瓜类作物的无污染的沙壤至重壤土。土壤有机质应在 1% 以上，土壤 pH 为 5.5～7。农田灌溉水质量应符合 GB 5084 标准。

5 生产管理措施

5.1 栽培季节

最佳季节为每年的 10 月上旬至翌年 1 月。

5.2 品种选择

选用抗病、优质、丰产、耐贮运、商品性好、适合市场的品种。如三水黑皮、东莞黑皮等。

5.3 育苗

5.3.1 育苗设施的要求

育苗盘：50 孔（5 厘米×10 厘米）或 54 孔（6 厘米×9 厘米）的塑料软盘。

苗床：高度 20 厘米，宽度 120 厘米，长度不限。

材料：遮阳网、塑料薄膜、稻草等。

5.3.2 营养土配制

因地制宜地选用经过筛无病虫源的田土与腐熟农家肥，草木灰（谷壳灰）或椰糠按体积比为 4∶3∶3 混合而成，每立方米加入 0.5 千克三元复合肥（N - P - K＝15 - 15 - 15）充分混匀，要求 pH6~7，且达到疏松、保肥、保水、营养完全的效果。肥料使用符合 NY/T496 通则。

5.3.3 种子质量与用量

种子质量应符合 GB/T 16715.1 中 2 级以上。要求纯度≥95％；净度≥98％；发芽率≥80％；水分≤8％；种子用量为每 667 米^{2}50~75 克。

5.3.4 种子处理

5.3.4.1 消毒

先用清水洗净种子，然后保持 55℃恒温水浸种 15 分钟，再用清水浸种 10 小时，捞出放入 10％磷酸三钠溶液浸泡 20 分钟，再捞出洗净，至少冲洗 3 次。

5.3.4.2 催芽

种子洗净后，置于 28~30℃恒温条件（可用灯泡）下催芽。未出芽前，每天用清水漂洗种子 1 次，并及时将水分滤干，再继续催芽，直到种子露白，有条件的可用培养箱催芽。

5.3.4.3 播种

把配制好的营养土装入育苗盘内,将一粒露白种子平推入穴孔 1~1.5 厘米,覆上薄土,轻轻压实,浇足底水。

5.3.5　苗期管理

5.3.5.1　环境调控

5.3.5.1.1　温度

苗期温度主要靠农用薄膜和遮阳网调节,烈日高温可用遮阳网覆盖降温;遇低温则搭小拱棚覆盖农用薄膜保温。

5.3.5.1.2　光照

露地栽培苗床处于向阳地方,靠自然光照进行光合作用,若阳光过强,可适当遮光降温。

5.3.5.1.3　水分

苗期要保持床土或培养土润湿,一般天气每天下午浇水 1 次,大晴天或遇大风时可每天早晚各浇 1 次。

5.3.5.2　摘帽

在早上浇水后种壳未干时用手轻轻将带帽摘除,尽量避免弄伤子叶。

5.3.5.3　施肥

出苗后,破心期淋施 10%稀人粪水或 0.3%~0.5%三元复合肥 1 次,结合喷药喷施 1 次叶面肥。肥料使用符合 NY/T 496 通则。

5.3.5.4　病虫害防治

防治猝倒病、立枯病,可用 75%百菌清可湿性粉剂 600 倍液或 70%代森锰锌可湿性粉剂 500 倍液等每 7~10 天喷雾 1 次;及时防治蚜虫、瓜蓟马,可用 10%吡虫啉可湿性粉剂 2 000~3 000 倍液喷雾;美洲斑潜蝇,可用 1.8%阿维菌素乳油 2 000 倍液喷雾。农药使用符合 GB 4285 标准。

5.3.5.5　炼苗

定植前一星期开始炼苗。逐渐揭除覆盖物,并适当控制水分。

5.3.6　壮苗标准

枝叶完整无损、无病虫、病斑,株高 10~12 厘米,茎粗 0.3 厘米左右,二叶一心,根茎叶含有丰富的营养物质,适应性、抗逆性强。

5.4　整地

深翻 30 厘米左右晒白,再二犁三耙将其整平整细,再用石灰进行土壤改良。

5.5 施基肥

每 667 米² 施优质农家肥 1 500～2 000 千克，饼肥 30～50 千克，过磷酸钙 40～50 千克，经 15～20 天堆沤后拌匀，另加复合肥 30～40 千克，尿素 10 千克进行沟施，并与土壤充分混匀。肥料使用符合 NY/T 496 通则。

5.6 起畦盖膜

单行植，畦宽连沟 150～160 厘米；双行植，畦宽连沟 300～330 厘米，覆上黑色地膜，有条件的可用银灰色地膜，效果更佳。

5.7 定植

5.7.1 定植前准备

移栽前可用 80% 大生可湿性粉剂 800 倍等喷雾保护瓜苗。

5.7.2 定植时间

晴朗天气的上午 10：00 前或下午 16：00 后选壮苗定植，且浇足定根水，返青期不再浇水。

5.7.3 定植密度

株距 70～80 厘米，每 667 米² 可植 600 株左右。

5.7.4 定植方法

定植时先培土，然后每株浇水 1～2 千克，再用干土把穴口封好，用土压紧四周地膜，尽量防止植株叶片与地膜接触。

5.8 田间管理

5.8.1 水肥管理

冬瓜的生长发育对水、肥需要量大，并要持续供给，特别是开花结果期需要更多的水分和养分，则应分期合理追肥。

5.8.1.1 水分

以保持土壤湿润为原则，生长前期应采取浇灌，倒蔓后可沟灌，每次灌水以 1/2～2/3 沟深为宜。采收前 7 天停止灌水。

5.8.1.2 施肥

地膜覆盖栽培一般施 4 次肥。肥料使用符合 NY/T 496 通则。

5.8.1.2.1 促苗肥

瓜苗长出新叶后和 5 片真叶时，用 10%～20% 人粪尿或尿素按 5 千克/亩对水施 1 次，每株约施水肥 0.5 千克。

5.8.1.2.2 抽蔓期

抽蔓期每 667 米² 施三元复合肥 20 千克，硫酸钾 10 千克。

5.8.1.2.3　促瓜肥

定瓜后一般连续追肥 3 次。第 1 次施三元复合肥（N‐P‐K＝15‐15‐15），按 20 千克/亩左右干施或随灌水施；然后每隔 7～10 天施 1 次，连续施 2 次，每次用量在 15～20 千克/亩之间，全部干施。后期如果植株缺肥，再少量施 1 次。

5.8.2　不允许使用的肥料

在生产中不应使用城市垃圾、污泥、工业废渣和未经无害化处理的有机肥。

5.8.3　搭架

黑皮冬瓜生产搭架一般采用人字架。

5.8.4　植株调整

5.8.4.1　整蔓

坐果前摘除全部侧蔓。

5.8.4.2　引蔓

一株一桩引蔓，在地面绕一圈后沿桩向上引蔓。

5.8.4.3　绑蔓

间隔 3 节左右绑一次蔓。

5.8.5　留瓜节位

主蔓 22 节前后留瓜最适宜。

5.8.6　授粉

早上 7：00～10：00 授粉，每株授两个瓜。

5.8.7　定瓜

主蔓留一个圆筒形、上下大小一致、全身密被茸毛，有光泽无病虫害损伤的授粉瓜，其余都应摘除，以争取结大瓜。

5.8.8　吊瓜

果实长到 3 千克左右时，用尼龙绳等套住瓜柄，固定在瓜架上予以保护。

5.9　采收

待瓜成熟后及时采收，采收时要保留瓜柄，且采收前 15 天不施化肥和农药，前 7 天不灌水。产品质量必须符合 GB 18406.1 要求。

5.10　清洁田园

将残枝败叶和杂草清理干净，集中进行无害化处理，保持田间清洁。

5.11 病虫害防治

5.11.1 主要病虫害

苗床主要病虫害：猝倒病、立枯病、蚜虫。

田间主要病虫害：疫病、白粉病、炭疽病、枯萎病、病毒病、蚜虫、蓟马、美洲斑潜蝇、白粉虱。

5.11.2 防治原则

按照"预防为主，综合防治"的植保方针，坚持以"农业防治、物理防治、生物防治为主，化学防治为辅"的无害化控制原则。

5.11.3 农业防治

5.11.3.1 针对当地主要病虫控制对象，选用高抗多抗的品种。

5.11.3.2 实行严格轮作制度，与非瓜类作物轮作，有条件的地区应实行水旱轮作。

5.11.3.3 育苗期间尽量少浇水，加强增温保温措施，保持苗床较低的湿度和适合的温度，可预防苗期猝倒病和炭疽病；培育适龄壮苗，提高抗逆性。

5.11.3.4 深沟高畦，覆盖地膜；平衡施肥，增施充分腐熟的有机肥，少施化肥，防止土壤富营养化。

5.11.4 物理防治

5.11.4.1 糖酒液诱杀：按糖、醋、酒、水和 90％敌百虫晶体 3：3：1：10：0.6 比例配成药液，放置在苗床附近诱杀种蝇成虫，并可根据诱杀量及雌、雄虫的比例预测成虫发生期。

5.11.4.2 选用银灰色地膜覆盖，可收到驱避蚜虫的效果。

5.11.5 生物防治

5.11.5.1 生物防治措施有：积极保护利用天敌，防治病虫害。

5.11.5.2 采用微生物制剂如苏云金杆菌、棉铃虫核多角体病毒；微生物源农药如阿维菌素、农用链霉素及植物源农药如藜芦碱、苦参碱、印楝素等生物农药防治病虫害。

5.11.6 主要病虫害药剂防治

使用药剂防治时严格按照 GB 4285、GB/T 8321 规定执行。严格控制农药用量和安全间隔期，主要病虫害防治的选药用药技术如表1。

表1　主要病虫害防治一览表

主要防治对象	农 药 名 称	使用方法	最多使用次数	安全间隔期（天）
疫　病	50％安克可湿性粉剂	2 000 倍液喷雾	3	7
	64％杀毒矾可湿性粉剂	600～800 倍液喷雾	3	5
	72％克露可湿性粉剂	500 倍液喷雾	3	7
白粉病	50％翠贝干悬浮剂	3 000 倍液喷雾	3	7
	12.5％腈菌唑乳油	1 500 倍液喷雾	3	7
	10％世高水分散粒剂	1 200 倍液喷雾	3	7
炭疽病	80％大生可湿性粉剂	800 倍液喷雾	3	7
	80％炭疽福美可湿性粉剂	600 倍液喷雾	3	5
	50％施保功可湿性粉剂	1 500 倍液喷雾	3	7
枯萎病	90％敌克松可湿性粉剂	800 倍液喷雾	3	10
	50％土菌消（恶霉灵）水剂	1 500 倍液灌根	3	7
	10％双效灵水剂	200 倍液灌根	3	7
病毒病	20％病毒他＋"83"增抗剂	100 倍液喷雾	3	5
	2％菌克毒克水剂	600 倍液喷雾	3	5
	2％好普水剂	600 倍液喷雾	3	5
蚜　虫	5％高效大功臣可湿性粉剂	1 000 倍液喷洒	2	5
	20％好年冬乳油	1 000 倍液喷雾	3	7
	3％莫比朗乳油	1 500 倍液喷雾	3	5
蓟　马	50％安保乳油	1 500 倍液喷雾	3	5
	20％好年冬乳油	600 倍液喷雾	3	5
	10％吡虫啉可湿性粉剂	1 500 倍液喷雾	2	7
白粉虱	10％扑虱灵乳油（优乐得）	1 000 倍液喷雾	3	3
	25％灭螨猛乳油	1 000 倍液喷雾	3	5
	10％大功臣可湿性粉剂	1 500 倍液喷雾	3	7
美洲斑潜蝇	50％灭蝇胺可湿性粉剂	1 500 倍液喷洒	2	7
	1％海正灭虫灵乳油	1 500 倍液喷雾	1	7
	1.8％阿维菌素乳油	2 000 倍液喷雾	1	7
瓜实蝇	2.5％溴氰菊酯	3 000 倍液喷雾	3	5
	20％速灭抗乳油	1 500 倍液喷雾	3	3
	90％晶体敌百虫	1 000 倍液中午或傍晚喷洒	3	5
瓜绢螟	52.25％农地乐乳油	1 000 倍液喷雾	3	7
	48％乐斯本乳油	1 000 倍液喷雾	3	12

5.12　禁止使用的高毒高残留农药

生产上禁止使用氰化物、磷化铝、氯丹、甲胺磷、甲拌磷（3911）、对硫磷（1605）、甲基对硫磷（甲基1605）、内吸磷（1059）、苏化203、杀螟威、磷胺、异丙磷、三硫磷、氧化乐果、磷化锌、克百威、水胺硫磷、久效磷、三氯杀螨醇、涕灭威、灭多威、甲基硫环磷、甲基异柳磷、氟乙酰胺、西力生、赛力散、溃疡净、五氯酚钠等和其他高毒、高残留农药。

图书在版编目（CIP）数据

瓜类蔬菜标准化生产实用新技术疑难解答/肖日新
等编著．—北京：中国农业出版社，2012.10
（蔬菜标准化栽培实用技术疑难解答丛书）
ISBN 978-7-109-17250-0

Ⅰ.①瓜… Ⅱ.①肖… Ⅲ.①瓜类蔬菜－蔬菜园艺－
标准化 Ⅳ.①S642

中国版本图书馆 CIP 数据核字（2012）第 236141 号

中国农业出版社出版
（北京市朝阳区农展馆北路 2 号）
（邮政编码 100125）
责任编辑　孟令洋

中国农业出版社印刷厂印刷　　新华书店北京发行所发行
2013 年 3 月第 1 版　　2013 年 3 月北京第 1 次印刷

开本：850mm×1168mm　1/32　印张：8.75　插页：4
字数：200 千字
定价：20.00 元
（凡本版图书出现印刷、装订错误，请向出版社发行部调换）

万　吉

京研迷你5号

津春4号

严选滨城苦瓜

华　碧

兴蔬春秀

黑乌鸦西葫芦

红佳南瓜

京葫36

金韩蜜本

早熟京红栗

绿皮种佛手瓜

特选黑皮冬瓜

四季粉皮冬瓜

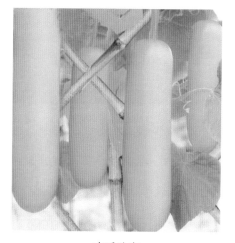

南秀公主

兴蔬新美佳

南瓜拱棚栽培

南瓜爬地栽培

佛手瓜网棚栽培

露地黄瓜人字架栽培

设施黄瓜吊蔓栽培

黄瓜冷床育苗

南瓜穴盘育苗

西葫芦有机降解膜覆盖栽培

冬瓜人字架栽培

冬瓜人字架栽培

有棱丝瓜的吊瓜

苦瓜网棚架栽培

苦瓜、辣椒的套作模式

黄蓝板诱杀技术

太阳能杀虫灯诱杀技术

黄瓜霜霉病

黄瓜蔓枯病

西葫芦白粉病

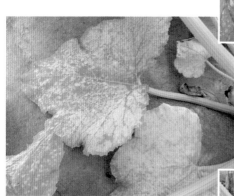

西葫芦灰霉病

南瓜炭疽病

瓠瓜炭疽病

黄瓜枯萎病

温室白粉虱为害黄瓜